Das Objekt-Paradigma in der Informatik

Von Dipl.-Ing. Klaus Quibeldey-Cirkel
Universität-GH Siegen

Mit 60 Bildern und 19 Tabellen

Springer Fachmedien Wiesbaden 1994

Dipl.-Ing. Klaus Quibeldey-Cirkel

Geboren 1957 in Herten (Westfalen). Von 1983 bis 1988 Studium der Elektrotechnik an der Fernuniversität Hagen. Von 1988 bis 1989 Entwicklungsingenieur bei der Linotype AG in Eschborn. Seit Ende 1989 wiss. Mitarbeiter in der Fachgruppe Technische Informatik der Universität Siegen.
Schwerpunkte in der Forschung: Objektorientierte Entwurfsmethoden und Programmiersprachen, VLSI-Systementwurf, CAD-Systeme.

Die Deutsche Bibliothek – CIP-Einheitsaufnahme

Quibeldey-Cirkel, Klaus:
Das Objekt, Paradigma in der Informatik / Klaus Quibeldey-Cirkel. – Stuttgart : Teubner, 1994

ISBN 978-3-519-02295-4 ISBN 978-3-663-09545-3 (eBook)
DOI 10.1007/978-3-663-09545-3

Vorwort

„Versucht man heute, den Zustand der Informatik mit einem Wort zu charakterisieren, so stößt man unweigerlich auf das Wort ‚orientiert'. Denn viele Konzepte und Methoden der Informatik betreibt man anweisungsorientiert, funktionsorientiert, logikorientiert, systemorientiert, modellorientiert, sicherheitsorientiert, KI-orientiert, objektorientiert, netzorientiert, musterorientiert, datenorientiert, applikationsorientiert usw. Das Wort ‚orientiert' offenbart einen Wesenszug der heutigen Informatik: Sie ist keine in sich ruhende abgeschlossene Wissenschaft, sie befindet sich vielmehr in permanenter Weiterentwicklung, und sie experimentiert mit allen möglichen Entwicklungsrichtungen. Ursache dieses Suchens ist der Widerspruch zwischen Wunsch und Wirklichkeit, Ausdruck dieses Suchens sind ständig neue Methoden."

Volker CLAUS [Claus, 1989]

Die Faszination der Informatik geht vom *Objekt* aus: Dem Reiz der Objektorientierung kann sich kaum jemand mehr entziehen, zu umfassend ist die neue Sicht der Dinge. Der Bogen spannt sich zwischen Wissenschaft und Technik, und die junge Informatik erhebt so ihren Anspruch, eine *Technik-Wissenschaft* zu sein [Luft, 1988]. Selten zuvor wurden Theorie und Praxis von einem einzigen *Paradigma* überbrückt, das heißt von einer gemeinschaftlichen Denk- und Handlungsweise. Der objektorientierte Ansatz löst die perspektivischen Widersprüche: Er vereint den wissenschaftlichen *Generalisten* mit dem professionellen *Spezialisten* und trägt die Hoffnung auf eine „Wissenschaft des Entwerfens". Das Ziel ist der systematische Entwurf komplexer Artefakte, sei es Soft- oder Hardware; „Creating the Artificial" nennt es der Nobelpreisträger Herbert SIMON [Simon, 1982]. Den objektorientierten Weg dorthin — über Analyse, Design und Implementierung — beschreibt diese Studie. Sie ist im Sinne von Umberto ECO *kompilatorisch*: ein literarischer Abriß über das „neue Denken" in der Informatik [Eco, 1990].

Die Studie ist zugleich die Quintessenz des Informatikseminars „Objektorientierte Konzepte und Anwendungen" (OOKA), das seit Herbst 1991 mit Studentinnen und Studenten der Universität Siegen veranstaltet wird. Das techno-philosophische Spektrum der Objektorientierung eignet sich in besonderer Weise für einen Querschnitt des Informatikstudiums: Die Softwaretechnik steht im Mittelpunkt; angesprochen sind aber alle Fachgruppen, die sich mit dem Entwurf komplexer Systeme befassen. Nicht von ungefähr findet das OOKA-Seminar in der Technischen Informatik statt, an der Schnittstelle also zwischen Soft- und Hardware-Entwurf. Da in einem Seminar nur wenige Quellen diskutiert werden können (mit Hilfe eines *Readers* als Ergebnis einer Breitensuche [Lang & Quibeldey-Cirkel (Hrsg.), 1992]), wurde auf Wunsch der Teilnehmer diese Literaturstudie geschrieben. Sie sucht den Kompromiß zwischen Breite und Tiefe.

Einleitend skizzieren wir die Entwicklung der Informatikmethoden und ergründen die Natur der Komplexität: Was macht den Entwurf technischer Artefakte aus Soft- und Hardware kompliziert? Wie läßt sich Komplexität messen? Und vor allem: Wie können wir sie methodisch bewältigen? Im Lichte der Erkenntnisse bewerten wir dann das Kreativ- und Nutzenpotential des neuen Paradigmas: Wie hilft die objektorientierte Sicht des Entwerfens, die Entwurfskomplexität zu meistern? Auf der Suche nach einer Antwort ordnen wir die Konzepte, Modelle, Methoden und Techniken, die das Objektmerkmal tragen, unter globalen Aspekten. Gemeinsam betonen sie den ganzheitlichen Anspruch: ETHOS. Wirtschaftliche (*Economic*), technische (*Technical*), menschliche (*Human*), organisatorische (*Organizational*) und gesellschaftliche (*Social*) Facetten ergeben zusammen die neue Weltsicht. Die Breitenwirkung des objektorientierten Ansatzes sucht ihresgleichen. Das Objekt-Paradigma vereint in sich die komplexitätsbewältigenden Faktoren all seiner Vorgänger und das in einer Weise, die uns intuitiv vertraut ist. Darin liegt die Faszination!

Auch wenn sich derzeit eine Flut von Publikationen über das Thema ergießt, so sind bislang nur Einzelanwendungen betroffen: vorwiegend objektorientierte Programmiersprachen und erst zögernd Analyse- und Designmethoden. Noch liegt keine Gesamtdarstellung des Objektansatzes vor, die dessen Bedeutung für die kognitiven, methodischen und technischen Vorgänge im Software-Lebenszyklus gerecht würde. Dies soll hier nachgeholt werden.

Drei Anmerkungen zur sprachlichen Gestaltung:

- Objektorientierung ist einerseits populärwissenschaftlich, andererseits Gegenstand der Forschung, somit ein techno-philosophisches Thema *par excellence*. Wie sollte man also in der Darlegung des Themas von sich selbst sprechen? Im bescheidenen Plural (*Pluralis modestiae*) oder aus der Sicht des Schreibers (*auktoriales Ich*)? Thomas KUHN hat den Begriff von der „wissenschaftlichen Gemeinschaft“ und dem „Paradigmenwechsel“ geprägt [Kuhn, 1989]. Die wissenschaftliche Gemeinschaft des Objekt-Paradigmas sprengt die herkömmlichen engen Grenzen: Der gegenwärtige Wechsel vom Struktur- zum Objektansatz betrifft Forscher, Praktiker, Lehrende und Studierende der Informatik. So habe ich mich für ein „auktoriales Wir“ entschieden.

- Die zweite Anmerkung bezieht sich auf das *Genus* der Akteure. Die Motive der Frauenbewegung, Einfluß auf die Sprache zu gewinnen, sind zweifellos ehrenwert, aber die Sprache fügt sich ihnen nur bedingt: Unsere Sprache mit aller Konsequenz emanzipieren zu wollen, würde sie „mit kaum erträglicher Umständlichkeit und oft lächerlichem Klang" belasten, wie Wolf SCHNEIDER in seiner Stilkunde betont [Schneider, 1988]. „Das Wörtchen *man* ist als maskulin entlarvt und soll durch *man/frau* oder durch *mensch* ersetzt werden [...] Da der Mann sogar in *jemand* und *niemand* steckt — sollen wir *niefrau* oder *niemensch* sagen?" Folglich bleibe ich bei den noch üblichen Wendungen und maskulinen Fürwörtern.

- Drittens ein Appell an die Studierenden der Informatik: Englisch ist Weltsprache — *Arbeits-* und *Publikationssprache* in unserem Fach! In einer rechnervernetzten Welt ist informationstechnisches Arbeiten faktisch nur noch mit englischer Sprachkompetenz möglich. Dies gilt um so mehr für das Informatikstudium: Jede literaturbezogene Studien- oder Diplomarbeit (und welche ist das nicht, zumindest im Ansatz?) wird mit einem Schriftenglisch konfrontiert, das deutlich den Wortschatz der Programmiersprachen und den Stil der technischen Handbücher übertrifft. Mit Bedacht bleiben deshalb zahlreiche Zitate unübersetzt (es gibt schon genug Anglizismen in der Informatik [Rechenberg, 1991]). Die Zitate stehen zum einen für den sprachlichen Tatbestand in der Informatikliteratur, zum anderen für die Prägnanz und Eleganz, mit der anglo-amerikanische Verfasser schwierige Sachverhalte einfach beschreiben.

Last, not least danke ich den Studentinnen und Studenten des OOKA-Seminars für ihre Referate, provokativen Thesen und Diskussionsbeiträge. Sie haben die Knackpunkte der Objektorientierung aufgedeckt und verständlich gemacht. Besonders bin ich meinem Kollegen und Mitveranstalter verpflichtet, Herrn Dipl.-Ing. Walter Lang: Seine Kritik durchsetzte meinen Enthusiasmus mit der gebotenen Skepsis. Herr Prof. Hans Wojtkowiak ermutigte mich, das weltoffene Thema in einer Literaturstudie zu verdichten und es einem größeren Leserkreis zu unterbreiten. Dank gebührt auch den Korrekturlesern, die über das rechte Maß der Studie wachten: cand. ing. André Berten, Sibylle Schreiter, Dipl.-Ing. Jürgen Schreiter, Dr.-Ing. Michael G. Wahl und cand. ing. Andreas Wieland.

Mein besonderer Dank gilt meiner Familie — Laura, Linda, Lotta und vor allem Gabi — für ihren Verzicht auf viele, viele gemeinsame Stunden.

Marburg, im Sommer 1994 — Klaus Quibeldey-Cirkel

Inhaltsverzeichnis

Lesehinweis: Das hochgestellte Zeichen * am Ende eines Wortes verweist auf eine Erläuterung im Glossar, beispielsweise *Objekt**. Die im Text benutzten Abkürzungen sind im Anhang ausgeschrieben. Zur Reihenfolge der Kapitel: Die ersten beiden haben einführenden Charakter. Sie setzen den thematischen Rahmen: die Entwicklung der Informatikmethoden mit dem Ziel, die wachsende Entwurfskomplexität zu bewältigen. Die Reihenfolge der ETHOS-Aspekte* ist willkürlich; hier kann auch sporadisch gelesen werden. Will man aber auf die Rückverweise im Text nicht angewiesen sein, empfiehlt sich natürlich der vorgeschlagene Weg.

1

Paradigmenwechsel in der Informatik

„New ideas go through stages of acceptance, both from within and without. From within, the sequence moves from ‚barely seeing' a pattern several times, then noting it but not perceiving its ‚cosmic' significance, then using it operationally in several areas, then comes a ‚grand rotation' in which the pattern becomes the center of a new way of thinking, and finally, it turns into the same kind of inflexible religion that it originally broke away from. From without, as Schopenhauer noted, the new idea is first denounced as the work of the insane, in a few years it is considered obvious and mundane, and finally the original denouncers will claim to have invented it."

Alan C. KAY [Kay, 1993]

Der Paradigmabegriff, von Thomas KUHN in die Wissenschaftstheorie eingebracht, findet vielerorts seinen Gemeinplatz — so auch in der Informatik. Neue Ideen und Strategien in der Softwaretechnik, wie „Megaprogramming"* oder „CAD-Framework"*, tragen das marketingwirksame Etikett. Zuweilen und zur Rechtfertigung weiterer Programmiersprachen wird der Begriff zum bloßen Sprach-„stil" mißbraucht: „multi-paradigm languages" [Hailpern, 1986]. Dieses einführende Kapitel klärt zunächst die wissenschaftliche Bedeutung und Verwendung des Paradigmabegriffs. Wir beschreiben die typischen Reaktionsmuster auf neue Paradigmen und beantworten die Frage: Wie lange dauert es, bis sich ein „neues Denken" in Theorie und Praxis durchsetzt? Wir skizzieren die Methodenwechsel der Vergangenheit und kennzeichnen die gegenwärtige Hauptströmung: das Objekt-Paradigma. Den Hintergrund unserer Diskussion bildet die Methode des *konzeptionellen Modellierens*. Wir stellen sie als das Gemeinsame der Informatik-Fachgruppen heraus.[1]

[1] Die folgenden Ausführungen wurden in der GI-Fachgruppe „Software-Engineering" zur Diskussion gestellt [Quibeldey-Cirkel, 1994a].

1.1 Paradigmenwechsel im großen

Das Selbstverständnis der Informatik ist im Umbruch. Bisweilen bestimmten es zwei Elemente: (a) die Ausrichtung an formalen Strukturen nach dem Vorbild der Mathematik und Logik (Datentypen und Algorithmen) und (b) die Implementierung dieser Strukturen nach einer ingenieurmäßigen Pragmatik, die sich im Beiwort *Engineering* ausdrückt, wie Requirements- und Software-Engineering. Der duale Anspruch an Theorie und Praxis spiegelt sich in den heutigen Schuldefinitionen wider. Ein Beispiel aus dem Informatik-Duden:

> „Informatik (*computer science*): Wissenschaft von der systematischen Verarbeitung von Informationen, besonders der automatischen Verarbeitung mit Hilfe von ↑ Digitalrechnern (↑ Computer)." [Claus & Schwill, 1993]

Auf den Menschen als Gestalter und Betroffenen informationstechnischer Vorgänge wird nicht verwiesen, wie schon Rafael CAPURRO bemerkt [Capurro, 1990]. In letzter Zeit aber hat sich das techno-zentrische Weltbild zu einem anthropozentrischen gewandelt: Der Mensch drängt in den Mittelpunkt der systematischen Informationsverarbeitung. Gegenüber der herkömmlichen Auffassung als Struktur- und Ingenieurwissenschaft wird die Informatik als eine *interdisziplinäre* Fachrichtung herausgestellt, „mit der Aufgabe der technischen Gestaltung menschlicher Interaktionen mit der Welt" [Capurro, 1990, S. 311]. Hierzu ein Definitionsvorschlag von Kristen NYGAARD, Mitschöpfer der Sprache Simula*:

> „Informatics is the science that has as its domain information processes and related phenomena in artifacts, society and nature." (zitiert in [Capurro, 1990, S. 314])

Das Selbstverständnis der Informatik orientiert sich neu: vom Rohstoff „Information" zum Thema „Mensch". Dies wird auch in den Schlagworten deutlich, die derzeit in der Diskussion um die sozialen Aspekte aufkommen: Ethik und Informatik, Informatik und Gesellschaft, verantwortliche Technikgestaltung und so fort. Im Kontext der philosophischen Neubesinnung soll im folgenden auf die Paradigmenwechsel im Kernbereich der Informatik, dem Software-Entwurf, eingegangen werden. Es zeigt sich, daß gegenwärtig das Objekt-Paradigma die Methodendiskussion in der Softwaretechnik bestimmt [Henderson-Sellers, 1992; Monarchi & Puhr, 1992; Wedekind, 1992; Winblad *et al.*, 1990].

Die techno-philosophische Breite des Objektansatzes unterstützt die These, daß die Suche nach einer interdisziplinären „Wissenschaft des Entwerfens"*, wie sie Herbert SIMON, Heinz ZEMANEK und derzeit Christiane FLOYD fordern, ihren Ausgangspunkt im Objekt-Paradigma nimmt [Floyd, 1994; Simon, 1982; Zemanek, 1992]. Objektorientiertes *konzeptionelles Modellieren* ist interdisziplinär [Dillon & Tan, 1993; Fiadeiro & Sernadas, 1991]. Gerade die jungen Informatikzweige weisen synergetische Ziele auf: Wissensrepräsentation* in der Künstlichen Intelligenz* (KI), semantische Datenmodelle* in der Datenbanktechnik und objektorientierte Analyse- und Entwurfsmethoden in der Softwaretechnik. Sie haben ihre Gemeinsamkeit in der Modellbildung auf konzeptionellen Ebenen. Sie teilen sich problemnahe Konzepte und Mechanismen, wie hierarchische Kategorien und Vererbung, um das Wissen über einen Weltausschnitt formal zu erfassen und für die informationstechnische Verarbeitung aufzubereiten.

1.1.1 Kuhns These

Die bahnbrechende Arbeit von Thomas KUHN, *Die Struktur wissenschaftlicher Revolutionen* [Kuhn, 1989], führte zu der Erkenntnis, daß die Wissenschaftsentwicklung nicht geradlinig verläuft, es also keinen kontinuierlich kumulativen Fortschritt gibt. Am Beispiel der Naturwissenschaften verdeutlicht KUHN, wie die stationären Phasen *normaler* Wissenschaft von Perioden *revolutionärer* Wissenschaft abgelöst werden. Zwei Beispiele: die Welt als flache Scheibe versus die Kugel als Weltbild und NEWTONsche Mechanik versus relativistische nach EINSTEIN. Das gültige *Paradigma** — die Konstellation von Meinungen, Werten und Methoden, die von den Mitgliedern einer wissenschaftlichen Gemeinschaft (*scientific community*) geteilt werden — wird in der revolutionären Phase durch ein innovatives Paradigma in Frage gestellt und schließlich überwunden.

Wissenschaft schreitet somit in zwei Modi voran, die sich zyklisch wiederholen. Erstens: Normale Wissenschaft verläuft empirisch und inkrementell. Beobachtungen und Fakten werden in das von der wissenschaftlichen Gemeinschaft aufgestellte Theoriengebäude eingefügt (KUHN nennt die Haupttätigkeit in dieser Phase *Rätsellösen* und *Aufräumen*). Zweitens: Das gültige Paradigma gerät in eine Krise. Wichtige Rätsel können nicht zufriedenstellend gelöst werden. Es werden Ad-hoc-Modifikationen ersonnen, um die „Anomalien“ zu lösen. Einzelne Wissenschaftler finden sich mit der Situation nicht ab und stellen neue Theorien auf. Die Krise des alten und der Drang des neuen Paradigmas führen schließlich zur wissenschaftlichen Revolution. Nach dem Paradigmenwechsel folgt wieder eine Phase normaler Wissenschaft.

Die Reaktionsmuster auf einen Theorie-Anwärter sind deutlich sozio-psychologischer Art. Peter MOLZBERGER nennt drei typische Muster, die auf Konferenzen, an Universitäten und in der Industrie als Antwort auf innovative Softwaremethoden überwiegen [Molzberger, 1984]:

1. Emotionale Ablehnung

   Die Mitglieder der wissenschaftlichen Gemeinschaft, die das alte Paradigma vertritt, fürchten um ihre Reputation, um die Bedeutung ihres Wissens und Methodenbestands. Sie fühlen zwar, daß etwas Wichtiges im Gange ist, unterdrücken es aber und vermeiden jede bewußte Auseinandersetzung mit den Widersprüchen in ihren alten Überzeugungen. Psychologen wie Leon FESTINGER bezeichnen ein solches Reaktionsmuster mit „kognitiver Dissonanz"* [Festinger, 1966].

2. Unreflektierte Euphorie

   Geboren aus der Frustration durch die methodischen Unzulänglichkeiten des vorherrschenden Paradigmas, werden innovative Ideen euphorisch aufgenommen, ohne deren Gültigkeit zu prüfen („Prinzip Hoffnung").

3. *Déjà-vu*-Erlebnis

   Die dritte Reaktion auf einen Paradigmenkonflikt ist die häufigste: Nach KUHN hätten die Beobachtungen, die das neue Paradigma unterstützen, auch zu Zeiten des alten gemacht werden können, aber diese waren damals nicht „sichtbar". Mit dem Aufzeigen des neuen Paradigmas kommt es bei vielen zum *Déjà-vu*-Erlebnis: Gegenwärtiges glaubt man, schon einmal in der Vergangenheit — meist unbewußt — erlebt zu haben. Der Neuigkeitswert wird angezweifelt.

Für die Informatik hat Volker CLAUS in empirischen Studien herausgefunden, wie lange es im allgemeinen dauert, bis neue Paradigmen in die Praxis umgesetzt sind [Claus, 1989]. Zwischen dem ersten Auftauchen in der Wissenschaft und der Einführung in die Praxis vergehen in der Regel:

- sieben bis zehn Jahre, wenn dadurch ein Engpaß in der wirtschaftlichen Machbarkeit eines Forschungsvorhabens beseitigt werden kann

  Beispiel: Edsger DIJKSTRA argumentierte erstmals 1968 in seinem Brief an die ACM öffentlich gegen den Gebrauch von Go-To-Anweisungen: *Go To Statement Considered Harmful* [Dijkstra, 1968]; die Go-To-Kontroverse erreichte ihren Höhepunkt 1972 und wurde 1974 von Donald KNUTH endgültig beigelegt [Koepke, 1985].

- 15 bis 20 Jahre bei breitbandiger Bedeutung für die Software-Industrie

  Beispiel: Bereits 1965 wurden die wichtigsten Ideen und Konzepte der „strukturierten Programmierung" in DIJKSTRAs Aufsatz *Programming Considered as a Human Activity* veröffentlicht [Dijkstra, 1965]; zum Stand der Technik wurden sie erst in den 80er Jahren.

Die Praxisnähe der Methoden und die Verfügbarkeit effizienter Werkzeuge sind untrennbare Kriterien für einen erfolgreichen Paradigmenwechsel in der Industrie. Der Akzeptanzverzug in der industriellen Praxis ist im allgemeinen um den Faktor zwei größer als in der universitären Forschung. KUHN selbst geht von einem langwierigen Wandel in den Denkmustern einer wissenschaftlichen Gemeinschaft aus: mindestens 25 Jahre vergehen, bis ein Paradigmenwechsel vollzogen ist. Kraß formuliert es Max PLANCK, rückblickend auf seine wissenschaftliche Laufbahn:

> „Eine neue wissenschaftliche Wahrheit pflegt sich nicht in der Weise durchzusetzen, daß ihre Gegner überzeugt werden und sich als belehrt erklären, sondern vielmehr dadurch, daß die Gegner allmählich aussterben und daß die heranwachsende Generation von vornherein mit der Wahrheit vertraut gemacht ist." (zitiert in [Kuhn, 1989, S. 162])

1.2 Paradigmenwechsel im kleinen

Jede Disziplin hat ihre Lehrmeinungen, Methoden und Werte und durchläuft mehr oder minder abrupte Phasenwechsel im Erkenntnisprozeß. In der Informatik beschleunigt vor allem eine Triebfeder die Wissenschaftsentwicklung: die Suche nach übergeordneten Prinzipien und Methoden für Problemanalyse, Spezifikation, Design und Implementierung. Ziel ist es, fehlerarme, wartbare, erweiterbare und wiederverwendbare Software mit wirtschaftlichem Aufwand herstellen zu können. Die wissenschaftlichen Anstrengungen, um dieses Ziel zu erreichen, streben eine Steigerung des „semantischen Ausdrucks" an. Vier zum Teil parallel verlaufende Leitlinien durchziehen das Streben nach höheren Software-Abstraktionen:

1. prozedurale Abstraktion: Funktionen, Prozeduren, Programmodule

2. syntaktische Abstraktion: Bitmuster, Mnemotechnik, Metaphern

3. Datenabstraktion: Datenstrukturen, abstrakte Datentypen*, Klassen

4. Wissensabstraktion: Kategorien, Vererbung, Wissensrahmen*

Entlang den chronologischen Abstraktionslinien, den Spuren eines 40jährigen Lernprozesses, lassen sich die Paradigmenwechsel in der Softwaretechnik aufzeigen.[2] Sie spiegeln das unruhige Wachstum der jungen Disziplin wider, ursprünglich bedingt durch den Zulauf von Quereinsteigern: Mathematikern und Physikern. Als Sammelbecken für euphorische Technikerwartungen (Stichwort: CASE) kann die Softwaretechnik nur langsam ihre Eigenständigkeit entwickeln.

1.2.1 Die methodenlose Zeit

Im Sinne von KUHN handelt es sich in der Zeit von 1940 bis etwa 1960 um eine *vorparadigmatische Phase*, in der noch nach einem ersten Paradigma gesucht wird und noch nicht von einer Gemeinschaft von Wissenschaftlern gesprochen werden kann. Das Wort „Informatik“ oder „Computer Science“ wird erst Ende der 60er Jahre zum Begriff [Capurro, 1990, S. 313]. Forschung ist hier eher eine Einzelanstrengung. Diese später von KUHN als *Proto-Wissenschaft* bezeichnete frühe Phase der Wissenschaftsentwicklung ist geprägt durch das Bedürfnis und die Suche nach brauchbaren Methoden.

In den Anfängen der Rechnertechnik dominierten die geringen Hardware-Ressourcen an Rechenzeit und Speicherplatz die Forschung. Das Programmieren wurde nicht als eigenständige Aufgabe, sondern als pragmatische Nebentätigkeit des Hardware-Entwicklers gesehen. *One-man algorithmic programs* im Umfang von ein- bis zweihundert Programmzeilen in einer heutigen Hochsprache waren gerade noch machbar — mit verborgenen Tricks und Kniffen im binären Maschinencode (Programmierer hießen damals „Codierer“!). So wie in der Automatentheorie nicht zwischen einer Maschine und ihrem Programm unterschieden wird, so bilden in der frühen Geschichte der Rechnertechnik Soft- und Hardware einen integrierten Forschungsgegenstand.

Die erste prozedurale Abstraktion, die *closed subroutine* (aufrufbares Code-Segment im Gegensatz zum Quelltext-Segment einer *open subroutine*), geht auf Konrad ZUSE zurück. Er führte sie 1945 in seinem *Plankalkül* ein, der ersten

[2] Die geschichtlichen Daten wurden großenteils [Koepke, 1985; Weiser Friedman, 1992] entnommen.

algorithmischen Sprache [Shaw, 1984; Zuse, 1993]. Unabhängig übersetzbare Unterprogramme wurden zuerst in Fortran-II, 1958, und geschachtelte in Algol-60 unterstützt. 1947 wurde erstmals die Verwendung von Flußdiagrammen, um den Steuerfluß zu visualisieren, durch Herman GOLDSTINE und John van NEUMANN vorgeschlagen. Mitte der 50er Jahre setzte die Entwicklung des Makro-Assemblers ein. Der breite Einsatz der prozeduralen Abstraktion in der Programmierung begann also erst mit den 60er Jahren.

1.2.2 Programmierkunst versus Software-Engineering

Der exponentiell wachsende Fortschritt in der Hardwaretechnik, der Ende der 60er Jahre einsetzte und bis heute andauert,[3] gibt der Softwaretechnik eine neue Bedeutung: Waren es zunächst kleine Entwürfe, die es unter größter Hardware-Ausnutzung zu realisieren galt, so sind nun „gute" Entwürfe gefragt, die komplexe Aufgaben angehen. Da systematische Entwurfsmethoden erst zögernd aufkommen, stilisiert sich das Programmieren ohne Hardware-Auflagen schnell zu einer Kunst.[4]

Das Wort von der „Softwarekrise" geht um: Die mangelnde Lokalisierung und Robustheit der Entwurfsentscheidungen (Nebenwirkungen sind nicht auszuschließen) und, damit eng verbunden, die aufwendige Wartbarkeit der sich aufblähenden *Spaghetti*-Programme (zwei Drittel der Softwarekosten fallen allein auf die Wartung), werden als ursächlich erkannt. Auf der Garmisch-Konferenz, im Oktober 1968, mit dem epochemachenden Titel *Software Engineering* wird erstmals eine „ingenieurmäßige" Pragmatik für die Softwaretechnik gefordert [Naur & Randell (Hrsg.), 1969]. Punkte, um die sich bis heute die Methodendiskussion dreht:

- Einführung eines Phasenmodells des Software-Lebenszyklus* (Wasserfall-Modell)
- systematisches Analysieren, Entwerfen, Programmieren, Testen und Dokumentieren
- Definition und Standardisierung der Programmierschnittstellen

[3]Siehe Gordon MOOREs Gesetz von der Verdopplung der Integrationsdichte digitaler Schaltungen alle zwei Jahre: Bild 2.4 auf Seite 30.

[4]Über das Programmieren, verstanden als eine der „schönen Künste", siehe Donald KNUTHs Turing-Award-Lecture [Knuth, 1974].

- Rechnerunterstützung mit dem langfristigen Ziel, den Entwurfsprozeß zu mechanisieren („ausführbare Spezifikation")

Als Theorie-Anwärterin für einen Paradigmenwechsel tritt die „strukturierte Programmierung" auf den Plan (erste Monographie von DAHL, DIJKSTRA und HOARE: *Structured Programming* [Dahl *et al.*, 1972]). Unter den Sammelbegriff fallen die schrittweise Verfeinerung der Entwurfsentscheidungen (*Top-down*-Entwurf), die Beschränkung auf drei Ablaufstrukturen (Sequenz, Auswahl und Schleife: *Go-To-less programming*), der modulare Entwurf aus einzeln prüfbaren *single-entry/single-exit*-Modulen und die Einführung von Programmierrichtlinien (strukturierter Quellcode durch Einrückungen und *begin-end*-Blöcke, kleine Module).

Aus der Handwerkskunst des Programmierens wird langsam eine Wissenschaft. Die Etablierung des Fachs Informatik an deutschen Hochschulen datiert Alfred LUFT auf die späten 60er Jahre [Luft, 1988].

1.2.3 Der Faktor „Mensch"

Mit der *Human-Factors*-Bewegung in der Informatik der 80er Jahre — die Probleme sind nicht mehr ausschließlich algorithmischer Art, sondern zunehmend schlecht definiert und erfordern die Mitwirkung des Anwenders in der Definitionsphase der Software-Entwicklung — kommt auch die Forderung nach einer Rückbesinnung auf das schöpferische Potential des Programmierers auf. Gerald WEINBERGs legendäres Werk *The Psychology of Computer Programming* ist seiner Zeit weit voraus [Weinberg, 1971]: „People talked to me as if I was a crazy person", sagt er nach der ersten Konferenz über *Human Factors in Computer Systems* in Gaithersburg — elf Jahre später [Molzberger, 1984].

Christiane FLOYD fordert die Wende von der produktorientierten (mechanistischen) Sicht hin zur prozeßorientierten, in der die Bedürfnisse und kreativen Fähigkeiten des Menschen als Entwerfer und Nutzer von Software im Mittelpunkt stehen [Floyd, 1988]. Die pragmatischen Aspekte in der Produktentwicklung, wie Qualitätssicherung, Methoden- und Dokumenteneinsatz, müssen den situativen Kontext und die kognitiven* Beschränkungen des Menschen berücksichtigen. Das setzt beidseitiges Lernen voraus durch Kommunikation und Kooperation zwischen den beteiligten Personen: *Reviewing* im Team als kritischer Dialog über Entwurfsentscheidungen und *Prototyping* als *Trial-and-Error*-Prozeß zwischen Entwickler und Anwender.

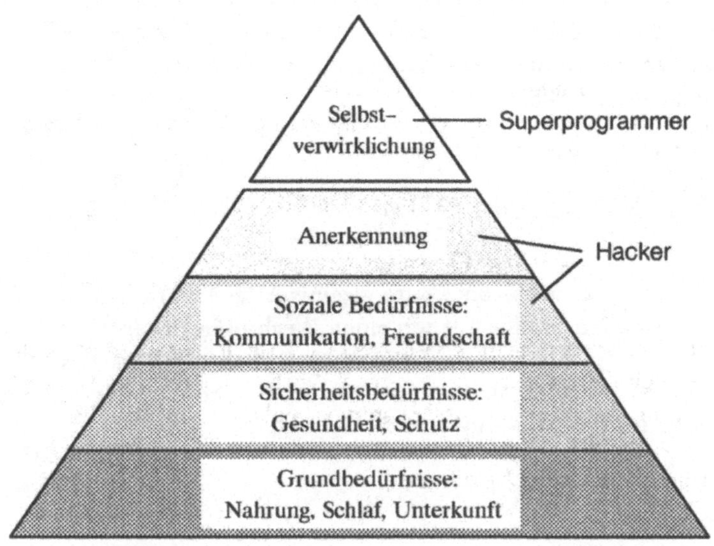

Bild 1.1: Superprogrammer versus Hacker

Peter MOLZBERGERs kreativer und zugleich hocheffizienter *Superprogrammer* [Molzberger, 1984] und die von Frederick BROOKS erhoffte *Silver Bullet** gegen monströse Softwareprojekte, der *Great Designer* [Brooks, 1987], sind Beispiele für die Diskussion um das schöpferische Potential des Programmierers. Beide wissen die Erkenntnisse der modernen Motivationsforschung auf ihrer Seite: siehe Abraham MASLOWs Bedürfnispyramide in Bild 1.1. Es soll der *ganzheitliche* Mensch — seine analytischen-assoziativen Denkweisen und seine höheren Bedürfnisse nach Anerkennung (*ego needs*) und Selbstentfaltung — in den Entwurfsprozeß mit einbezogen werden.

„Ganzheitlichkeit" wird hier im Sinne der Neurophysiologie verstanden: In der linken Hemisphäre unseres Gehirns sind Sprache, Rationalität und Zielorientierung lokalisiert. Sie dominiert das Bildungswesen unseres Kulturkreises. Die rechte Hälfte beherbergt die assoziativen Erkenntnisprozesse, Kreativität und Intuition, und wird, zumindest was die Ausbildung der Programmierer betrifft, kaum gefördert. Das Phänomen des außergewöhnlichen Programmierers, wie BROOKS und MOLZBERGER es erkannt haben, ist eindeutig dem rechten Potential unseres Gehirns zuzuordnen. MOLZBERGER organisiert 1983 einen Workshop zum Thema: *Programming with the Right Hemisphere of the Brain.*

Auch in der Künstlichen Intelligenz wendet sich der Trend von der mechanistischen zur individuell menschlichen Orientierung. Glaubte man vorher noch, Denkprozesse auf Symbolmanipulationen reduzieren zu können [Simon, 1982], so beschränkt man sich heute auf die formale Wissensrepräsentation* und versucht, aus dem Wissen eines einzelnen, des Experten, weiteres logisch abzuleiten [Brachman & Levesque (Hrsg.), 1985].[5]

1.2.4 SA/SD versus OOx

Wir kommen in unserer Chronik zum gegenwärtigen Paradigmenwechsel. Um zu zeigen, daß es sich hier in der Tat um einen Wechsel im KUHNschen Sinne handelt, wollen wir streng im klassischen Dreisatz vorgehen: 1. Rätsellösen in der Phase normaler Wissenschaft, 2. Auftreten einer Krise und 3. Überwindung der Krise durch einen neuen Theorie-Anwärter.

1. Rätsellösen

   Seit Mitte bis Ende der 70er Jahre werden zahlreiche funktionale Dekompositionsmethoden* für das Struktur-Paradigma entwickelt und finden nach dem „CLAUSschen Akzeptanzverzug“ zehn Jahre später Eingang in die industrielle Praxis. Die Analysemethode nach Tom DEMARCO und die SA/SD-Methode (*structured analysis/structured design*) nach Edward YOURDON gelten als etabliert [DeMarco, 1978; Yourdon, 1988].

2. Krise

   Der Freiraum des Software-Entwurfs wird nicht länger durch die Unzulänglichkeiten der Hardware beschnitten. Immer komplexere Probleme werden angegangen, die nur noch arbeitsteilig im Team zu lösen sind. Frank DEREMER und Hans KRON prägen hierfür den Begriff des *Programming-in-the-Large* [DeRemer & Kron, 1976]. Peter SCHNUPP macht einen „Methodenberg“ des Struktur-Paradigmas aus [Schnupp, 1983], dessen Schwerpunkt über den technischen Phasen der Software-Entwicklung liegt: Bild 1.2. Die methodische Unterstützung in den problemnahen konzeptionellen Entwurfsphasen wird als unzureichend empfunden.

   Forderungen, die erkannten Defizite im Software-Lebenszyklus zu beheben, werden laut:

[5] Kritische KI-Forscher, wie Terry WINOGRAD [Flores & Winograd, 1986] oder die Gebrüder DREYFUS [Dreyfus & Dreyfus, 1987], erfahren in ihrer *scientific community* das Reaktionsmuster erster Prägung, die „emotionale Ablehnung“, und werden (vor)schnell als „Nestbeschmutzer“ diffamiert [Luft, 1988, S. 71].

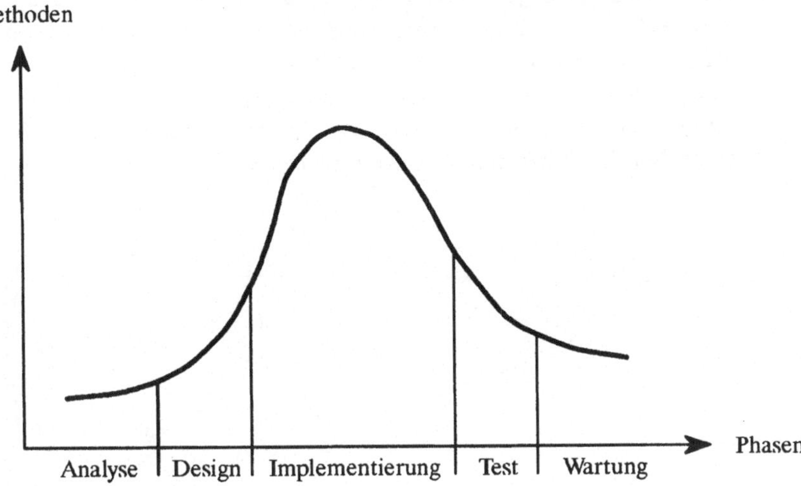

Bild 1.2: Methodenberg des Struktur-Paradigmas

- Aufhebung der willkürlichen Trennung der Datenstrukturen von der Ablaufsteuerung oder mit anderen Worten: die Schaffung einer Einheit aus statischer Information und dynamischem Zugriff, der Arbeitsgegenstand wird ganzheitlich (Klassenkonzept in Simula [Dahl & Nygaard, 1966], abstrakter Datentyp [Liskov & Zilles, 1974])
- Verlagerung methodischer Ansätze vom Lösungs- in den Problembereich, somit eine größere Entfernung von den Vorgaben der Rechnerarchitektur eines John von NEUMANN*
- Durchgängigkeit der Konzepte und Begriffe im Software-Lebenszyklus: die Ergebnisse der Phase i sollen sich unmittelbar als Grundlage für das weitere Vorgehen in der Phase $i + 1$ eignen

3. Lösung

   Die Indizien und Argumente für einen bevorstehenden Paradigmenwechsel häufen sich:

   - Neue Forschungsanstrengungen

     Eine Literaturrecherche offenbart die mannigfaltigen Querbezüge der Objektorientierung in der Informatik: Nicht nur in den konventionellen

Phasen der Systementwicklung, wie Analyse, Design und Programmierung, wird ein objektorientierter Ansatz verfolgt, sondern auch in der Konzeption und Implementierung von Non-Standard-Datenmodellen, VLSI-Werkzeugen und CAD-Frameworks. Die Balkendiagramme 1.3 und 1.4 machen es anschaulich: Die objektorientierten Themen (OOx*) laufen den vor zwanzig Jahren aus der Softwarekrise geborenen strukturierten Ansätzen für Analyse und Design (SA/SD) den Rang ab.[6]

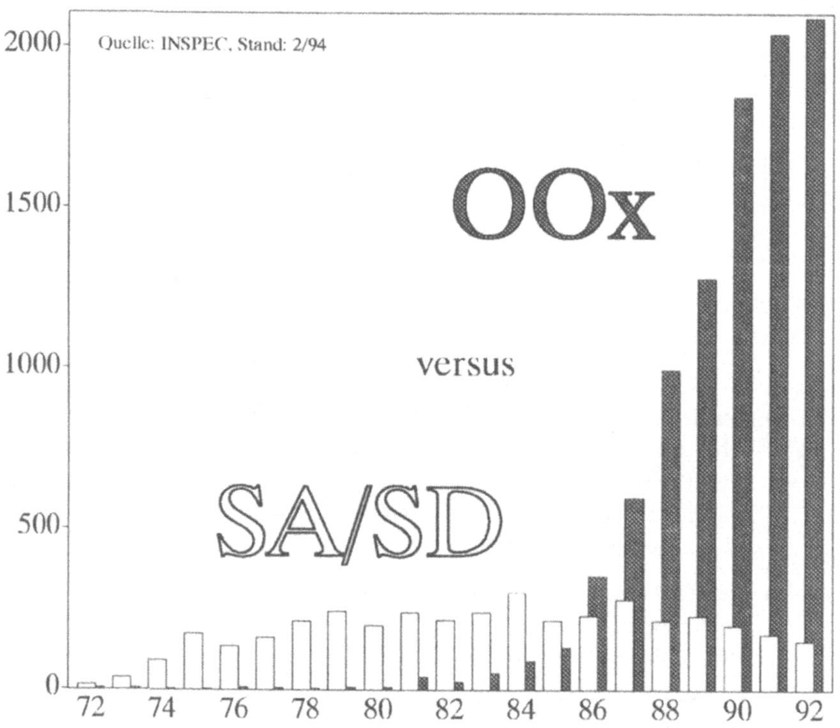

Bild 1.3: Statistisches Indiz für einen Trendwechsel

- Außergewöhnliche Forscher

  (a) Alan KAYs Vision vom notizbuchgroßen *Personal Computer*, dem *Dynabook** [Kay, 1977], ist heute Realität und hat uns zahlreiche objektorientierte Errungenschaften beschert: neben der interaktiven Sprache Smalltalk* vor allem hochflexible, an den kognitiven Fähigkeiten

[6]In der Statistik wurden nur disjunkte Einträge gezählt (englischsprachige), also entweder SA/SD oder OOx. Veröffentlichungen, die beide Ansätze verfolgen, fielen somit heraus.

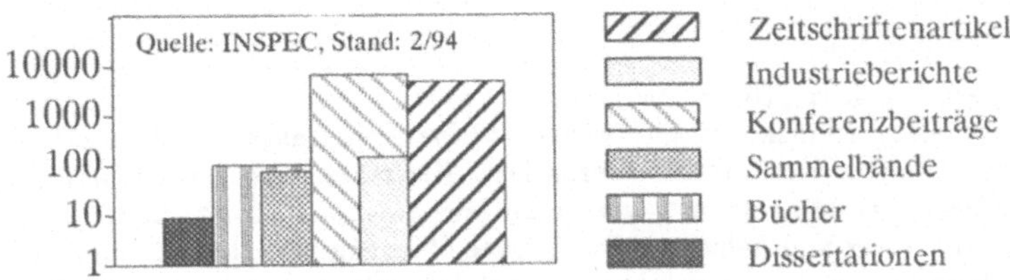

Bild 1.4: Spektrum und Zahl der OOx-Publikationen

des Menschen orientierte Grafikrechner mit Fenster- und Menütechnik, Sinnbildern und der Maus [Kay, 1993]. Apples *Macintosh* mit all seinen ergonomischen Vorzügen ist das geistige Kind des Software-Visionärs Alan KAY. (b) Als ein weiteres Indiz für die Folgerichtigkeit der Objektorientierung mag Edward YOURDONs Sinneswandel gelten: vom Wegbereiter der strukturierten Analyse (SA) und des strukturierten Designs (SD) zum Verfechter des Objekt-Paradigmas in diesen Disziplinen: OOA [Coad & Yourdon, 1991a] und OOD [Coad & Yourdon, 1991b].

- Bewahren erfolgreicher Lösungskonzepte und Versprechen neuer
  Das Objekt-Paradigma vereinigt drei Tendenzen in der Geschichte der Informatik: (a) die Entwicklung abstrakter Sprachmittel, die dem Problem näher sind als der Maschine, (b) die Entlastung des Systementwerfers von Entwurfsentscheidungen auf unteren Ebenen (*Information hiding* im Sinne von David PARNAS [Parnas, 1972a]) und (c) die Suche nach interdisziplinären Prinzipien des Entwerfens.

In den folgenden Kapiteln werden wir detailliert das objektorientierte Lösungspotential, die Konzepte, Modelle, Methoden und Techniken, nach übergeordneten Gesichtspunkten erläutern: ETHOS*. Auf der nächsten Seite geben wir einen Überblick:

ETHOS-Aspekte der Objektorientierung

E wie „economic": Das Klassenkonzept aus Simula und das Kapselungsprinzip des *Information hiding* erfüllen wichtige wirtschaftliche Forderungen: Software-Wiederverwendung, lokale Wartbarkeit und Erweiterbarkeit. Klassenbibliotheken unterstützen den ingenieurmäßigen „Bausteinentwurf", wie er im Maschinenbau, in der Bautechnik und Fließbandindustrie gang und gäbe ist. Die Markteinführung wird beschleunigt: Die Entwicklungsproduktivität und die Produktqualität steigen [Endres, 1988; Meyer, 1990].

T wie „technical": Die Objektorientierung führt zu Modellierungsmethoden und -techniken, die sich durchgängig eignen für die klassischen Phasen des Entwurfs: Analyse- und Designmethoden [Blaha *et al.*, 1991; Booch, 1991; Coad & Yourdon, 1991a; Mellor & Shlaer, 1992; Wiener *et al.*, 1990]; inkrementelle Programmierung in Smalltalk* [Goldberg, 1984] oder Eiffel* [Meyer, 1988]; Datenarchivierung [Dittrich, 1989] und grafische Benutzungsoberflächen [Ege, 1991].

H wie „human": Die objektorientierten Metaphern der Softwaretechnik (*Vererbung*, *Austausch von Botschaften*, *Client-Server*, siehe Anhang A.1) rufen Assoziationen und Analogien hervor. Die rechte Hemisphäre des Gehirns wird angeregt und führt mit den algorithmischen Komponenten der linken zu einem *ganzheitlichen Denken*. Objektorientierung ist intuitiv: Sie unterstützt die Wahrnehmung und kognitive Verarbeitung eines Problems. Sie stellt zugleich ein *ontologisches** Grundprinzip dar, das geeignet ist, auch technische Artefakte* einfach und ganzheitlich zu modellieren [Wand, 1989a]. Ontologische Referenzmodelle erlauben die objektive Bewertung von Analyse- und Designmethoden [Wand & Weber, 1989].

O wie „organizational": Die objektorientierten grafischen Oberflächen senken die Akzeptanzschwelle des Rechners in den betrieblichen Standardsituationen. Das konzeptionelle Potential des Objekt-Paradigmas wird zunehmend auch in der Unternehmensmodellierung und im Produktdatenmanagement ausgeschöpft: Objektorientierte Erweiterungen des *Entity-Relationship*-Modells* von Peter CHEN setzen sich durch [Chen, 1976]. Produktdaten werden nach der ISO-Norm STEP in Express* beschrieben, einer objektorientierten Modellierungssprache [Schenk, 1990]. Im Rahmen der *Programming-in-the-Large*-Projekte setzt die Projektführung verstärkt OO-Konzepte und -Methoden ein [Endres & Uhl, 1992; Gryczan & Züllighoven, 1992].

S wie „social": Die Interdisziplinarität des Objektansatzes fördert die Kommunikation und Kooperation sowohl innerhalb der Informatik (Softwaretechnik, Datenbanken und KI) als auch zwischen den Vertragspartnern eines Softwareprojekts, wo Auftraggeber und Auftragnehmer aus unterschiedlichen Fachgebieten kommen. Die Schnittstellenprobleme kommunikativer Art werden entschärft: Das objektorientierte *Requirements-Engineering* und das *Rapid Prototyping* schaffen die dialogische Bindung zwischen Anwender und Entwerfer [March & Umphress, 1991]. Auf einer höheren Ebene übernimmt das Objekt-Paradigma die Rolle der *disziplinären Matrix* für eine „Wissenschaft des Entwerfens"*.

1.3 Objektorientierte Weltmodelle

Mit Blick auf den Paradigmenwechsel im philosophischen Selbstverständnis der Informatik und auf die Methodenwende in der Softwaretechnik vom Struktur- zum Objekt-Paradigma läßt sich ein Bild des allgemeinen Entwerfens skizzieren, für Soft- und Hardware gleichermaßen. Als Beispiel diene der VLSI-Systementwurf, verstanden als Co-Design von Soft- und Hardware.

Die zahlreichen Abstraktionen und Sichten im VLSI-Entwurf reichern einen „Informationspool“ an, der die Historie der Entwurfsobjekte fortschreibt. Zur Modellierung des Informationspools führen wir den Begriff des „Weltmodells“* ein, angelehnt an den Begriff des „Datenmodells“* in der Datenbanktechnik. Wie Datenmodelle, zum Beispiel das relationale von Edgar CODD [Codd, 1979], umfassen Weltmodelle die konzeptionellen Mittel zur Modellierung eines Weltausschnitts, *Miniwelt* genannt.

In den Vordergrund rücken also zwei Facetten der Informationsverarbeitung:

1. Datenrepräsentation: Modellieren und Schematisieren der Entwurfsinformation
2. Datenverwaltung: Konsistentes Fortschreiben und Abfragen des Datenbestands

Um Systeme zu modellieren, setzen wir Mittel der Abstraktion ein, Konzepte und Formalismen, die die Entwurfskomplexität reduzieren und beherrschbar halten [Quibeldey-Cirkel & Wojtkowiak, 1991]. Der Mensch mit seinen kognitiven

Grenzen drängt in den Vordergrund [Norman, 1986]. Die Soft- und Hardware-Abstraktionen, wie sie beispielsweise von Carlo SÉQUIN für die Hardware [Séquin, 1983] und von Mary SHAW für die Software [Shaw, 1984] aufgezeigt wurden, stehen für die Eckpfeiler einer fortschreitenden methodischen „Disziplinierung“. Ob *Programming-in-the-Large* oder *System-on-Chip*, die Parallelen sind unverkennbar: Tabelle 1.1.

Abstraktion	*Hardware*	*Software*
Modularisierung	Bausteinprinzip: Zellbibliotheken, Steuer- und Operationswerke, Speichermodule, Boards	Blockstrukturen: Funktionen, Prozeduren, abstrakte Datentypen, Klassen
*Hierarchie**	Abstraktionsebenen (*system, algorithmic, micro-architectural, logic, circuit*), Sichten (*behavioral, structural, physical*) [Gajski & Kuhn, 1983]	*schrittweise Verfeinerung* [Wirth, 1971], Haupt- und Unterprogramme, Klassenhierarchien und Vererbung [Meyer, 1988]
Formalisierung	Datentransferformate, Hardware-Beschreibungssprachen, Silicon-Compiler* [Gajski, 1988]	Algebraische Spezifikation [Horebeek & Lewi, 1989], Programmgeneratoren

Tabelle 1.1: Soft- und Hardware-Abstraktionen

Wir entnehmen der Methodenentwicklung eine übergreifende Gesamtausrichtung, eine Grundströmung, die sich durch die Praktische und Technische Informatik zieht: Wissensrepräsentation in der KI [Brachman & Levesque (Hrsg.), 1985], semantische Datenmodellierung in der Datenbanktechnik [Dittrich, 1989], Objektmodelle in der Programmiermethodik [Wand, 1989a] und Informationsmodellierung* im Kontext von CAD-Frameworks [Quibeldey-Cirkel, 1993b]. Ohne es deutlich herauszustellen, betreiben die verschiedenen Informatikforschungen eine vergleichbare Methode der Komplexitätsbewältigung: die Modellbildung auf konzeptioneller Ebene. Auch wenn es sicherlich Unterschiede in der Zielsetzung gibt, so sind doch die Methoden vergleichbar. Die fachübergreifenden Konferenzen und Veröffentlichungen zeugen davon: [Brodie *et al.* (Hrsg.), 1984; Kim & Lochovsky (Hrsg.), 1989; Meersman & Sernadas (Hrsg.), 1988]. Es ist hier nicht der Platz, um die Parallelen im Detail aufzuzeigen, aber es genügt wohl ein allgemeines Methodenwissen, um zu erkennen: Das augenfällig Gemeinsame ist die Suche nach einfachen und zugleich ausdrucksvollen Mitteln, um das Inventar und die Dynamik eines Weltausschnitts zu beschreiben.

Vor der Implementierung steht die Spezifikation und vor der Spezifikation das „Begreifen" eines Problems, das kognitive Erfassen der Miniwelt. Bislang weist die Entwurfsschiene von der Idee zum Produkt *konzeptionelle* Fugen auf: Die Beschreibungsmittel der Problemanalyse, der Spezifikation und der Implementierung sind in der Regel verschieden, die „semantischen Lücken" sprichwörtlich. Objektorientiertes *konzeptionelles Modellieren* will diese Lücken schließen: methodisch und begrifflich. BROOKS zählt sie zu den Hoffnungen auf eine *Silver Bullet* gegen monströse Softwareprojekte:

> „Fashioning complex conceptual constructs is the *essence*; *accidental* tasks arise in representing the constructs in language. Past progress has so reduced the accidental tasks that future progress now depends upon addressing the essence."[7] [Brooks, 1987]

1.3.1 Ausführbare Weltmodelle

Wir stimmen überein mit David HARELs Antwort auf BROOKS' Pessimismus: *Biting the Silver Bullet: Toward a Brighter Future for System Development* [Brooks, 1987; Harel, 1992]. Die „Akzidenzien"* der Software-Entwicklung — die zufälligen Begleiterscheinungen und Schwierigkeiten — sind beherrschbar oder werden es in naher Zukunft sein. Grafikwerkzeuge, wie Generatoren, Editoren und Browser, und Managementwerkzeuge für die Versionsverfolgung und Konfiguration von Objekten erleichtern dem Weltmodellierer die Arbeit. Seine Modelle konstruiert, analysiert und dokumentiert er bereits auf dem Rechner. Stets schwierig bleibt die „Essenz", die in Struktur und Verhalten liegende Komplexität des Weltausschnitts.

Was wir brauchen, um die Essenz einer komplexen Entwurfsaufgabe in den Griff zu bekommen, sind Code erzeugende Werkzeuge, die das konzeptionelle Modell „zum Laufen bringen", es sprachlich umformen in ein Programm oder in eine Hardware-Beschreibung (VHDL). Das sind zum Beispiel Schema-Übersetzer, die ein Weltmodell in ein Datenbankschema übersetzen, oder Modell-Simulatoren, die eine Aussage über die Konsistenz der Objekte unter dynamischen Bedingungen erlauben. Das heißt also: Rechnerunterstützung nicht nur bei der textuellen und grafischen Darstellung von Weltmodellen, sondern auch bei der Inspektion, Integritätssicherung* und Implementierung derselben.

[7] Wie die *conceptual constructs* des VLSI-Entwurfs aussehen, wurde in [Quibeldey-Cirkel, 1993a] untersucht.

1.3.2 Szenario des objektorientierten Entwurfs

Der objektorientierte Weg im Software-Lebenszyklus läßt sich durchgängig beschreiten: OO-Analyse und OO-Design führen zu den Weltmodellen der Anwendung. OO-Programmierung und OO-Datenbanken, wobei Entwurfswerkzeuge als Objekte verwaltet werden [Daniell, 1989], setzen die Weltmodelle und die aus ihnen gewonnenen Objekte in ausführbare Rechnermodelle dauerhaft um. Das VENN-Diagramm in Bild 1.5 soll die Schnittmengen an gemeinsamen Konzepten und Sprachmitteln verdeutlichen, die in einem objektorientierten Entwurf auftreten und zur begrifflichen und methodischen Durchgängigkeit beitragen. Auf die Gemeinsamkeiten, wie Klassen, Objekte, Vererbung und Polymorphie*, wird in [Snyder, 1993] näher eingegangen (siehe auch Anhang A.5).

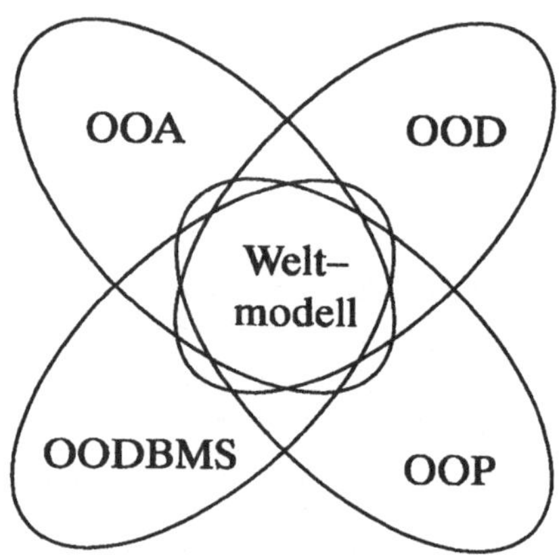

Bild 1.5: OO-Welt des Software-Entwurfs

CASE-Werkzeuge unterstützen bereits ausreichend die implementierungsnahen Entwurfsphasen: Objektorientierte Programmierumgebungen und Datenbanken sind Stand der Technik und werden erfolgreich eingesetzt [Endres & Uhl, 1992]. Die mehr der Problemanalyse zugewandten Entwurfsabschnitte hingegen befinden sich werkzeugtechnisch *in statu nascendi* und schicken sich erst an, die etablierten strukturierten Analyse- und Entwurfsmethoden in Frage zu stellen. Oder, um das Bild des Methodenbergs ein zweites Mal zu bemühen: Der Methodenbestand strebt erst noch die Form eines Tafelbergs an, der alle Phasen der Produktentwicklung gleichermaßen überdeckt.

Fazit

KUHNS Begriff des Paradigmenwechsels wird auch in der Informatik strapaziert. Einschneidende Phasenwechsel in einer Wissenschaft bleiben rar, sind dann aber bedeutungsvoll für den Erkenntnisprozeß. Die Voraussetzungen für die Verwendung des Begriffs fehlen im allgemeinen oder werden ignoriert: Auftreten einer Krise im Rätselraten mit Hilfe des gültigen Paradigmas, Gelehrtenstreit mit gruppenpsychologischen Reaktionsmustern und Überwindung der Krise durch einen neuen erfolgversprechenden Theorie-Anwärter.

Die Paradigmenwechsel in der Softwaretechnik wurden skizziert. Der aktuelle Wechsel von SA/SD nach OOx wurde herausgestellt. Der Handlungsbedarf zielt auf die Problembeschreibung durch den Anwender und auf die Problemanalyse durch den Systementwickler. Das hier angesiedelte moderne Requirements-Engineering sucht den einfachen Anschluß an die traditionelle Softwaretechnik (siehe zum Beispiel [Sommerville, 1990]). Die objektorientierte konzeptionelle Modellierung bietet eine tragfähige Bindung und universelle Sprachmittel, um das Wissen über einen Weltausschnitt ohne Strukturbruch zu repräsentieren und begrifflich durchgängig für die technische Verarbeitung aufzubereiten.

Ein neues Paradigma muß, will es erfolgreich sein, die Vorteile der alten Paradigmen in sich vereinen. Der Objektansatz, verbunden mit der konzeptionellen Modellierung, bewahrt die Errungenschaften seiner Vorgänger. Er überwindet zugleich die „Komplexitätsbarrieren“ [Winograd, 1975] bisher ungelöster Rätsel. Die Ursprache der Objektorientierung, Simula-67, feierte schon ihr 25jähriges Jubiläum. Das ist gerade die Mindestzeitspanne laut Thomas KUHN für einen erfolgreichen Paradigmenwechsel.

2

Das Problem: Komplexität und ihre Bewältigung

„Of all the monsters that fill the nightmares of our folklore, none terrify more than werewolves, because they transform unexpectedly from the familiar into horrors. For these, one seeks bullets of silver that can magically lay them to rest.

The familiar software project, at least as seen by the nontechnical manager, has something of this character; it is usually innocent and straightforward, but is capable of becoming a monster of missed schedules, blown budgets, and flawed products. So we hear desperate cries for a silver bullet — something to make software costs drop as rapidly as computer hardware costs do.

But, as we look to the horizon of a decade hence, we see no silver bullet. There is no single development, in either technology or in management technique, that by itself promises even one order-of-magnitude improvement in productivity, in reliability, in simplicity."

Frederick P. BROOKS [Brooks, 1987]

2.1 „No Silver Bullet"

Komplexität als reale und Produktivität als geforderte Größe — derlei Gegensätze lassen den Systementwurf nicht selten zum „monströsen" Unterfangen ausarten. Der vielbesprochene Aufsatz von Frederick P. BROOKS *No Silver Bullet: Essence and Accidents of Software Engineering* [Brooks, 1987] bringt den Konflikt auf den Punkt: Eindrucksvoll werden die in der Natur der Software liegenden Schwierigkeiten — die *Essenz* — und die lediglich mit der Entwicklung von Software einhergehenden, somit wesensfremden Schwierigkeiten — die *Akzidenzien** — offengelegt. Wir wollen uns von der BROOKSschen Metapher und den aristotelischen Begriffen von „Akzidens und Substanz“ leiten lassen, wenn wir im folgenden den Entwurf komplexer Artefakte aus Soft- und Hardware beleuchten. Dabei interessieren wir uns besonders für die Unterschiede in den Entwurfsdisziplinen der modernen Informatik: zwischen dem Software-Entwurf der Praktischen und dem VLSI-Entwurf der Technischen Informatik.

Fragen wir nach der Natur der Komplexität und ihren Dimensionen, schicken wir uns an, das methodische Rüstzeug zu erkunden, um die Entwurfskomplexität technischer Objekte systematisch und wirtschaftlich zu bewältigen, dann begeben wir uns leicht in systemtheoretische Untiefen. Wir müssen aber diesen Weg beschreiten, wollen wir die Grenzen empirischer Vorgehensweisen überwinden, wo Ad-hoc-Strategien und das Prinzip von Versuch-und-Irrtum versagen. *Silver Bullets** gegen Soft- und Hardware-Entwürfe der BROOKSschen Qualität sind nicht in Sicht, aber *Hopes for the Silver*!

2.1.1 Die deskriptive Natur der Komplexität

Als Einstieg schließen wir uns der Interpretation von Robert ROSEN an: Komplexität ist keine Objekteigenschaft *per se* oder die Eigenschaft einer einzelnen Objektbeschreibung. Die Essenz der Komplexität liegt vielmehr im *Pluralismus* der möglichen Beschreibungen, in der Vielfalt der Meßmethoden, -techniken und -werkzeuge, über die ein Betrachter verfügt [Rosen, 1977]. In diesem Sinne sind alle beobachtbaren Eigenschaften komplex, ist die Komplexität eine Frage der Betrachtung. William ASHBY nennt dazu ein plakatives Beispiel:

> „To the neurophysiologist the brain, as a feltwork of fibers and a soup of enzymes, is certainly complex; and equally the transmission of a detailed description of it would require much time. To a butcher the brain is simple, for he has to distinguish it from only about thirty other ‚meats‘, so not more than $\log_2(30)$, i.e. about 5 bits, are involved.“ (zitiert in [Klir, 1985, S. 132])

Der Gegenstand einer wissenschaftlichen Betrachtung — in unserem Fall der Entwurf anspruchsvoller Rechnerprogramme und integrierter Schaltungen — erscheint nicht aufgrund einer quantitativen Eigenschaft komplex, zum Beispiel aufgrund der Layoutdichte oder der Programmlänge. Vielmehr ist es die unüberschaubare Fülle möglicher Perspektiven und Modellvorstellungen. Darin unterscheidet sich ein potentiell komplexes System von einem einfachen. Komplexität ist also eng verwoben mit Information oder genauer: mit der Darstellung von Information.

Wir können zwei allgemeine Prinzipien *deskriptiver* Komplexität unterscheiden: Die Komplexität eines Systems ist proportional zur Informationsmenge, die erforderlich ist, um (a) das System hinreichend zu beschreiben oder um (b) eine Unbestimmtheit (Ungewißheit oder Ungenauigkeit) in der Systembeschreibung auszuschließen. Beide Prinzipien sind einander gegenläufig: Auf einer hohen Abstraktionsebene ist der Beschreibungsaufwand gering, die Unbestimmtheit aber groß und umgekehrt. Für den Chipentwerfer beispielsweise enthält ein Maskenlayout den höchsten Grad an Gewißheit: die Geometrie der Masken ist eindeutig festgelegt. Eine abstrakte Systembeschreibung auf der Registertransfer-Ebene hingegen hält die Entscheidungen auf der Maskenebene offen, birgt also für das Layout eine maximale Ungewißheit, was durchaus auch Entwurfs*freiheit* bedeuten kann. Das Beispiel verdeutlicht zugleich den Aufwand: Für eine *hinreichende Systembeschreibung* (erstes Prinzip deskriptiver Komplexität) genügen wenige Seiten Text oder Grafik. Die *Schaffung von Gewißheit* (zweites Prinzip) erfordert dagegen einiges mehr, in unserem Beispiel gewöhnlich Megabytes an Geometriedaten.

Der Begriff der „Information“ wird in diesem Zusammenhang nachrichtentechnisch, das heißt *syntaktisch* gedeutet. Semantische oder pragmatische Aspekte bleiben außen vor: Die Absicht des Senders oder die Betroffenheit des Empfängers spielen keine Rolle. Während sich das zweite Prinzip auf eine allgemeine Maßeinheit der *Unbestimmtheit* stützt, der *Entropie*[1], läßt sich für das erste Prinzip keine einheitliche Größe angeben. Im einfachsten Fall dient hier die *Quantität* der Komponenten als Maß. Im VLSI-Entwurf steht die Integrationsdichte für die Komplexität einer Schaltung: die Zahl der Speicherbits in der DRAM-Technik oder die verfügbaren Gatteräquivalente in der ASIC-Technik. Im Software-Entwurf ist es die LOC-Zahl: *lines of code*.

Welches Maß man auch für den Beschreibungsaufwand wählt, es muß allgemeinen Forderungen genügen, die George KLIR formuliert [Klir, 1985, S. 134f.]:

> S sei die Menge aller Systeme eines bestimmten Typs, $P(S)$ die kartesische Produktmenge von S und C_S ein Maß für die deskriptive Komplexität von S. Dann steht C_S für die Abbildung $C_S : P(S) \to \mathcal{R}$, die folgende Axiome erfüllt:
>
> C1: $C_S(\emptyset) = 0$;
>
> C2: wenn $A, B \in S$ mit $A \subset B$, dann gilt $C_S(A) \leq C_S(B)$;
>
> C3: wenn A ein homomorphes* Abbild von B ist, dann gilt $C_S(A) \leq C_S(B)$;
>
> C4: wenn A und B isomorph* sind, dann gilt $C_S(A) = C_S(B)$;

[1]Über die Entropie im Entwurf läßt sich zum Beispiel Cees KOOMEN in [Koomen, 1985] aus. Sie dient ihm als Maß für die Entwurfsfreiheit, für die Kreativität des Entwerfers.

C5: wenn (i) $A \cap B = \emptyset$, (ii) A und B nicht interagieren und (iii) weder A noch B ein homomorphes Abbild des jeweils anderen ist, dann gilt $C_S(A \cup B) = C_S(A) + C_S(B)$.

In Worten: Die Einschränkungen C1 und C2 stellen sicher, daß das Komplexitätsmaß C_S numerisch positiv ist. C2 und C3 implizieren monotone Eigenschaften: Die Komplexität sollte nicht zunehmen, wenn die Menge der betrachteten Systeme S abnimmt oder wenn weniger Details unterschieden werden. C4 wahrt die Unabhängigkeit des Maßes von der syntaktischen Bezeichnung: Nur die Strukturen, nicht die Länge ihrer Bezeichner, ob einsilbig oder episch, sind maßgebend. Die Forderung C5 schließlich führt auf wünschenswerte additive Eigenschaften: Werden zwei Systemmengen vereint, die in allen relevanten Aspekten disjunkt sind, also keine gemeinsamen Strukturen besitzen und nicht wechselwirken (interagieren), dann sollte sich die Gesamtkomplexität aus den Einzelbeiträgen summieren.

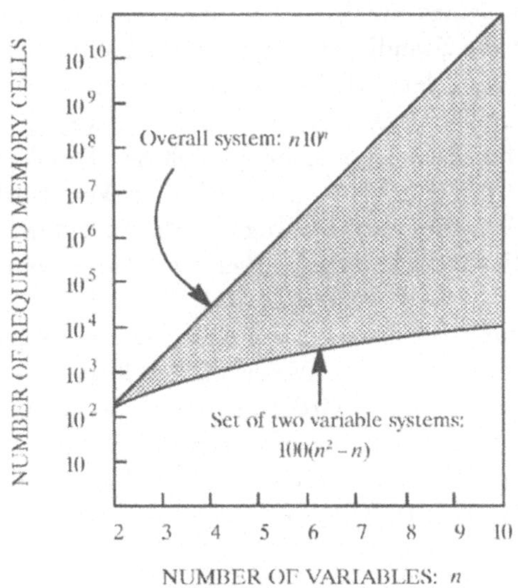

Bild 2.1: Komplexität versus Systemzerlegung

Die deskriptive Komplexität eines Systems läßt sich unabhängig von der gewählten Maßeinheit beträchtlich verringern, wenn das System „wohlstrukturiert“ vorliegt. Bild 2.1 verdeutlicht ein Beispiel [Klir, 1985, S. 137]: Der Speicherbedarf, um das Zustandsverhalten eines unstrukturierten Systems, bestehend aus n Variablen mit jeweils k Zuständen, vollständig zu beschreiben, beträgt nk^n Speicherzellen, wobei eine Zelle k Zustände speichern kann. Dagegen reduziert sich der Speicherbedarf erheblich, wenn das System „wohlstrukturiert“ vorliegt, wenn es sich zum Beispiel aus Teilsystemen mit jeweils zwei Variablen zusammensetzt. In diesem Fall beträgt die Zahl der Speicherbits $k^2n(n-1)$. Die grau unterlegte Fläche in Bild 2.1 macht die Einsparung für $k = 10$ anschaulich: Regelmäßige Strukturen verringern den Beschreibungsaufwand exponentiell.

Durch unsere Fähigkeit zu abstrahieren, können wir die Beschreibung eines komplexen Systems um weitere Größenordnungen vereinfachen: Betrachten wir nur die relevanten Eigenschaften, senken wir zugleich drastisch die Zahl potentieller Interaktionen mit dem System. Wir verzichten dabei auf Detailtreue und nehmen einen höheren Grad der Unsicherheit in Kauf. Die Technik setzt indes Grenzen: Das Medium der Implementierung beschränkt die Freiheitsgrade der Abstraktion, den besagten Pluralismus der Perspektiven. In der Softwaretechnik diktieren die VON-NEUMANN-Prinzipien* der Rechnerorganisation die *prozedurale* Programmiermethode „von unten“: vom binären Maschinencode über Assembleranweisungen zu den Ablaufstrukturen in höheren Programmiersprachen. In der VLSI-Technik lastet die Zweidimensionalität des Zielmediums „Maskenlayout“ auf den Abstraktionen: von der CIF-Notation über *Stick*-Diagramme und *Floorplan* zu höheren Hardware-Beschreibungssprachen [Conway & Mead, 1980]. *Formale* Sprachen sind ohnehin dem kognitiven Prozeß des Problemlösens hinderlich. Bis heute ist die WHORF-Hypothese unwiderlegt: Erkenntnisfähigkeit ist sprachbedingt [Whorf, 1974]. Oder mit Ludwig WITTGENSTEIN: „Die Grenzen meiner Sprache bedeuten die Grenzen meiner Welt“ [Wittgenstein, 1973].

Als einen ersten Zugang zur deskriptiven Natur der Komplexität können wir somit festhalten: Komplexität ist ihrem Wesen nach *relativ*. Die Abstraktion bestimmt ihr Ausmaß. Was abstrahiert wird (lat. „ab-, wegziehen“) und folglich nicht zur Komplexität beiträgt, liegt im subjektiven Ermessen des Betrachters. KLIR faßt dies in poetische Worte: „the complexity of an object is in the eyes of the observer“ [Klir, 1985, S. 131].

2.1.2 Komplexität und ihre Dimensionen

Als Ausgangspunkt unserer Diskussion, wie sich die Komplexität im Soft- und Hardware-Entwurf konkret ausnimmt, folgen wir zunächst der Einteilung wissenschaftlicher Aufgaben nach Warren WEAVER. Sie erlaubt die Einordnung der Entwurfsdisziplin in den wissenschaftlichen Kontext [Weaver, 1948].

- *Problems of simplicity*

  Aufgaben dieser Art zeichnen sich durch einfache Modelle aus, die mit wenigen Variablen (meist zwei oder drei) und determiniertem Verhalten reale Phänomene hinreichend genau wiedergeben. Sie beschäftigten primär die Naturwissenschaften des 17. bis 19. Jahrhunderts. Ihr Lösungsansatz wird getragen von einem zentralen Motiv: der Entdeckung einer „verborgenen Einfachheit“ in einem scheinbar komplexen Phänomen. Vereinfachende Annahmen erlauben es, die wenigen bedeutsamen Faktoren eines Problems von der Vielzahl (vermeintlich) unbedeutsamer zu isolieren. Systeme mit diesen Eigenschaften sind gut verständlich und einer mathematisch analytischen Behandlung leicht zugänglich. Die NEWTONsche Physik steht exemplarisch für Aufgaben dieser Kategorie.

- *Problems of disorganized complexity*

  Am anderen Ende der WEAVERschen Komplexitätslinie stoßen wir ebenfalls auf leicht verständliche Aufgaben, aber mit diametralen Eigenschaften: Sie umfassen astronomisch viele Variable (Dutzende Größenordnungen) mit individuell zufälligem Verhalten. Das Interesse an derartigen Systemen kam Ende des 19. Jahrhunderts auf, als Gasmoleküle in geschlossenen Volumina untersucht wurden. Vorausgegangen war die Entwicklung statistischer Methoden der Analyse. Sie beruhen auf zwei vereinfachenden Annahmen: Erstens kann von der Vielzahl individueller Eigenschaften abstrahiert werden, zum Beispiel den Bewegungen einzelner Gasmoleküle, und zweitens ist das Systemverhalten durch Aussagen über die idealisierten Eigenschaften weniger Systemkomponenten hinreichend beschreibbar: „Gesetz der großen Zahlen“. Ungeordnete Komplexität besagt also: Das individuelle Verhalten der Variablen ist zufällig und nicht berechenbar, ihr Verhalten als Ganzes aber geordnet und statistisch erfaßbar. Exemplarisch für diese Aufgabenklasse steht die statistische Mechanik.

- *Problems of organized complexity*

  Das breite Mittelfeld des Komplexitätsspektrums — zwischen den beiden Extrema: „individuell determiniert“ und „statistisch determiniert“ — weist Systeme auf, deren Eigenschaften weder mathematisch noch statistisch bestimmbar sind (zumindest nicht mit vertretbarem Aufwand) und weder vernachlässigt noch idealisiert werden können. Die vereinfachenden Annahmen der beiden anderen Aufgabenklassen — Isolation und Abstraktion — sind hier unzulässig: Einerseits ist die Zahl der Variablen zu groß, um einer isolierten mathematischen Analyse zugänglich zu sein, andererseits zu gering, um statistische Aussagen zu erlauben. Mit Worten von WEAVER: „a sizable number of factors which are interrelated into an organic whole“ [Weaver,

1948, S. 539]. Die Mehrheit wissenschaftlich interessanter Systeme fällt in diese Komplexitätsklasse. KLIR führt aus:

> „Instances of systems with the characteristics of organized complexity are abundant, particularly in the life, behavioral, social and environmental sciences, as well as in applied fields such as modern technology and medicine." [Klir, 1985, S. 136]

Analyse und Entwurf erfordern also ein interdisziplinäres methodisches Rüstzeug, das bislang kaum zur Verfügung steht und Gegenstand der modernen Systemtheorie schlechthin ist.[2]

Anspruchsvolle Soft- und Hardwaresysteme sind zweifellos im mittleren Komplexitätsbereich der WEAVERschen Linie einzuordnen. Wir gehen folglich von einem Problem *geordneter Komplexität* aus, die sich zwar linear aus der Anzahl einfacher und idealisierter Systemkomponenten, aber „kombinatorisch explosiv" aus deren mannigfaltiger Verbindungsstruktur ergibt. Hoffnungen auf eine „verborgene Einfachheit" oder auf ein „Gesetz der großen Zahlen" entbehren der Grundlage.

Begriffsrahmen

Der Begriff der Komplexität ist mehrdeutig: er weist sowohl objektiv meßbare als auch subjektiv wahrgenommene Aspekte auf. Um nun den Schwierigkeitsgrad im Entwurf komplexer Artefakte zu ermessen, soll zunächst ein übergeordneter Begriffsrahmen nach Robert FLOOD vorgestellt werden [Flood, 1987]. Die zwei wesentlichen Bezüge sind hiernach das betrachtete System und der Betrachter. Ein System besitzt also objektivierbare Eigenschaften (Struktur und Verhalten) und perspektivische Auslegungen (wie im Zitat von ASHBY auf Seite 21). Das Begriffspaar — System versus Mensch — differenziert FLOOD auf weiteren Ebenen: siehe Bild 2.2.

Die systembezogenen Differenzierungen auf der dritten Ebene decken sich mit der aufgezeigten deskriptiven Natur der Komplexität. Die Systemteile und ihre Beziehungen untereinander bergen eine derart *kombinatorische* Vielfalt an möglichen Wechselwirkungen, daß sie für den Betrachter insgesamt kontra-intuitiv wirken: Das Teile-Beziehungs-Geflecht verschließt sich seinem unmittelbaren Verständnis. Nur durch *selektives* Wahrnehmen (als Filter kommen hier die Interessen, Fähigkeiten und begrifflichen Vorstellungen des Betrachters in Frage) kann ein partielles

[2] KLIR und andere schlagen für die Analyse geordneter Komplexität die *Fuzzy*-Logik vor [Zadeh, 1965].

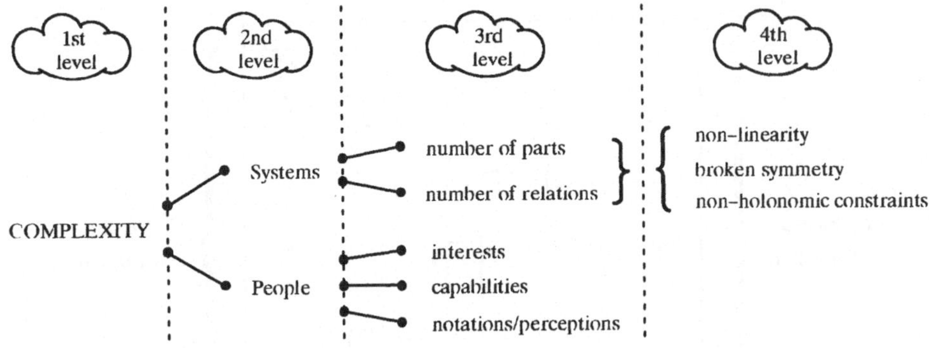

Bild 2.2: Zum Komplexitätsbegriff nach FLOOD

Systemverständnis gewonnen werden. Ein Beispiel aus dem VLSI-Entwurf soll das „kombinatorische Potential“ des Teile-Beziehungs-Schemas verdeutlichen:

Ein Gate-Array-Master sei gekennzeichnet durch k Eingangs- und l Ausgangs-Padzellen sowie n Logikgatter mit jeweils zwei Eingängen und einem Ausgang: Bild 2.3. Alle Freiheitsgrade vorausgesetzt, wächst die Vielfalt möglicher Wechselwirkungen im Verknüpfungsgeflecht aus Padzellen und Logikgattern stärker als exponentiell. Für eine vollständige, nichtparallele Beschaltung der Padzellen gibt es $A_{in}(V_k^{2n})$ und $A_{out}(V_l^n)$ *Variationen ohne Wiederholung*, für die interne Gatterverknüpfung $A_{array}(\bar{V}_{2n-k}^n)$ *Variationen mit Wiederholung*, insgesamt also:

$$A_{in} \times A_{array} \times A_{out} = \frac{(2n)!}{(2n-k)!} \times n^{2n-k} \times \frac{n!}{(n-l)!}$$

(zur Kombinatorik siehe [Bronstein, 1981]). Ein Zahlenbeispiel: Selbst für einen sehr niedrig integrierten Gate-Array-Master mit $n = 16, k = 4, l = 2$ ergeben sich schon $\approx 10^{42}$ mögliche, wenn auch nicht unbedingt sinnvolle Verknüpfungsmuster.

Auf einer vierten Ebene der Analyse, entlang dem „System-Ast“ in Bild 2.2, können weitere Faktoren unterschieden werden, die zur Komplexität maßgeblich beitragen:

- Nichtlinearität

  Die Beschreibung des dynamischen Verhaltens nichtlinearer Systeme ist bei weitem komplexer als im linearen Fall. Lineare Dynamik zeichnet sich da-

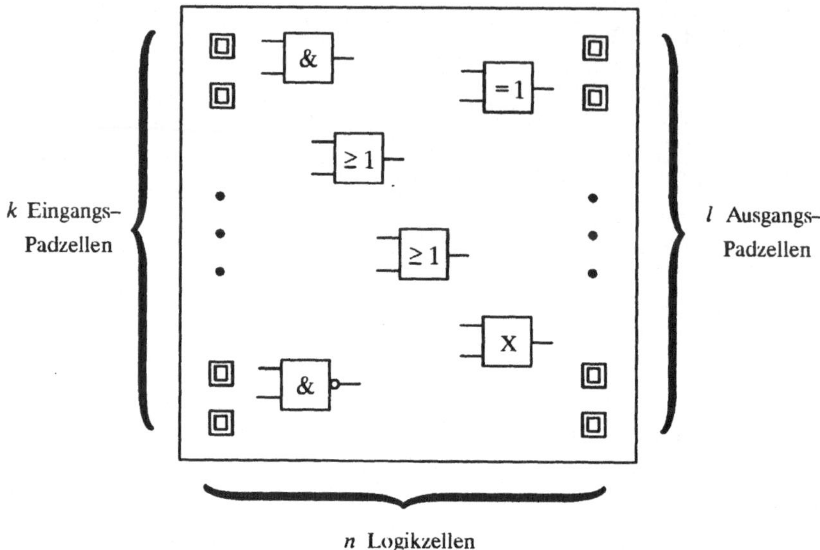

Bild 2.3: Zum kombinatorischen Potential eines Gate-Arrays

durch aus, daß verschiedene Anfangszustände stets auf denselben eingeschwungenen Endzustand übergehen, ohne instabiles Verhalten zu verursachen. Das dynamische Verhalten nichtlinearer Systeme dagegen ist schwerer zu erfassen: hier variiert der Endzustand mit dem Anfangszustand, und instabiles Verhalten ist prinzipiell möglich. Wirkungen hängen nicht geradlinig von den Ursachen ab, sie beeinflussen sogar rückkoppelnd die Ursachen und können zu drastisch sich selbst verstärkenden Prozessen führen. Die nichtlineare Dynamik durchkreuzt unsere intuitive Erwartung [Flood, 1987, S. 26] und nährt die populärwissenschaftlichen Chaostheorien [Brügge, 1993].

- Asymmetrie

Asymmetrien, wie sie zum Beispiel in der Biologie durch differenziertes Zellwachstum auftreten und einen Organismus erst als solchen von einer bloßen Zellanhäufung unterscheiden, erschweren das Verständnis für die Gesamtstruktur. In der Technik potenzieren Asymmetrien den Entwurfs- und Konstruktionsaufwand, da einmalig auftretende Teilstrukturen ein planmäßiges Wiederverwenden vereiteln.

- „Lokale Anarchie“

  Nicht*holonome* (griech. *holos* = ganz, *nomos* = Gesetz) Systemeigenschaften bergen die Unwägbarkeit eines lokal unkontrollierbaren Verhaltens, beispielsweise instabiler Schwingungen durch positive Rückkopplung. Das Zustandsverhalten eines nichtholonomen Systems ist unberechenbar. In der VLSI-Technik überwiegen deswegen synchrone, einem zentralen Takt unterworfene Schaltungen, um auf diese Weise asynchrone Phänomene, wie *Hazards*, *Races* und *Glitches*, in den Griff zu bekommen [Seifart, 1988].

Die aufgezeigten Dimensionen des Komplexitätsbegriffs sind in erster Linie qualitativ und dienen dem Grundverständnis und der Einordnung komplexer Systeme. Die einzelnen Aspekte sind von grundsätzlicher Bedeutung für Soft- und Hardware-Entwürfe. Vor allem spielt die vierte Zerlegungsebene nach FLOOD eine technische und wirtschaftliche Schlüsselrolle: So erlauben erst die Layoutsymmetrien und der arbeitsteilige, lokal isolierte Teilentwurf auf Bausteinebene die Höchstintegration elektronischer Schaltungen. Auch die Softwaretechnik erkennt im (objektorientierten) Bausteinentwurf das Potential der Wiederverwendung: *Megaprogramming** ist hier das Schlagwort. Wir werden den Aspekt der Wiederverwendung noch ausführlich erläutern (Abschnitt 3.1.2).

Was den Dimensionen des Komplexitätsbegriffs bislang fehlt, sind objektive Maßeinheiten, die wir nun für Systeme auf der dritten Ebene nach FLOOD, das heißt für die deskriptive Komplexität nachholen werden.

Metriken

Metriken für die Komplexität im Software- und VLSI-Entwurf orientieren sich an Kostenfaktoren, die maßgeblich die Wirtschaftlichkeit der Implementierung von Algorithmen bestimmen. Entsprechend sind die formalen Berechnungsmodelle auf technische Parameter ausgerichtet (Entwicklungs- und Wartungskosten — der Faktor „Mensch“ also — bleiben unberücksichtigt): In der Softwaretechnik (SW) sind dies Rechenzeit T_{SW} und Speicherplatz S einer TURING-Maschine, im Hardware-Entwurf (HW) Chipfläche A und Signallaufzeit T_{HW} eines Chips.

Daß die Hardware-Komplexität, gemessen an der Zahl integrierter Transistoren oder binärer Speicherzellen, exponentiell wächst (Bild 2.4), verdankt sie den symmetrischen, sich wiederholenden Layoutstrukturen.[3] Mit gleichem kann der

[3] Gordon MOORE, Mitbegründer von Intel, stellte in [Moore, 1975] die Regel auf, nach der sich die Integrationsdichte der Halbleiterschaltungen alle 18 bis 24 Monate verdoppelt. Seine

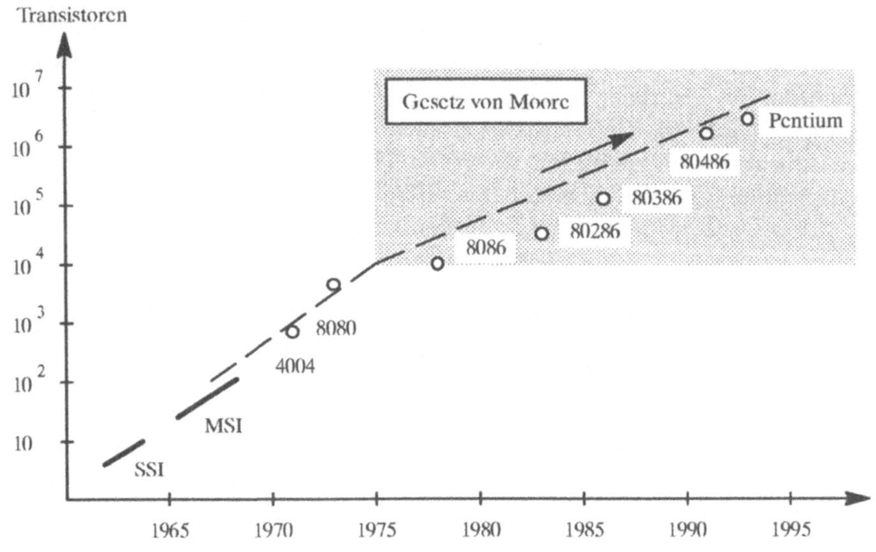

Bild 2.4: Integrationsdichte: Evolution der Intel-Prozessoren

Software-Entwurf trotz der seit 25 Jahren geforderten Strukturierung und Modularisierung der Programme [Dijkstra, 1968; Parnas, 1972a; Wirth, 1971] nicht aufwarten. Gemessen an *quantitativen* Eigenschaften, zum Beispiel den Programmzeilen, bleibt die Softwaretechnik stets um Größenordnungen zurück. Skalierbare Struktureinheiten fehlen auf der Softwareseite (siehe den Aspekt der Asymmetrie bei FLOOD). Aus diesem Grund sind quantitative Komplexitätsvergleiche zwischen Soft- und Hardware-Entwürfen ungeeignet: Vergleiche der Art „SSI-MSI-LSI versus Programming-in-the-Small" und „VLSI versus Programming-in-the-Large" verbieten sich von selbst.

Ein mögliches *Tertium comparationis* der Soft- und Hardwarekosten läßt sich auf der Ebene der Betriebsmittel konstruieren: Da der Aufwand an Speicherplatz mit den Kosten für Halbleiterspeicher gekoppelt ist und diese wiederum von der Ausbeute $Y(A)$ (*yield at wafer sort*) der Chipfertigung abhängen, stellt die Chipfläche A einen gemeinsamen Kostenfaktor dar. Sie bestimmt die Ausbeute nach der POISSON-Verteilung: $Y(A) \sim e^{-Ad}$, konstante Parameter der Fertigung, vor

Voraussage von 1975 hat sich bislang bestätigt und wird wohl über das Jahr 2000 hinaus gültig bleiben.

allem die mittlere Defektdichte d des Wafers, vorausgesetzt. Die Herstellungskosten wiederum verhalten sich umgekehrt proportional zur Chipausbeute.

Der Bedarf an Betriebsmitteln läßt sich auf der Grundlage formaler Berechnungsmodelle nur abschätzen. Dies ist Gegenstand der klassischen Komplexitätstheorie. Wir wollen im folgenden die Komplexität von Algorithmen an einigen Beispielen aus der Literatur zeigen, und zwar getrennt als Software-Implementierung (Programm) und als Hardware-Implementierung (VLSI-Layout). Die gewöhnungsbedürftige Notation für Komplexitätsfunktionen stellen wir voran.

Kostenfunktionen: obere und untere Schranken

Im allgemeinen ist man weniger an den exakten Werten einer Kostenfunktion $f : \mathcal{N} \rightarrow \mathcal{R}$ interessiert, sondern vielmehr an ihrer qualitativen Wachstumsrate, der sogenannten *Ordnung*. Für die obere Komplexitätsschranke wird die Ordnung mit O (gesprochen: „groß O“) — dem LANDAUschen Symbol — bezeichnet und wie folgt definiert:

> $f(n) = O(g(n))$: „f hat *höchstens* die Wachstumsrate g“, wenn es positive Konstanten c und n_0 gibt, für die gilt $f(n) \leq cg(n)$ mit $n \geq n_0$. Für kleine n kann $f(n)$ beträchtlich größer als $g(n)$ sein. Mit Annäherung an n_0 aber geht der Unterschied zurück bis $f(n)$ höchstens proportional zu $g(n)$ wächst. Die Proportionalität wird durch c nach oben beschränkt.

Für die untere Schranke wird die Ordnung mit Ω (gesprochen: „groß Omega“) bezeichnet:

> $f(n) = \Omega(g(n))$: „f hat *mindestens* die Wachstumsrate g“, wenn es eine Konstante $c > 0$ gibt, so daß für alle Werte von n $f(n) \geq cg(n)$ gilt. Dadurch wird die Wachstumsrate von $f(n)$ nach unten begrenzt. Insbesondere gilt $f(n) = \Omega(g(n))$, wenn $g(n) = O(f(n))$.

Als *Problemgröße* dient im allgemeinen eine natürliche Zahl n, auf die sich die Bewertung der Güte eines Algorithmus bezieht, beispielsweise die Zahl der Elemente für ein Sortierverfahren oder allgemein die Vektorlänge einer Eingabe. Weiterhin unterscheidet man das Komplexitätsverhalten von Algorithmen nach *worst case* und *average case*: Das „Verhalten im schlechtesten Fall“ berücksichtigt diejenigen Eingabevektoren, für die der Algorithmus für einen Einzelfall der Problemgröße n

den maximalen Aufwand an Betriebsmitteln erfordert. Letzter Fall, „Verhalten im Mittel“, geht von einer gegebenen Wahrscheinlichkeitsverteilung der Eingaben aus und führt auf gemittelte Aufwandskosten.

Software: Time/Space-Trade-off

Gegenstand der klassischen Komplexitätstheorie ist die Bestimmung der Ordnung *rechner*ausführbarer Algorithmen und deren Einteilung in Komplexitätsklassen. Demzufolge gehen vor allem die Betriebsmittel Rechenzeit und Speicherplatz in das Aufwandskalkül ein: Als Rechenzeit T_{SW} eines Algorithmus stehen die Rechenschritte, um eine Eingabe n zu bearbeiten. Der Speicherplatz S richtet sich nach dem Bedarf an Speicherzellen, um die Werte der Variablen aufzunehmen. Die Ordnung eines Algorithmus hat praktische Bedeutung: Sie erlaubt Aussagen über die Effizienz einer geplanten Implementierung, indem sie angibt, wie sich der Bedarf an Betriebsmitteln mit der Eingabelänge vergrößert. Als effizient gelten *polynominale* Algorithmen der Ordnung $O(n^k)$ für ein geeignetes k. Unzugängliche, sogenannte *harte* Probleme zeichnen sich durch eine exponentielle Ordnung $O(a^n)$ mit $a > 1$ aus oder im Extremfall durch kombinatorisches Wachstum $O(g(n!))$, siehe das Gate-Array-Beispiel im vorigen Abschnitt. Der Betriebsmittelbedarf verschiedener Algorithmen, die dasselbe Problem lösen, läßt sich unmittelbar vergleichen: Tabelle 2.1.

Sortierverfahren	*Rechenzeitbedarf*	*Speicherplatzbedarf*
BubbleSort	$T_{SW}(n) = O(n^2)$	$S(n) = O(1)$
QuickSort	$T_{SW}(n) = O(n \log_2 n)$	$S(n) = O(\log_2 n)$
BucketSort	$T_{SW}(n) = O(n)$	$S(n) = O(n)$

Tabelle 2.1: Zur Vergleichbarkeit von Software-Komplexität

Die Gegenüberstellung der gängigen Sortieralgorithmen macht eins deutlich: Die Forderung nach minimalem Einsatz beider Betriebsmittel, Rechenzeit *und* Speicherplatz, ist selten zu erfüllen. In der Regel konkurrieren die Kostenfaktoren miteinander. Man sucht deshalb den *Kompromiß* in der Mittelverteilung, englisch: *trade-off*. Des weiteren verdeutlichen die Angaben die *relative* Aussagekraft der Ordnung einer Kostenfunktion: So führt eine Verdopplung der zu sortierenden Elemente auf eine Quadrierung der Rechenzeit beim *BubbleSort*-Verfahren, wohingegen der Rechenzeitbedarf beim *BucketSort*-Verfahren nur linear wächst. Absolute Komplexitätsangaben haben in diesem Zusammenhang keinen Sinn.

VLSI: Area/Time-Trade-off

Während Rechenzeit und Speicherzellen in der Softwaretechnik abstrakte Größen darstellen, die lediglich in einem formalen Berechnungsmodell (TURING-Maschine) als Parameter auftreten, adressieren die Kostenfaktoren in der VLSI-Technik konkrete Physik: Chipfläche A und Signallaufzeit T_{HW} auf dem Chip. Da das VLSI-Problem im zweidimensionalen Entwurfsmedium *Layout* liegt, müssen entsprechende Berechnungsmodelle die geometrische Plazierung der aktiven Elemente und ihrer Verbindungen in der Chipebene berücksichtigen. Im Gegensatz zur Software-Komplexität geht somit neben der eigentlichen Verarbeitung von Information auch deren räumliche Übertragung in die Betrachtung mit ein. Die prinzipielle Schwierigkeit ist also vergleichbar mit der Aufwandsberechnung für die Kommunikation in verteilten Systemen.

Um vom Stand der VLSI-Technik unabhängig zu sein, wird für den Kostenfaktor Chipfläche die minimale Strukturgröße λ als Bezugsgröße eingeführt.[4] Nach dem THOMPSONschen VLSI-Berechnungsmodell gelten dann folgende Annahmen [Thompson, 1979]:

- Alle Leiterbahnen auf dem Chip verlaufen in einem rechtwinkligen Raster (*Gittermodell* oder *Manhattan-Architektur*) und besitzen die minimale Breite $\lambda > 0$. Höchstens zwei Bahnen können sich an einem Ort überlappen. Transistoren und Anschlüsse beanspruchen die minimale Fläche λ^2.
- Die Signallaufzeit auf dem Chip soll unabhängig von der Leiterbahnlänge zwischen zwei aktiven Elementen sein. Es liegt also ein synchrones Modell vor: nur ein Bit Information pro Zeiteinheit wird übertragen.[5] Als Rechenzeit T_{HW} für den implementierten Algorithmus gilt die Dauer der längsten Folge von Signallaufzeiten von der ersten Eingabe bis zur letzten Ausgabe.

[4]Die Strukturgröße λ und der gleichnamige Parameter λ' nach MEAD und CONWAY [Conway & Mead, 1980] unterscheiden sich: λ steht für die minimale Leiterbahnweite, während λ' hierfür 4 bis 6 λ je nach Maskenlayer definiert. Da es bei einer Abschätzung aber nur um die Größenordnung geht, können konstante Faktoren vernachlässigt werden.

[5]Während die Annahmen zur Chipfläche unstrittig sind, ist die einheitliche Laufzeit der Signale kritisch: Eine Leiterbahn weist parasitäre Eigenschaften auf, kapazitive und induktive, und diese wachsen jeweils linear mit der Leiterbahnlänge l. Die Signallaufzeit verhält sich also proportional zu l^2.

Algorithmus	*Problemgröße n*	*Kostenfunktion AT_{HW}^2*
FOURIER-Transformierte	n Stützpunkte	$AT_{HW}^2 = \Omega(n^2)$
BOOLEsche Funktionen	n Eingänge	$AT_{HW}^2 = \Omega(n^2)$
Integer-Multiplikationen	n-bit-Multiplikand	$AT_{HW}^2 \geq \Omega(\frac{n^2}{64})$
Matrizen-Multiplikationen	$(n \times n)$-Matrix	$AT_{HW}^2 = \Omega(n^4)$

Tabelle 2.2: Area/Time-Trade-off in Silizium implementierter Algorithmen

Mit Hilfe des VLSI-Berechnungsmodells können asymptotische *untere* Schranken für die Komplexitätsfunktionen angegeben werden. Beispiele zeigt Tabelle 2.2. Die Kostenfunktion AT_{HW}^2 beschreibt den Mittelbedarf realistischer als Kostenfunktionen, die getrennt für A und T_{HW} oder für das einfache Produkt AT_{HW} aufgestellt werden. Dies geht darauf zurück, daß die AT_{HW}^2-Berechnung nicht auf Speicherplatzanforderungen oder Eingangs/Ausgangs-Datenströmen, sondern auf dem Informationsfluß basiert. Die THOMPSONsche Wachstumsfunktion $AT_{HW}^2 = \Omega(n^2)$ ist wegen ihrer Allgemeingültigkeit für VLSI-Aufwandsbetrachtungen von besonderer Bedeutung. Ihre zugrundeliegende Beweistechnik sei deshalb kurz umrissen. Wir wählen hier die prägnante Darstellung von Randal BRYANT [Bryant, 1991], da sie den umfangreichen theoretischen Unterbau, in [Thompson, 1979; Ullman, 1984] nachzulesen, vermeidet:

> „The idea of these proofs is to show that if we consider any imaginary line drawn across the chip such that half of the inputs occur on either side, then αn bits of information must cross that line in order to correctly compute the function, for some constant $\alpha > 0$. Thus, if the chip is w units wide, we must have $wT \geq \alpha n$. This property holds across either dimension of a rectangular chip, and hence we can assume that $A \geq w^2$. Combining these yields an area-time lower bound $AT^2 = \Omega(n^2)$. These arguments hold even if some of the inputs are supplied to a single point on the chip sequentially. The only required assumption is that the circuit be „where-oblivious", i.e., each input is supplied only once and at a location independent of its value. An imaginary line can then be used to partition the inputs into two sets, where inputs arriving at points intersected by the line can be placed in either set to equalize their sizes." [Bryant, 1991, S. 206]

2.1.3 Entwurfskomplexität

Die Metriken für den technischen Aufwand, einen Algorithmus in Soft- oder Hardware zu implementieren, berücksichtigen nur quantifizierbare Eigenschaften der *Endprodukte*. Der Aufwand für deren *Entwicklung* und *Wartung* läßt sich bestenfalls abschätzen, nicht aber berechnen — zu unterschiedlich sind die Herstellungsprozesse. Die Kostenfaktoren für die nichttechnischen Ressourcen — Personal und Entwicklungszeit — entziehen sich den formalen Berechnungsmodellen. Gerade aber der Zeitfaktor der Markteinführung entscheidet über den Erfolg eines Produkts (*Time-to-market*). Der Entwurf ist eben ein Problem der mittleren Kategorie nach WEAVER: seine „organisch“ gewachsene Komplexität verschließt sich einer exakten Bestimmung. Um dennoch die *qualitativen* Unterschiede zwischen Soft- und Hardware-Entwürfen zu ermessen, wollen wir auf die BROOKSsche Entlehnung der aristotelischen Begriffe von „Akzidens und Substanz“ zurückkommen. Für den Akzidensteil gibt es, wie wir noch sehen werden, Ansätze und begründete Hoffnungen, die damit verbundene Komplexität zu bewältigen.[6] Die Essenz (Substanz) der Entwurfskomplexität hingegen bleibt. Wir wollen sie aber zumindest in ihren jeweiligen Ausprägungen überschauen.

Die Essenz der Software-Komplexität

Laut BROOKS liegt die Software-Essenz in der Vernetzung der Konzepte: Datenstrukturen, Algorithmen und Prozeduraufrufe. Nicht in der Darstellung, deren Verifikation und Wiedergabetreue verbirgt sich das Kernproblem — das macht lediglich den Akzidensteil der Komplexität aus —, sondern vielmehr in der Spezifikation, im Entwurf und Test der konzeptionellen Vernetzung. Zwar begehen Programmierer Syntaxfehler, diese sind aber von geringerer Bedeutung (da ihr Aufspüren automatisierbar ist) als die konzeptionellen Fehler, die sich in den Softwaresystemen verbergen. Aus welcher Sicht Software auch beschrieben wird, die Essenz bleibt. Ihre spezifische Ausprägung hat viele Gesichter. Die wesentlichen seien hier skizziert [Brooks, 1987]:

- Amorphe Strukturen

  Die Crux der Softwaretechnik sind die unregelmäßigen Programmstrukturen. Im Gegensatz zu den regelmäßigen Waferstrukturen in der VLSI-Technik lassen sich Programme nicht auf der Grundlage einer minimalen Strukturgröße

[6] Akzidenzien, die dem Software-Entwurf „zufällig“ anhaften, beschreibt eindrucksvoll die Essay-Sammlung von BROOKS über Software-Engineering *The Mythical Man-Month* [Brooks, 1975]: „Adding man power to a late project makes it later“.

und eines Satzes von Entwurfsregeln „skalieren". Zumindest oberhalb der Anweisungsebene (*statements*) gibt es keine Struktureinheiten, die nach dem Bausteinprinzip etwa zu größeren Programmen erweitert werden könnten. Programmieren ist ein vernetzter Prozeß. Programmerweiterungen verlangen neue, auf das jeweilige Problem zugeschnittene Elemente, die wechselseitig unter sich und mit den bereits entworfenen Elementen interagieren. Der Entwurfsaufwand wächst also stärker als linear mit der Programmlänge. Nebenwirkungen durch Aktualisierungen (*Updates* und *Upgrades*) schleichen sich ein.

In den Eigenschaften der amorphen Programmstrukturen liegen weitere Schwierigkeiten begründet: Sie beschränken die effektive Arbeitsteilung und Kommunikation zwischen Entwicklung, Test und Wartung, weil in jedem Ressort die Software als Ganzes verstanden sein muß. Sollte während der Entwicklung das verantwortliche Personal wechseln, bedingt die mangelnde Übersichtlichkeit der vernetzten Strukturen lange Einarbeitungszeiten mit flachen Lernkurven. Auch hier gilt die Sportdevise „never change a winning team".

- Konformität

  Software ist kein isoliertes Produkt und kann auch nicht isoliert entworfen werden. Nur im Anwendungskontext und in der vorgesehenen Laufzeitumgebung (Benutzungsoberflächen, Betriebssysteme, Datei- und Datenformate) vermag sie, Teilprobleme zu lösen. Die insularen Komponenten eines Softwaresystems werfen Schnittstellenprobleme auf, die den Software-Entwurf erheblich erschweren. Die Vielfalt der Anwendungen, die konzeptionell den gleichen Datenbestand bearbeiten, verlangt eine flexible Anpaßbarkeit der Komponenten. Der damit verbundene Entwurfsaufwand beschränkt sich nicht allein auf Entwurfskorrekturen (*redesigns*). Schnittstellen sind essentielle Bestandteile und Randbedingungen des Software-Entwurfs. Konformität ist ein ständiger Komplexitätsfaktor.

- Veränderbarkeit

  Software unterliegt einem permanenten Änderungsprozeß, da sie die Funktion eines Systems realisiert und die Systemfunktion für den Anwender die entscheidende Rolle spielt. Als abstraktes, eindimensionales „weiches" Produkt ist Software naturgemäß mit weniger Aufwand und Kosten zu modifizieren als konkrete, räumliche „harte" Konstruktionen aus Hardware. Wenn ein Softwareprodukt erfolgreich in den Markt eingeführt wurde und es sich bewährt hat, sind mittel- und langfristig zwei Änderungsprozesse am Werk: Zum einen werden neue Anwendungsgebiete erprobt, die am Rande oder jenseits der ursprünglich vorgesehenen Anwendung liegen. Das führt zu einem

Änderungsdruck der Anwender auf die Entwicklungsabteilungen: Der Funktionsumfang soll modifiziert oder erweitert werden. Zum anderen muß sich eine in der Anwendung etablierte Software dem Stand der Hardwaretechnik anpassen (neue Prozessoren und Speichermedien, Bildschirme, Drucker).

> „In short, the software product is embedded in a cultural matrix of applications, users, laws, and machine vehicles. These all change continually, and their changes inexorably force change upon the software product.“ [Brooks, 1987, S. 12]

- Unsichtbarkeit

  Software — die „weiche Ware“ — ist ihrer Natur nach immateriell, ihre Realität räumlich nicht faßbar. Anschauliche geometrische Abstraktionen, wie sie für die Hardware typisch sind (Schaltdiagramme, Netzlisten, Floorplan, Stick- und Maskengeometrien), fehlen. Sobald wir versuchen, Softwarestrukturen zu skizzieren, geraten wir in das Netz gerichteter Graphen: Steuer- und Datenflüsse, Ablauf- und Abhängigkeitsgraphen, Namensräume überlagern sich. Wir verfügen nicht (oder nur sehr eingeschränkt) über das leistungsstarke Mittel der Visualisierung. Unser mentaler Prozeß der Mustererkennung findet wenig Unterstützung: Die Informationssuche im Quelltext kann sich kaum an charakteristischen Mustern orientieren. Das Fehlen einer geometrischen Darstellung kompliziert aber nicht nur den Entwurfsprozeß des einzelnen Entwerfers, auch die Kommunikation im Entwurfsteam wird erschwert.

Die Essenz der Software-Komplexität liegt folglich in den *transitiven* Eigenschaften der Softwareprodukte: in ihrer amorphen Gestalt, der leichten Formbarkeit und ihrer fehlenden Gegenständlichkeit. Das Gesagte ist typisch für die Entwicklung von Industriesoftware, für das Programmieren im großen [DeRemer & Kron, 1976].

Die Essenz der Hardware-Komplexität

Auch wenn Hardware nicht isoliert von Software entworfen wird (die Werkzeuge des Entwerfers sind Software-Erzeugnisse, die Konfiguration der Hardware unterliegt der Systemsoftware), können wir auch hier Charakteristisches ausmachen. Zunächst die Randkomplexität: Nicht der Software-Entwurf, sondern die Anwendung verschiedener Software*werkzeuge* mit ihren Schnittstellen tragen zur akzidentiellen VLSI-Komplexität bei. Seitdem die Werkzeuge nicht mehr physikalischer

Art sind (Layoutentwürfe am Reißbrett) und die vorgezogene Schnittstelle zwischen Chipentwerfer und Chiphersteller — die „simulierte Netzliste" — den Einfluß der Fertigung auf den Entwurf unterbindet, zeigt sich die softwarebedingte Komplexität in Form inkompatibler Datenstrukturen und -austauschformate. Auf sie zielt die Forderung nach *CAD-Framework*-Lösungen (kompatible Werkzeuge, die auf einer gemeinsamen Datenbasis arbeiten [Barnes *et al.*, 1992; Bhat & Taku, 1990; Quibeldey-Cirkel, 1993b; Quibeldey-Cirkel, 1993c; Rammig & Steinmüller, 1992; Siepmann, 1991]). Setzt man die Implementierung und die Anbindung der Entwurfswerkzeuge einmal als fehlerfrei voraus, so läßt sich die Essenz der Hardware-Komplexität an folgenden Punkten zeigen (siehe auch [Séquin, 1983]):

- Räumlichkeit

  Die Mehrdimensionalität der VLSI-Technik (vertikal integrierte Transistoren sind Stand der Technik) schafft das hardwarespezifische Problem der Plazierung und Entflechtung in einem ursprünglich strukturlosen Bereich. Die damit verbundene topographische Komplexität, zum Beispiel bei der Integration eines *Single-Chip-PCs*, ist nur noch mit automatisierten Entwurfswerkzeugen (Layoutroutern) zu bewältigen. Es handelt sich aber nicht nur um einen rechenintensiven Entwurfsschritt auf der untersten Implementierungsebene: Die aus Effizienzgründen erforderliche physikalische Partitionierung beeinflußt auch die Entwurfsentscheidungen auf höheren Abstraktionsebenen, wie zum Beispiel die logische Partitionierung und die Festlegung der Modulschnittstellen.

- Bindungen

  Im Gegensatz zum Software-Pendant „jump to subroutine" ist die Punkt-zu-Punkt-Kommunikation zwischen Modulen in einem physikalischen Medium sehr kostenintensiv. Die Bindungskraft eines Moduls auf einer bestimmten Abstraktionsebene weist zwei Aspekte auf: Kohäsion und Kopplung. Unter diesen Aspekten läßt sich die Art und Weise, wie Komponenten zu Modulen kombiniert werden, auf der nächsthöheren Beschreibungsebene charakterisieren. Kohäsion ist ein Maß für die modulinterne Bindung, zum Beispiel die *intra*zelluäre Verdrahtung einer Layoutzelle. Kopplung meint die Bindungen und Interaktionen zwischen Modulen, zum Beispiel die *inter*zelluäre Verdrahtung zwischen Layoutzellen. Die Tabellen 2.3 und 2.4, von Carlo SÉQUIN aus der Soft- in die Hardwaretechnik übertragen [Séquin, 1983], vermitteln einen Eindruck über die vielfältige Natur der Bindungen im VLSI-Entwurf.

Name	*Explanation*	*Example*
functional	all parts contribute to function	operational amplifier
sequential	portion of a data-flow diagram	filter cascade
communicational	data abstraction, same data used	LIFO stack
spatial	need to be physical close	sensor array
procedural	same procedure block	bus controller
temporal	used at a similar time	start-up circiutry
logical	a group of similar functions	I/O-pad library
coincidental	random collection	miscellaneous wiring

Tabelle 2.3: Kohäsionsaspekte in VLSI-Modulen

Perspective	*Degree of Coupling*	*Example*
Topology:	linear flow-through	filter chain
	hierarchical tree	carry look-ahead
	lattice modularity	memory array
	irregular mosaic	processor control
Interaction:	continuous	light sensor
	periodic	timer
	occasional	reset
Bandwidth:	high	video signal
	burstly	disk head
	low	voice signal

Tabelle 2.4: Kopplungsaspekte zwischen VLSI-Modulen

- Test

  Die Softwaremaxime „Der Rechner macht keine Fehler, er führt nur fehlerhafte Programme aus“ gilt in der Hardwaretechnik nur bedingt. Hier ist das Zielmedium der Implementierung nicht der Rechner oder eine *virtuelle Maschine*, sondern die Halbleiterfertigung. Diese ist bekanntlich fehleranfällig, was die hardwarespezifische Notwendigkeit bedingt, zwischen logischem Entwurf und physikalischer Konstruktion zu unterscheiden. Das Produkt muß nach dem verifizierten Entwurf zusätzlich getestet werden. Verifizierbare Entwürfe mit ausreichender Testbarkeit stellen hier die Probleme [Wojtkowiak, 1988]. Die Problemstellungen aufgrund transitiver Eigenschaften, wie Konformität und Veränderbarkeit, entfallen jedoch: Einmal entworfen und hergestellt, erlaubt die „harte Ware" naturgemäß keine Änderungen. Während sich in der Softwaretechnik der Ausgangstest in der Regel auf *Redundancy Checks* der Programmkopien beschränken kann, nimmt das Testproblem in der Hardwaretechnik eine zentrale Stellung ein. Im Gegensatz zum Softwaretest ist die Zugänglichkeit der zu testenden Hardwarestrukturen extrem eingeschränkt: Die feste Zahl der Chipanschlüsse begrenzt die Steuerbarkeit und Beobachtbarkeit interner Schaltungsknoten entscheidend und potenziert den Testaufwand [Parker & Williams, 1979].

- Sichten und Projektionen

  Kennzeichnend für VLSI-Entwürfe ist die perspektivische Strukturierung der Entwurfsschritte: Tabelle 2.5 zeigt die Abstraktionsebenen und Sichten nach Daniel GAJSKI [Gajski, 1988]. Diese Betrachtungsweise entflechtet einerseits das immense Datenaufkommen, birgt aber andererseits die Gefahr unverträglicher Daten, der *Inkonsistenz* zwischen den Sichten derselben Ebene und den Sichten verschiedener Ebenen. Ursächlich hierfür sind die Freiheitsgrade, die dem Entwerfer grundsätzlich offenstehen, um von einer Darstellung in die andere zu gelangen: Expansion in Richtung einer höheren Abstraktion und Implementierung in Richtung der Fertigung (Layoutgeometrien). Die dabei zu leistende Abbildung ist in der Regel *surjektiv* (Projektion): nicht alle Bildelemente in B haben ein Urbildelement in A, wenn die Abbildung durch $f : A \rightarrow B$ beschreibbar ist, wobei für den Wertebereich $W(f) = B$ gilt.

- Datenarchivierung und -verwaltung

  Prinzipiell können wir drei Arten von VLSI-Daten unterscheiden: Entwurfs-, Fertigungs- und Meta-Daten. Die Entwurfsdaten dokumentieren die Vorgaben und Ergebnisse der Entwurfsphasen: Gesamt- und Teilspezifikationen, Grafik- und Layoutgeometrien, Simulationsdaten. Die Fertigungsdaten erfassen die Vorgaben für die Chipfertigung: simulierte Netzlisten, Testdaten und Anschlußbelegungen. Die Meta-Daten schließlich sind Daten über Daten und dienen zum Beispiel der technischen Dokumentation, der Datenarchivierung und dem Projektmanagement. Das Mengenverhältnis der Datenaufkommen ist unbestimmt: Eine gegebene Menge an Fertigungsdaten, mit

Levels of Abstraction	Domains of Description		
	behavioral	*structural*	*physical*
system	performance specs.	CPUs, memories, controllers, busses	physical partitions
algorithmic	algorithms	hardware modules, data structures	clusters
micro-architectural	register transfers, state sequencing	ALUs, MUXs, registers, microsequencer	floorplans
logic	Boolean equations	gates, flip-flops, cells	cell, module plans
circuit	transfer functions, timing	transistors, wires, contacts	layout

Tabelle 2.5: VLSI-Schichtung versus Entwurfssichten nach GAJSKI

der letztlich die Systemspezifikation in Silizium realisiert werden soll, kann zu beliebig umfangreichen Mengen an Entwurfs- und Meta-Daten in Relation stehen. *A priori* läßt sich über diese Relation nichts aussagen, da sie von der angewandten Entwurfsmethode abhängt, von den Richtlinien der Projektführung und dem Datenhaltungskonzept. Nur soviel: Das Aufkommen an Entwurfs- und Meta-Daten ist im VLSI-Entwurf um ein Vielfaches höher als im Software-Entwurf, wo sich die Fertigungsdaten (Zielcode) direkt aus den Entwurfsdaten (Quellcode) erzeugen lassen.

Die Essenz der Hardware-Komplexität liegt folglich in der „Personalisierung“ der räumlich starren Eigenschaften eines Siliziumwafers. Die damit einhergehenden hohen Entwicklungskosten verlangen Strategien, die den verifizierbaren Entwurf (*correctness by verification*) und den automatisierten Entwurf (*correctness by construction*) zum Ziel haben, um so kostspielige Redesigns zu vermeiden und schon bei der ersten Implementierung funktionsfähige Muster zu erhalten.

Was mit Blick auf die Entwurfskomplexität als charakteristisch für Soft- und Hardware getrennt skizziert wurde, gilt nur eingeschränkt für die zukünftige Entwicklung. Es gibt Anzeichen dafür, daß sich die Charakteristiken von Hard- und Software immer mehr angleichen (Stichwort: *Co-Design*), je größer und vernetzter die zu entwerfenden Systeme werden. Dies gilt besonders für das Testproblem und die Bindungskomplexität.

2.2 „Hopes for the Silver"

Auch wenn der *Ismus* abwertend mit „bloßer Theorie" gleichgesetzt wird, ist der Reduktion*ismus* in der Theorie der Komplexitätsbewältigung keineswegs eine esoterische Lehrmeinung, eine „school of thought". Der Reduktionismus liefert vielmehr das Repertoire an komplexitätsbewältigenden Methoden und Techniken für die meisten wissenschaftlichen Disziplinen. In der Regel verfügen wir über dieses Repertoire intuitiv, ohne darüber zu reflektieren. Die Systemtheorie hingegen setzt sich den Reduktionismus zum wissenschaftlichen Gegenstand. Gerald WEINBERG definiert sie sogar als Wissenschaft der „Simplifizierung" und unterstreicht zugleich ihre Wichtigkeit:

> „NEWTON was a genius, but not because of superior computational power of his brain. NEWTON's genius was on the contrary his ability to simplify, idealize, and streamline the world so that it became, in some measure, tractable to the brains of perfectly ordinary men. By studying the methods of simplification which have succeeded and failed in the past, the general systems theorist hopes to make the progress of human knowledge a little less dependent on genius." (zitiert in [Klir, 1985, S. 135])

Allerdings sollten wir nicht jede Aussage der Form „Komplexes läßt sich auf einfache Gesetze und Strukturen reduzieren" arglos übernehmen. Bertrand RUSSEL weist auf mögliche Fallstricke einer Simplifizierung hin: Wären zum Beispiel die Asteroiden wesentlich häufiger in unserem Sonnensystem, hätte der überlagernde Einfluß ihrer Gravitation auf die Planetenbahnen die Verallgemeinerungen von KOPERNIKUS und KEPLER und schließlich auch die NEWTONsche Dynamik unmöglich gemacht: „thus we see how complexity can defeat science" [Rosen, 1977, S. 227]. Auf eine weitere Gefahr eines „blinden Reduktionismus" macht Robert ROSEN aufmerksam: Für die Analyse komplexer Systeme kann es kontraproduktiv sein, das Systemverhalten durch die Analyse einfacher und leicht zugänglicher Systemeinheiten erforschen und erklären zu wollen.

> „What is ‚natural' from the standpoint of easy measurability, and hence easy isolability of subsystems, can often be most unnatural from the standpoint of effective analysis of complex systems.

[...] To insist on the cell as the ultimate unit of biological organisms, or on individual organisms as the ultimate unit of social structures, is often quite inappropriate for the analysis of many properties of the higher structures. This kind of ‚vested interest' is often called *reductionism*, and is of course most conspicuous in molecular biology. Its basic feature is *not* that it advocates analysis of complex systems into simpler subsystems (this is unavoidable in any case), but rather that it advocates, in advance, a set of abstract subsystems which it posits to be the only admissible units for analysis. But as we have seen, the relativity of system descriptions, together with the multiplicity of descriptions which provide the very definition of complexity, preclude any one class of subsystems, or any mode of analysis, from being universally valid." [Rosen, 1977, S. 230]

Trotz dieser Warnungen soll hier nicht das Wort für einen *Holismus* — für eine ganzheitliche Betrachtung der Komplexität — geredet werden. Das Ganze ist zwar im systemtheoretischen Sinne stets mehr als die Summe der Teile (wenn man so will, ist Komplexität gerade dieses „Mehr"), das Verständnis für ein komplexes System als Ganzes läßt sich aber nur über das Studium seiner Teile erschließen. Komplexe Formen sind im allgemeinen hierarchisch, und ein jeder Reduktionismus hat die Analyse der Hierarchie* zum Gegenstand. Abseits dieser systemtheoretischen Diskussion wollen wir uns im folgenden auf die pragmatischen, für die Praxis des Entwurfs komplexer Systeme absolut wichtigen Grundlagen beschränken und das modelltheoretische Rüstzeug für den Systementwerfer zusammentragen. Zugleich sollen die meist unscharfen Begriffe „Modell", „Entwurfsaufgabe" und „Entwurfsprozeß" für die Studie präzisiert werden.

2.2.1 Die „Magische Zahl Sieben"

Bereits in den 50er Jahren, kurz nach der Veröffentlichung der Kommunikationstheorie von Claude SHANNON [Shannon & Weaver, 1949], übernahm die experimentelle Psychologie dessen Begriffe und Lehrsätze, um ihre bislang verstreuten Ergebnisse zur Informationsverarbeitung einheitlich zu analysieren. In dem klassischen Aufsatz *The Magical Number Seven, Plus or Minus Two* [Miller, 1956] verdichtet George MILLER die wesentliche interdisziplinäre Erkenntnis:

„And finally, what about the magical number seven? What about the seven wonders of the world, the seven seas, the seven deadly sins, the seven daughters of Atlas in the Pleiades, the seven ages of man, the seven levels of hell, the seven primary colors, the seven notes on the musical scale, and the seven days of the week? What about the seven-point rating scale, the seven categories for absolute judgement, the seven objects in the span of attention, and the seven digits in the span of immediate memory? For the present I propose to withhold judgement. Perhaps there is something deep and profound behind all these sevens, something just calling out for us to discover it. But I suspect that it is only a pernicious, Pythagorean coincidence." [Miller, 1956, S. 97]

Zwar läßt er die Frage nach dem Warum — dem „design behind it" — unbeantwortet (um die Antwort bemühen sich die Neurophysiologie und die junge Kognitionswissenschaft* [Gardner, 1985]), MILLER bringt aber das Phänomen der beschränkten Kanalkapazität des Menschen in die begriffliche Vorstellungswelt des Ingenieurs. Er verwirft die *Varianz*, die alte dimensionsbehaftete Größe für Information. An deren Stelle führt er das dimensionslose Maß *Bit* ein und interpretiert damit die alten empirischen Ergebnisse neu.[7] Auf diese Weise gewinnt er eine klare Aussage zur kognitiven Bewußtseinsbarriere des Menschen.

Die analysierten Experimente waren methodisch gleich strukturiert. Es wurde getestet, wie genau Probanden Zahlenwerte sensorischen Stimuli zuordnen können, wobei die Antwortzeit keine Rolle spielte: „experiments on absolute judgement". Das VENN-Diagramm in Bild 2.5 verdeutlicht die beteiligten Informationsmengen: Stimuli S, Antworten A und übertragene Information T.

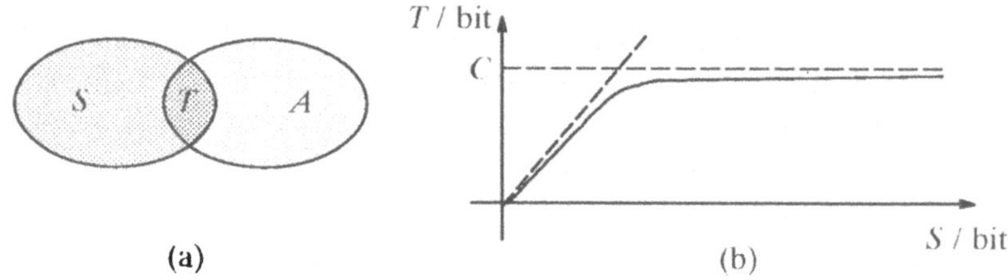

Bild 2.5: Zur menschlichen Kanalkapazität nach MILLER

Die Anzahl der Stimuli-Alternativen wurde so weit erhöht, bis sich die übertragene Informationsmenge asymptotisch einem Grenzwert, der Kanalkapazität C, näherte. Im Fall eindimensionaler Stimuli, wie beispielsweise Tonhöhe, Geschmacksintensität von Salzlösungen oder Punktpositionen auf einer Linie, lag das Mittel der Kanalkapazität bei 2,6 bit mit einer Standardabweichung von 0,6 bit pro Zeiteinheit. Auch bei mehrdimensionaler sensorischer Erregung, wie Salz-

[7] Die SHANNONsche Kommunikationstheorie betrachtet nicht die Bedeutung, sondern ausschließlich den technischen Aspekt (das *Kanal*verhalten) einer Information und ihrer Übermittlung. Als Grad der Wahlfreiheit wird Information definiert über den Logarithmus dualis der Wahlmöglichkeiten.

und Zuckerkonzentrationen in gemeinsamer Lösung oder Punktpositionen in einer Fläche, kam MILLER auf das gleiche Ergebnis: Der Mensch vermag lediglich 7 ± 2 Kategorien gleichzeitig zu verarbeiten, das heißt selektiv mit Aufmerksamkeit zu belegen. MILLER nennt sie „chunks of information": Informationsblöcke.

Die *magische Zahl* wurde durch zahlreiche Merkspannen-Experimente als „Telefonbuchkonstante" bekannt: Normalerweise sind wir in der Lage, sieben Ziffern vom Ablesen im Telefonbuch bis zum Wählen zu behalten, sofern wir weder durch äußere Reize noch durch unsere eigenen Gedanken abgelenkt werden. Kennzeichnend für die kognitive Verarbeitungskapazität ist auch, daß nur die ersten zwei Blöcke aus einer Folge über eine Unterbrechung hinweg behalten werden, von den übrigen Blöcken bleiben nur Reste. Herbert SIMON verweist in diesem Zusammenhang auf die begrenzte kognitive Verarbeitungsrate: Im Mittel benötigt der Mensch fünf Sekunden, um einen „chunk" vom Kurzzeit- ins Langzeitgedächtnis zu übertragen und dort zu fixieren [Simon, 1982, S. 82].

„Chunking"

Die verblüffend geringe Kanalkapazität muß aber nicht unbedingt unsere kognitiven Fähigkeiten auf diese Größenordnung beschränken. Mit Hilfe der *Codierung* — Gruppieren und Organisieren der Informationsmenge — können wir semantisch beliebig große Blöcke erfassen und so den Informationsengpaß aufbrechen. Das unterstützt entscheidend den kognitiven Prozeß, zum Beispiel die Bewältigung einer VLSI-Entwurfsaufgabe: Durch den Vorgang des Modellierens wird der Informationsgehalt eines komplexen Realitätsbereichs derart codiert, das heißt auf wenige kognitiv gleichzeitig erfaß- und bearbeitbare Informationseinheiten und -strukturen abgebildet, daß die physio-psychologische Schwelle des Menschen (Kanalkapazität, Kurzzeitgedächtnis) scheinbar überschritten wird. Das *Chunking* muß hierbei MILLERs magischer Quantität genügen. In der VLSI-Praxis bedeutet dies beispielsweise, daß die Zahl der Abstraktionsebenen, das Grundsortiment an Funktions- und Strukturmodulen (Zellbibliotheken), die Alternativen in Bedienungsmenüs oder — allgemein gesprochen — die Menge der Klassenbildungen auf die MILLERsche Größenordnung beschränkt bleiben. Nur so kann ein Überschreiten der Bewußtseinskapazität des Modellbenutzers vermieden (der Übertrag ginge, informationstheoretisch gesehen, in *Rauschen* über), seine maximale Aufnahmefähigkeit und damit die größtmögliche Modelleffizienz erzielt werden.

Die strukturierte Programmierung, um ein Softwarebeispiel zu nennen, überwindet gleichfalls die kognitive Begrenzung durch Blockbildung: Die Beschränkung auf wenige Ablaufstrukturen, wie Sequenz, Auswahl und Schleife, soll den Weg aus der

Softwarekrise weisen. SHNEIDERMAN mutmaßt, daß der Chunking-Prozess für das Verständnis eines Programms unabdingbar sei [Shneiderman, 1980]. Der Leser eines Programms abstrahiert die Information des Quelltextes in einzelne Blöcke, die wiederum in eine mentale semantische Struktur eingebaut werden, die den Programmtext modelliert. Komplexe Programme lassen sich nicht schrittweise auf der Ebene der Anweisungen verstehen, es sei denn, daß eine Anweisung einen logischen Block darstellt. Die MILLERsche Zahl steht also auch motivierend hinter den *Struktogrammen* von NASSI und SHNEIDERMAN. Bild 2.6 zeigt ein Beispiel, das [Sommerville, 1990] entnommen wurde. Der BubbleSort-Algorithmus kann unabhängig von der gewählten Programmiersprache (der syntaktischen Notation) in nur wenigen semantischen Blöcken aufgenommen werden. Ist eine mentale semantische Struktur des Programms aufgebaut, kann sie dauerhaft ins Langzeitgedächtnis übernommen werden.

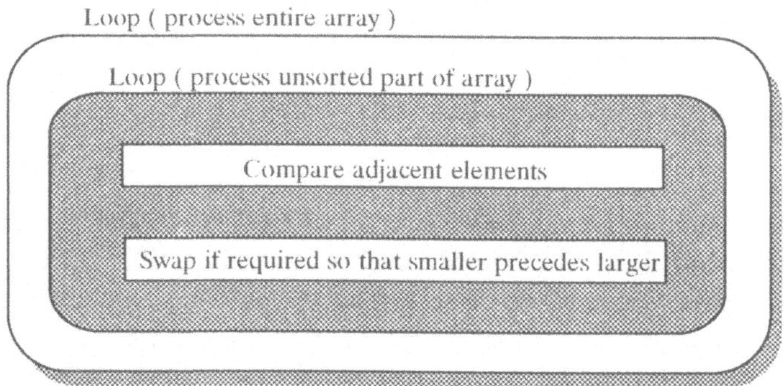

Bild 2.6: Chunking am Beispiel des BubbleSort-Algorithmus

Fazit zum Modellbegriff: Psychologisch stellt ein „Modell" die Codierung eines komplexen Realitätsbereichs dar, um die kognitiven Möglichkeiten des Menschen besser zu unterstützen.

2.2.2 Die „Architektur des Komplexen"

Es ist hier nicht der Platz, um auf das breite Erkenntnisspektrum einer allgemeinen Systemtheorie einzugehen, obgleich systemtheoretische Begriffe und Methoden eine wichtige Rolle beim Entwerfen spielen. In diesem Abschnitt soll die wesentliche Gemeinsamkeit „erfolgreicher" komplexer Systeme aus Natur, Gesellschaft und Technik — das *hierarchische Strukturierungsprinzip* nach Herbert SIMON — hervorgehoben und darauf aufbauend ein allgemeines Systemmodell der Entwurfsaufgabe vorgestellt werden.

„Near Decomposability“

Zunächst sei motivierend die klassische *Hora-Tempus*-Parabel von SIMON aus seinem Aufsatz *The Architecture of Complexity* [Simon, 1962] nacherzählt:

> Zwei renommierte Uhrmacher, Hora und Tempus, setzen ihre in der Komplexität von etwa 1000 Teilen vergleichbaren Uhrwerke auf unterschiedliche Weise zusammen. Während Tempus so vorgeht, daß er bei einer unvorhergesehenen Unterbrechung durch einen Kunden das bis dahin zusammengesetzte Werk gänzlich ablegen muß und dieses dadurch wieder in seine Bestandteile zerfällt, entwirft Hora seine Uhr in „ablegbare“ Einheiten. Jeweils zehn Teile bilden ein stabiles Gefüge, zehn solcher Gefüge wiederum das nächstgrößere und zehn dieser schließlich das Gesamtwerk. Wenn also Hora bei seiner Arbeit unterbrochen wird, so betrifft die destruktive Wirkung des Ablegens immer nur die letzte Teilkonstruktion. Auf diese Weise vollendet er sein Werk bei gleicher Unterbrechungsrate in einem Bruchteil der Arbeitszeit, die Tempus dafür benötigt. Beispiel: Eine Unterbrechungshäufigkeit von 1 zu 100 bewirkt im Mittel eine ca. 4000fach längere Herstellungszeit für Tempus-Uhren.

SIMON illustriert die empirische Anwendbarkeit seiner Parabel auf eine Vielzahl biologischer, soziologischer und physikalischer Systeme. Er unterstreicht die Häufigkeit, mit der Komplexität in der Natur hierarchisch strukturiert auftritt. Komplexe Systeme entwickeln sich aus einfachen Systemen, wenn diese jeweils *stabile Zwischenformen* realisieren: „complexity evolves from simplicity“. In hierarchischen Strukturen können Interaktionen zwischen (inter) und innerhalb (intra) von Teilsystemen unterschieden werden. Intra-Verbindungen sind dabei in der Regel stärker ausgeprägt als Inter-Komponentenverbindungen. Dies hat zur Folge, daß die hochfrequente Dynamik einer Hierarchie nur die innere Struktur der Komponenten betrifft, während sich die niederfrequente Dynamik auf die Interaktionen zwischen den Komponenten beschränkt. Die Unterscheidung zwischen hoch- und niederfrequenten oder starken und schwachen Interaktionen gilt für alle Ebenen einer Hierarchie. Die schwächsten Interaktionen ereignen sich zwischen Teilsystemen auf der höchsten Ebene und die stärksten innerhalb jener auf der untersten Ebene.

SIMON bezeichnet diese Grundeigenschaft als „near decomposability“. Sie erleichtert die Beschreibung und das Verständnis komplexer Systeme erheblich.

Ein Schulbeispiel für Inter- und Intra-Bindungskräfte bietet die hierarchische Struktur der Materie. Die Komponenten der Materie, die SIMONs *stabilen Zwischenzuständen* entsprechen, sind zum einen hierarchisch organisiert: Atome binden Elementarteilchen, Moleküle binden Atome, und derAggregatzustand der Materie (fest, flüssig oder gasförmig) ist Ausdruck der Molekülbindung. Zum anderen sind die Bindungsenergien der Komponenten einer Ebene um Größenordnungen geringer als die Bindungsenergien der Komponenten der unteren Ebenen. Dies trifft besonders auf den Übergang von chemischen auf nukleare Strukturen zu. In der Tabelle 2.6 sind die energetischen Maßstäbe zwischen Inter- und Intra-Bindungen der Materie einander gegenübergestellt.

Komponenten der Materie	*Typische Bindungsenergien*	
molekulare Aggregate	thermische Energie	$kT \approx 0,04eV$
Moleküle	molekulare Energie	$0,25 - 5eV$
Atome	Ionisierungsenergie	$3 - 25eV$
Atomkerne	Kernenergie	$2 - 20MeV$
Elementarteilchen	?	$\gg 10^{11}eV$

Tabelle 2.6: Die Beinahe-Zerlegbarkeit am Beispiel

Die Unterscheidung zwischen schwachen und starken Interaktionen im Konzept der *beinahe zerlegbaren* Systeme sollte nicht die Illusion wecken, man könne komplexe Systeme in vollständig isolierte — disjunkte — Komponenten mit individuell unabhängigem Verhalten zerlegen. In diesem Fall verlöre das System seine Komplexität und reduzierte sich auf das Nebeneinanderstellen seiner Komponenten. Dies aber widerspräche dem Grundkonsens jeder systemtheoretischen Wissenschaft: „Das Ganze ist mehr als die Summe seiner Teile“, oder wie P.-J. COURTOIS feststellt:

> „It is somewhat paradoxical that it is precisely in these weak interactions that the raison d'être of a complex structure resides.“ [Courtois, 1985, S. 596]

Die Kriterien für die Zerlegbarkeit eines Systems in seine Teilsysteme werden wir im nächsten Abschnitt im Kontext des Software- und VLSI-Entwurfs erörtern. Wir wollen an dieser Stelle nur die Parallele zum Vorhergesagten ziehen: Im Sinne von

MILLERs *chunking* (Seite 45) und ROSENs *vested interest* (Seite 43) trägt die hierarchische Zerlegbarkeit entscheidend zur kognitiven Bewältigung von Komplexität bei: *divide et impera*.

Allgemeines Systemmodell

Aufbauend auf dem Hierarchie-Postulat von SIMON soll abschließend ein Referenzmodell nach Günter ROPOHL beschrieben werden, das auf beliebige technische Objekte anwendbar ist und den Systembegriff für unsere weitere Diskussion klärt [Ropohl, 1980]. Die in der Systemtheorie gewonnenen Aspekte — funktional, strukturell und hierarchisch — verdeutlicht Bild 2.7.

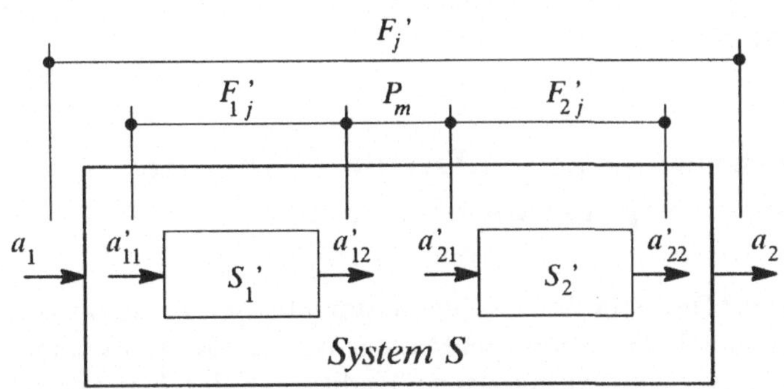

Bild 2.7: Didaktisches Modell für Sachsysteme nach ROPOHL

Der funktionale Systemaspekt geht auf den Primitivansatz der *Black box* als größtmögliche Abstraktion ihrer inneren Struktur zurück. Die Funktion F_j' des Systems gegenüber seiner Umgebung steht global für die Umsetzung einer Problembeschreibung (Spezifikation, Lasten- und Pflichtenhefte) in eine Problemlösung (Implementierung, Produkt). Die systematische Umsetzung der Ein- in die Ausgangseigenschaften ist Gegenstand der Informatik schlechthin: siehe zum Beispiel Ian SOMMERVILLEs „Wasserfall-Modell“ [Sommerville, 1990] oder Barry BOEHMs „Spiralmodell“ [Boehm, 1988] des Software-Lebenszyklus.

Der strukturelle Aspekt bezieht sich auf die Bindungen der Teilsysteme S_i', das heißt auf das Verbindungsgeflecht aus Serien-, Parallelschaltungen und Rückkopplungen. In diesem Aspekt liegt der schon zitierte Konsens der Systemtheorie: „Das Ganze ist ...“. Es ist nicht trivial, von den Eigenschaften der Teilsysteme auf die

Eigenschaften des Gesamtsystems zu schließen. Die Struktur des Verbindungsgeflechts, gegeben durch die Menge aller Relationen P_m, bestimmt entscheidend das Verhalten des Systems.

Der hierarchische Aspekt schließlich fußt auf der von SIMON aufgezeigten Notwendigkeit, Komplexität geordnet zu zerlegen. Die Komponenten S_i' bilden eigenständige Teilsysteme mit möglicherweise weiterer Schachtelung bis hin zu Grundsystemen, die nicht weiter differenziert werden. Es sei vermerkt, daß SIMON mit dem Begriff der Hierarchie nicht unbedingt eine pyramidenförmige Rangfolge verbindet.

Fazit zum Begriff „Entwurfsaufgabe“: Systemtheoretisch verlangt die Komplexität der „Entwurfsaufgabe“ deren Zerlegung in möglichst unabhängige strukturelle Einheiten (Entwurfsabschnitte) mit klar definierten Übergängen: hierarchische Strukturierung.

2.2.3 Dekomposition: „Divide et Impera“ oder „Separation of Concerns“

Die Technik der Dekomposition — des systematischen Zerlegens eines komplexen Systems in handhabbare Komponenten, der Analyse dieser Komponenten und ihrer Interaktionen — besitzt eine lange Tradition in den Ingenieurwissenschaften: Die modulare Programmierung und der zellbasierte VLSI-Entwurf sind nur zwei aktuelle Beispiele dieser bedeutenden Technik. Wenn auch Einigkeit über die Notwendigkeit zur Dekomposition herrscht, so gehen die Lehrmeinungen über die anzuwendenden Kriterien weit auseinander und werden mitunter zur Weltanschauung: funktionale kontra objektorientierte Dekomposition. In diesem Abschnitt wollen wir vor allem die pragmatischen Aspekte „erfolgversprechender“ Systemzerlegungen herausarbeiten, nämlich Randbedingungen und Ökonomie. Wir folgen hierbei im wesentlichen den Arbeiten von P.-J. COURTOIS *On Time and Space Decomposition of Complex Structures* [Courtois, 1985] und von David PARNAS *On the Criteria to be Used in Decomposing Systems into Modules* [Parnas, 1972a].

Randbedingungen

Das Grundprinzip der Dekomposition ist nicht gleichermaßen, im Sinne von Effizienz und Ökonomie, auf alle Klassen komplexer Systeme anwendbar. In der Regel liefert es nur dann hinreichend genaue Ergebnisse, wenn der zu analysierende Systemausschnitt isoliert — kontextfrei — betrachtet werden kann (Bild 2.8). Die vereinfachenden Annahmen sind zweifach. Zum einen wird vom Einfluß der umgebenden Prozesse auf die Eigenschaften des Teilsystems abstrahiert (äußerer Kontext): Die Umgebung sei konstant oder mit festen Werten parametrisierbar. Zum anderen wird vom Einfluß der Prozesse abgesehen, die den Komponenten innewohnen (innerer Kontext): Ihre Dynamik bleibt für die Analyse der Interaktionen zwischen den Komponenten unberücksichtigt. Es wird ein „Gleichgewicht“ der inneren Prozesse unterstellt, das Teilsystem als monolithischer Block aufgefaßt. Nur das statistische Verhalten der Komponenten geht mit wenigen Variablen ins Kalkül des Systemverhaltens ein.

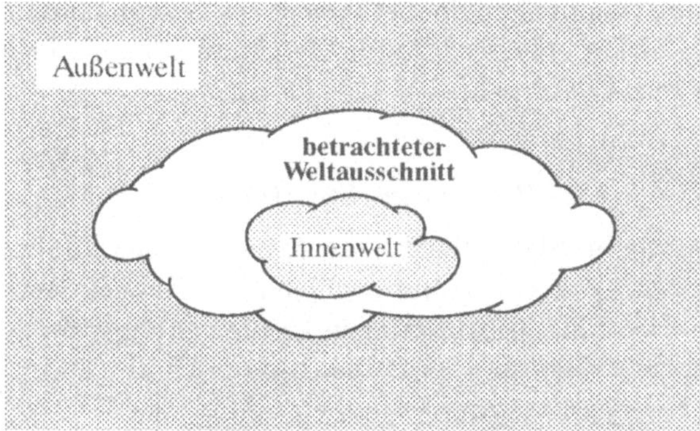

Bild 2.8: Zur „isolierten“ Analyse

Daß diese Vereinfachungen in der Praxis tragfähig sind, zeigt Courtois illustrativ am Beispiel des kinematischen Modells einer chemischen Reaktion.[8] Makroskopisch wird von einem „geschlossenen System“ ausgegangen: Die Wirkung des chemischen Prozesses auf die Umwelt wird vernachlässigt, die Parameter der Atmosphäre, wie Druck und Temperatur, werden als konstant angenommen. Mikroskopisch wird von der Struktur und der Dynamik der chemischen Reagenzien abstrahiert: Die Zahl der Moleküle je Volumeneinheit gilt als konstant. Das „Gesetz der großen Zahlen“ erlaubt diese Vereinfachung. Die Fluktuation der Moleküldichte liegt bei $1/\sqrt{2N}$, N steht hierbei für die Zahl der Moleküle. Beispiels-

[8] Er führt in seiner Übersichtsarbeit [Courtois, 1985] eine Fülle sehr überzeugender Beispiele aus der Physik, den Sozialwissenschaften und der Informatik an, von denen wir hier nur wenige aus unserem Fach aufnehmen können.

weise beträgt N in einem Kubikmillimeter Luft unter Normalbedingungen $\approx 10^{16}$. Die Dichteschwankungen betragen somit $\approx 10^{-8}$.

Die „isolierte Analyse“ — Isolation nach außen: konstante Umwelt, Isolation nach innen: im Gleichgewicht befindliche Innenwelt — liefert nur dann brauchbare Erkenntnisse, wenn die zeitlichen und/oder räumlichen Maßstäbe („time and size scales“) der beteiligten Strukturen viele Größenordnungen auseinanderliegen [Courtois, 1985, S. 591]. Dies trifft ganz offensichtlich für die makroskopische Analyse einer chemischen Reaktion zu (24 Größenordnungen!)[9] oder auch für die hierarchische Struktur der Materie (siehe Tabelle 2.6 auf Seite 48). Wie wir aber eingangs zu den WEAVERschen Klassen der Komplexität ausgeführt haben, fallen gerade die technisch interessanten Systeme in die Klasse der *organisierten Komplexität*, die sich in der Regel leider nicht durch astronomische Unterschiede in den zeitlichen und räumlichen Maßstäben ihrer Komponenten auszeichnen. Die für eine Dekomposition „heiklen“ Raum-Zeit-Maßstäbe dieser Komplexität lassen sich nach COURTOIS typisieren:

- *Multiscale Relations/Dissipative Structures*

  Strukturen dieser Eigenschaft können nicht isoliert untersucht werden. Die Komponenten hierarchisch unterschiedlicher Ebenen stehen in einer zu starken Wechselwirkung. Korrelationen können entlang der gesamten Skalierung der Systemeigenschaften — von makroskopisch bis mikroskopisch — die relevanten Phänomene bestimmen und eine Analyse unter den skizzierten Isolationsannahmen extrem erschweren. Derartige Probleme rangieren in der theoretischen Physik ganz oben: *dissipative* Strukturen. Hier resultiert das makroskopische Verhalten aus einem Verstärkungs- und Anhäufungseffekt der Interaktionen auf mikroskopischer Ebene. Zwei Beispiele: das paramagnetische Verhalten ferromagnetischer Stoffe oberhalb der CURIE-Temperatur oder die Supraleitfähigkeit keramischer Verbindungen.

  In der Informatik kennen wir das Phänomen des *thrashing*, das bei der Ressourcenverteilung und -auslastung eines Mehrbenutzerrechners auftritt: Die Ressourcen an Speicherplatz, Input/Output-Einheiten und CPU-Rechenzeit sollen den konkurrierenden Programmen unabhängig voneinander zugeteilt werden (schwache Interaktionen). Es zeigt sich nun, daß die Programme nur solange unabhängig voneinander ausgeführt werden, wie die Speicherauslastung einen kritischen Wert unterschreitet, wird er überschritten, kommt

[9] COURTOIS weist aber auch darauf hin, daß die extrem geringen Dichteschwankungen bei Gasen für den Menschen dennoch *beobachtbar* sind. Bei kubischen Volumina, deren Kantenlänge der Wellenlänge des sichtbaren Lichts entspricht, beträgt $N \approx 10^6$ und die Fluktuation somit $\approx 10^{-3}$. Dieser Unterschied von neun Größenordnungen zwischen makroskopischem und mikroskopischem Verhalten ist einer der Gründe, warum unser Himmel vorwiegend blau erscheint.

es zu einem exponentiell steilen Durchsatzeinbruch, *thrashing* genannt. Die Erklärung für dieses Phänomen liegt im Verstärkungseffekt starker Interaktionen, die bei der kritischen Speicherauslastung auftreten. Eine mathematische Analyse des Phänomens wird in [Courtois, 1977, S. 144ff.] erörtert, die intuitive Erklärung lautet: Der den Programmen zugeordnete Speicherplatz schrumpft. Als Konsequenz tendieren diese Programme dazu, ihren Speicherplatz länger besetzt zu halten, was wiederum dazu führt, daß die Zahl der Programme, die Speicherplatz anfordern, zunimmt. Die Schwelle, an der ein Leistungseinbruch einsetzt, ist schwierig zu bestimmen und zu beherrschen.

- *Poor Scale Separability*

  Viele Systeme weisen in ihren meßbaren Eigenschaften vergleichbare Größenordnungen auf. Das erschwert die Entscheidung, auf welcher hierarchischen Ebene die Analyse in größtmöglicher Isolation vom Einfluß anderer Ebenen durchzuführen ist. Hierfür wäre die detaillierte Kenntnis über Struktur und Verhalten der benachbarten Ebenen erforderlich. Ein Beispiel: Die Speicherkomponente eines Rechners ist im allgemeinen hierarchisch organisiert. Je nach Einsatz der Speichertechniken, wie schnelle flüchtige Halbleiterspeicher oder langsame nichtflüchtige magneto-optische Speicher, reicht das Spektrum der Zugriffszeiten von Nano- bis Millisekunden und ist damit, verglichen mit den optimalen Skalierungsbedingungen einer chemischen Reaktion, bedeutend schmaler. Bei der Leistungsanalyse einer einzelnen Speicherebene (in großen Systemen können bis zu acht Ebenen vorliegen) üben die Datenströme zwischen benachbarten Ebenen einen bedeutenden Einfluß auf die Zuverlässigkeit der Ergebnisse aus [Courtois, 1977, S. 88ff.].

- *Kritische Ereignisse und schwache Interaktionen*

  Sollen Aussagen über das langfristige dynamische Verhalten einer Gesamtstruktur gewonnen werden, so sind es gerade die sonst vernachlässigbaren schwachen Interaktionen und seltenen Ereignisse, die den Ausschlag geben. Interessieren vor allem die geringen langfristigen Schwankungen im Systemverhalten, müssen die schwachen Interaktionen isoliert von den starken analysiert werden, was in der Praxis für die Modellbildung und -simulation mit einem erheblichen Rechenaufwand einhergeht. Wie wir noch sehen werden, bestimmen die starken Interaktionen das kurzfristige, die schwachen das langfristige Systemverhalten, so daß insgesamt sehr unterschiedliche Zeit-Maßstäbe zu berücksichtigen sind. Dies gilt beispielsweise im VLSI-Entwurf für das Aufspüren von *Hazards* in asynchronen Schaltungen oder — um einmal eine soziologische Parallele zu ziehen — in der Demoskopie, um das Wechselverhaltens von Stammwählern zu analysieren.

Ökonomie

Das Konzept der *near decomposability*, das wir im vorigen Abschnitt als architektonisches Prinzip komplexer Gebilde in Natur und Technik kennengelernt haben, ist gleichermaßen grundlegend für die Analyse der *dynamischen* Eigenschaften komplexer Strukturen: Die unterschiedlichen Kopplungsgrade in einem System bestimmen sein kurz- und langfristiges Verhalten. Herbert SIMON und Albert ANDO haben die zwei wichtigsten Theoreme für *beinahe zerlegbare* Systeme aufgestellt und mathematisch bewiesen [Ando & Simon, 1961] — Lehrsätze, die für die Natur- und Technikwissenschaften größte Tragweite besitzen. Ihre Theoreme in Prosa:

Theorem 2.1 (Simon-Ando) *Für jedes beinahe zerlegbare System läßt sich eine kurzfristige Zeitspanne angeben, in der es sich „annähernd“ wie ein vollständig zerlegbares verhält. Die kurzfristige Dynamik geht auf die starken inneren Bindungen zurück. Jedes Teilsystem strebt ein lokales Gleichgewicht an, das „annähernd“ unabhängig von dem der anderen Teilsysteme ist.*

Theorem 2.2 (Simon-Ando) *Die langfristige Dynamik resultiert aus den schwachen inneren Bindungen. Unter deren Einfluß strebt das Gesamtsystem auf ein globales Gleichgewicht zu, wobei die lokalen Gleichgewichte der Teilsysteme „annähernd“ und relativ zueinander erhalten bleiben.*

Die Formulierung „annähernd“ stellt das eigentliche Analyseproblem dar. Der Fehler, der durch eine zu grobe Näherung entstehen kann, das heißt, wenn die obigen Isolationsannahmen nicht zutreffen, ist proportional zum maximalen Grad der Kopplung zwischen den Teilsystemen und umgekehrt proportional zur „Nicht-Zerlegbarkeit“ eines jeden Teilsystems [Courtois, 1985, S. 598]. Ein einfaches Beispiel für die Anwendbarkeit der Theoreme geben SIMON und ANDO:

> Ein Bürogebäude mit angenommener idealer Wärmeisolierung seiner Außenmauern läßt sich unterteilen in mehrere Abteilungen, deren Wände gute, aber nicht ideale Wärmeeigenschaften besitzen, und Großraumbüros mit schlecht isolierenden Trennwänden. Wir betrachten nun den Bürokomplex zu einem Zeitpunkt, zu dem große Unterschiede in der Temperaturverteilung zwischen den Abteilungen und deren Räumen herrschen. Das Gebäude befinde sich quasi in einem Zustand des thermischen Ungleichgewichts. Nach wenigen Stunden fänden wir in den einzelnen Büroräumen nur noch sehr geringe Temperaturunterschiede vor, zwischen den einzelnen Abteilungen wären diese aber noch gravierend. Nach mehreren Tagen wiese das gesamte Gebäude eine annähernd gleiche Temperatur auf.

Das zweite SIMON-ANDO-Theorem ist unserer Intuition nicht so leicht zugänglich. Während der längeren Phase, in der das Bürogebäude sein globales Gleichgewicht anstrebt, bleiben die Raumtemperaturen innerhalb der einzelnen Abteilungen — relativ zueinander — ungefähr im Gleichgewicht. Die Temperatur einer Abteilung als Ganzes kann aber währenddessen deutlich schwanken, bis sie schließlich den globalen Wert des Gebäudes annimmt. Mit anderen Worten: Die lokalen Gleichgewichtszustände der Teilsysteme bleiben langfristig erhalten, zwar nicht in ihren absoluten Werten, aber relativ zueinander.

Die beiden Theoreme haben für die Analyse schwach gekoppelter Teilsysteme größtes Gewicht. Das kurzfristige relative Verhalten und die relativen Gleichgewichtswerte können für die Teilsysteme individuell — in Isolation — ermittelt werden, als wäre das System vollständig zerlegbar. Da andererseits die Gleichgewichte der Teilsysteme langfristig annähernd erhalten bleiben, können wir auch das langfristige Verhalten der Gesamtstruktur modellieren. Dazu fassen wir das dynamische System als Aggregation weniger Variablen auf. Sie repräsentieren die Gleichgewichte der Teilsysteme (im Beispiel die Durchschnittstemperaturen der Abteilungen). Die Methode der *aggregierten Variablen* [Ando & Simon, 1961], die letztlich auf den SIMON-ANDO-Theoremen beruht, findet ihre Anwendung unter anderem in den Warteschlangen-Modellen für Client-Server-Konfigurationen. Sie wird für unsere Diskussion der objektorientierten Dekomposition noch von grundsätzlicher Bedeutung sein. Es verwundert nicht nur COURTOIS, daß die Universal-Theoreme von SIMON und ANDO in der einschlägigen Literatur selten erwähnt werden:

> „In retrospect, it is somewhat surprising that these theorems remain unknown to many authors who keep proposing empirical decomposition schemes in various application areas, more than 20 years after their first publication." [Courtois, 1985, S. 597]

Abschließend zur Diskussion der Kriterien für erfolgversprechende Systemzerlegungen wollen wir auf den vielzitierten Prüfstein von David PARNAS eingehen.

„Information hiding"

Als einer der ersten stellt David PARNAS den Begriff des *Moduls* als konzeptionelle logische Einheit im Software-Entwurf heraus [Parnas, 1972a; Parnas, 1972b]. Das konventionelle Verständnis eines Moduls als die syntaktische Zusammenfassung von mehreren Prozeduren, die unabhängig von anderen übersetzbar sind, erweist sich als unzureichend im Entwurf komplexer Software. PARNAS schlägt ein Konzept des *Information hiding* vor: Schwierige Entwurfsentscheidungen oder solche, die voraussichtlich im Laufe des Software-Lebenszyklus wesentlichen Veränderungen unterliegen, sollten in Modulen gekapselt und vor der Außenwelt — den Modulbenutzern — *verborgen* werden. Da Entwurfsentscheidungen meistens langfristiger Natur sind und die eigentliche Programmausführungszeit in aller Regel überdauern, verbietet sich die traditionelle algorithmus- oder prozeßorientierte Dekomposition von selbst (zum Beispiel als Flußdiagramm). Für eine in diesem Sinne modulare Dekomposition sprechen ökonomische Gründe:

- Effizientes Projektmanagement

  Große Softwareprojekte lassen sich wirtschaftlich nur noch in Teamarbeit realisieren. Die Delegation der Entwurfsentscheidungen und der damit verbundenen Verantwortung auf getrennte Module, die von einzelnen oder einer Gruppe von Entwerfern entwickelt werden, verringert den Bedarf an Kommunikation: Wenn zuvor die Schnittstellen, das sind die Pflichtenhefte der Module, vom Projektmanagement eindeutig festgelegt wurden, entfällt der Großteil üblicher Rückfragen, Mißverständnisse und neuer Absprachen. Die Modularisierung der Entscheidungen verringert somit die Inter-Gruppenaktivität zugunsten einer verstärkten Intra-Gruppenarbeit, was wiederum die Entwicklungszeit verkürzt.

- Flexibilität

  Modularisierung im Sinne PARNAS' schließt das Prinzip der Lokalisierung mit ein. Module sind zwar untereinander „verbunden", die Verbindungen sind aber von gänzlich anderer Art als im herkömmlichen Verständnis von Soft- und Hardware: weder prozedural (Zugriff auf gemeinsame Variable und Prozeduren) noch syntaktisch (physikalische Kopplung durch Leiterbahnen).

  > „The connections between modules are the assumptions which the modules make about each other." [Parnas, 1972b, S. 339]

  Als Schnittstelle bezeichnen wir also die Menge aller Annahmen — das Wissen — über ein Modul. Eine Modulschnittstelle abstrahiert von der tatsächlichen Modulimplementierung. Diese ist prinzipiell beliebig (*1-zu-n*-Abbildung). Das aber impliziert eine lokale Wartbarkeit: Solange die Modulimplementierung den Annahmen über sie genügt, haben modulinterne Veränderungen durch Wartung und Aktualisierung keine Nebenwirkung auf andere Module. Ein modulares System erleichtert somit das Lokalisieren und Beheben von Fehlern. Die Korrektheit eines Moduls ist, ohne es zuvor in das System zu integrieren, in einem eigenen Testrahmen prüfbar.

- Übersichtlichkeit

  Durch das Abstraktionskonzept des *Information hiding* wird MILLERs *Information chunking* unterstützt und der kognitiven Kapazität des Systementwerfers und -benutzers Rechnung getragen. Für das Verständnis des Systemverhaltens und der Systemstruktur sind im allgemeinen nur wenige Modulspezifikationen pro Hierarchiestufe erforderlich. Struktur und Verhalten der Module können unabhängig voneinander studiert werden.

Des weiteren unterstützt eine modulare Entwurfsmethode die projektbegleitende Systemdokumentation, da man sich hier auf eine einheitliche Beschreibung der Schnittstellen festlegen kann, ohne die jeweils modulinternen, meist dedizierten Beschreibungsmittel in die laufende Gesamtdokumentation mit aufzunehmen. Ein weiterer, wirtschaftlich der bedeutendste Aspekt betrifft die Wiederverwendbarkeit. Sie ist im großen Stil (*large scale reuse*) nur durch eine standardisierte Modularisierung möglich. Soft- und Hardware-Ressourcen lassen sich als „konfektionierte“ Modul- und Zellbibliotheken beliebig oft wiederverwenden. Die Wirtschaftlichkeit modularer Komponenten ist ein entscheidender Vorzug des Objekt-Paradigmas. Wir werden hierauf noch ausführlich eingehen. Alle genannten Vorteile belegen die These von PARNAS, daß die Informationsverteilung im Entwurfsprozeß aus wirtschaftlichen Gründen restriktiv gehandhabt werden sollte: „information ‚broadcasting‘ is harmful“ [Parnas, 1972b, S. 339][10].

Evolution: Vom Handentwurf zum „Silicon-Compiler“

Nachdem wir nun Architektur, Dynamik und Dekomposition komplexer Artefakte näher untersucht haben, soll zum Abschluß das globale Wachstumsverhalten der Entwurfskomplexität entlang der technischen Zeitachse skizziert werden. Auch in der Evolution des Entwurfsprozesses beweist SIMONs Hierarchie-Postulat — Komplexes entwickelt sich aus Einfachem — seine Allgemeingültigkeit. Triebfeder jeglichen Entwerfens und Konstruierens ist der Drang des Menschen, seine Umwelt zu beherrschen oder seine Vorstellungen und Pläne in ihr zu realisieren. Als Werkzeugmacher und -benutzer zeichnet er sich vor allen anderen Lebewesen aus. Psychologisch gesehen resultieren Entwurf und Einsatz technischer Mittel zur Beeinflussung seiner Welt aus dem Streben nach Organverlängerung, -unterstützung und -ersatz.

[10]Vergleiche mit Edsger DIJKSTRAs berühmtem Kommentar, der die Wende zur „Strukturierten Programmierung“ einleitete: *Go To Statement Considered Harmful* [Dijkstra, 1968].

Gleichviel, ob es sich um die Konstruktion von Soft- oder Hardware handelt, lassen sich mehrere Entwicklungsabschnitte[11] unterscheiden: Bild 2.9.

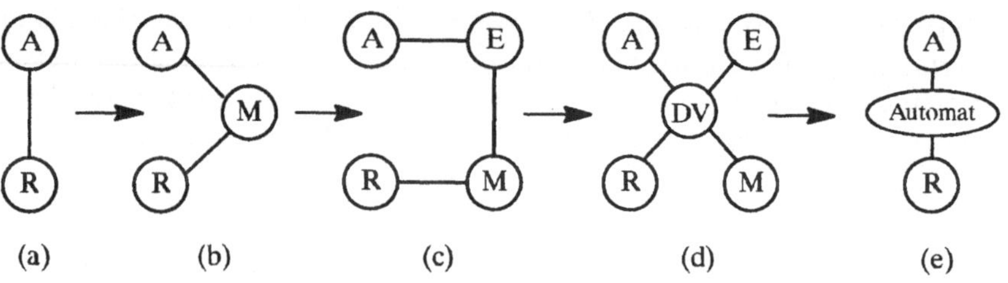

Bild 2.9: Zur technischen Evolution des Entwurfsprozesses

(a) Die Situation kennzeichnet ein Zeitintervall, in dem der Realitätsbereich R, den es zu manipulieren gilt, noch einfach und unmittelbar zu beeinflussen ist. Ein bezüglich des Anwenders A externer Modellierungsvorgang ist nicht erforderlich. Man spricht in diesem Zusammenhang auch vom „unbewußten" Modellierungsprozeß: Entwurf und Herstellung sind eins. Die Bildhauerei ohne Vorlage ist hierfür ein Beispiel.

(b) Mit zunehmender Komplexität der Entwurfsaufgabe stellt sich die Notwendigkeit, die zu verarbeitende Informationsmenge abschnittsweise geeignet zu modellieren. Der Modellierungsprozeß findet seine erste konkrete Ausprägung in einem externen Modell M, das die Komplexität des Entwurfsvorgangs durch Einführen von Abstraktionsebenen im MILLERschen Sinne *codiert*. Beispiele: NASSI-SHNEIDERMAN-Diagramme und Schaltpläne.

(c) Mit der Entwicklung leistungsfähiger Methoden und Techniken wachsen zugleich die Forderungen und Bedürfnisse und umgekehrt — nimmt die zu bewältigende Informationsmenge qualitativ und quantitativ zu. Das Modellierungsproblem überfordert den gelegentlichen Anwender. Es muß folglich an einen Experten oder an eine Gruppe von Experten E delegiert werden, zum Beispiel Architekten, Programmierer und Chipentwerfer. Mit Einführung einer weiteren Instanz in den Entwurfsprozeß mit dem Ziel der Arbeitsteilung entsteht das Problem der Kommunikation. Die Distanz zwischen Anwender und Zielobjekt vergrößert sich. Nicht immer decken sich Wunsch und Wirklichkeit, Problembeschreibung und entworfene Lösung.

[11] J. H. AMKREUTZ zum Beispiel skizziert in [Amkreutz, 1976] die technische Evolution für die Architektur.

(d) Eine weitere Komplexitätszunahme in der algorithmischen Verarbeitung und in der Verwaltung des Datenaufkommens überfordert schließlich selbst den Experten. Die elektronische Datenverarbeitung (DV) — metaphorisch der *Rechner* — hat zwar die Effizienz der Informationsverarbeitung revolutioniert, bleibt aber in der evolutionären Entwicklungslinie des gesamten Entwurfsprozesses. Die Situation spiegelt die heutige Konstellation der beteiligten Instanzen und deren Kommunikationspfade wider. Als Beispiel stehe hier das CAx-Szenario des VLSI-Entwurfs: Die Mensch-Maschine-Interaktion rückt in den Vordergrund. Schnittstellenprobleme treten auf [Quibeldey-Cirkel, 1993a].

(e) Eine derweilen noch futuristische Situation könnte schließlich die Erfahrungen und das Wissen des Experten sowie das zum Modell abstrahierte Entwurfsobjekt integrieren — in der Form eines wissensbasierten Automaten. In der VLSI-Technik wäre dies der ideale „Silicon-Compiler“*, wie ihn Daniel GAJSKI definiert [Gajski, 1988, S. 39f.]. In der Softwaretechnik liefe dies auf die „Automatische Programmierung“ hinaus, deren Zukunftsperspektiven in [Balzer, 1985] aufgezeigt werden.

Wir können festhalten: Der Entwurfsprozeß verläuft evolutionär und ist im SIMONschen Sinne streng hierarchisch strukturiert. Die Modellbildung nimmt in allen Entwicklungsabschnitten eine Schlüsselstellung ein. Zur detaillierten Geschichte des Modellbegriffs und des Denkens in Modellen sei auf die Übersichtsarbeit von Roland MÜLLER verwiesen [Müller, 1983].

Fazit zum Begriff „Entwurfsprozeß“: Die evolutionär gewachsene Komplexität des Entwurfsprozesses als geordnete Abfolge von Entwurfsabschnitten mit isolierten Entwurfsentscheidungen erfordert die koordinierte Beteiligung mehrerer Instanzen: Anwender, Experte und CAx-Instrumentarium. Aus der Sichtweise des Anwenders zielt der technische Fortschritt auf eine Verkürzung der operativen Distanz zwischen Spezifikation und Implementierung.

Fazit

Es sollte deutlich geworden sein, daß der ingenieurmäßige Entwurf anspruchsvoller Soft- und Hardware ein komplexes Unterfangen bedeutet. Komplexität, als deskriptiver Pluralismus nach ROSEN begriffen oder im konzeptionellen Rahmen nach FLOOD, ist keine Eigenschaft des zu entwickelnden Systems an sich, sondern eine zentrale *Entwurfsgröße*. Hierauf lassen sich auch keine quantitativen Metriken anwenden. Im Kontext kreativer Entwurfsprozesse geht der Faktor Mensch als unwägbares Betriebsmittel ein. Um so mehr, wenn der Umfang der Aufgabe ein arbeitsteiliges Vorgehen auferlegt, um ökonomische, das heißt prüfbare, reproduzierbare und wartbare Produkte zu entwerfen. Die Entwurfsgröße Komplexität ist, um nochmals die BROOKSsche Metapher zu bemühen, essentiell, gegen sie gibt es kein methodisches Mittel: „no silver bullet". Was aber nicht heißt, daß die Begleitformen der Entwurfskomplexität — die Akzidenzien — hingenommen werden müßten. Die Hoffnungen sind durchaus begründet: althergebrachte reduktionistische Methoden, wie hierarchische Strukturierung und Dekomposition, stehen seit Jahrzehnten zur Verfügung.

Objektorientiertes Modellieren als „hope for the silver" vereint die interdisziplinären Ansätze und ist das Leitmotiv dieser Studie. Die sich anschließenden Kapitel erläutern das Nutzenpotential des Objekt-Paradigmas, wie es hilft, den Zufälligkeiten im Entwurf zu begegnen, die Entwurfskomplexität systematisch und wirtschaftlich zu bewältigen. Für die 80er Jahre behielt der vielzitierte Tim RENTSCH sicherlich recht:

> „My guess is that object-oriented programming will be in the 1980s what structured programming was in the 1970s. Everyone will be in favor of it. Every manufacturer will promote his products as supporting it. Every manager will pay lip service to it. Every programmer will practice it (differently). And no one will know just what it is." [Rentsch, 1982, S. 51]

Daß sich seine Voraussage nicht auch auf die 90er Jahre erstrecke, in dieser Hoffnung werden im folgenden die ETHOS-Aspekte der Objektorientierung aufgezeigt.

3

ETHOS: E wie „economic“

Vor achtzig Jahren revolutionierte Henry FORD I. den Automobilbau. Die Erfolgsgeschichte seines legendären Modells T (*Tin Lizzie*) sucht ihresgleichen: weltweit wurde der Oldtimer rund 17millionenmal produziert, über 19 Jahre lang und zuletzt für nur noch 290 Dollar das Stück [Encyclopædia Britannica, 1986]. Hochgradige Arbeitsteilung, genormte Fertigungsteile und synchronisierbare Arbeitsabläufe machten die Fließarbeit möglich. Auch die moderne Elektro-Industrie und der Maschinenbau setzen ihre Produkte aus vorgefertigten und geprüften Komponenten ihrer Zulieferindustrien zusammen. Der VLSI-Entwurf wäre wirtschaftlich nicht machbar, verfügte der Entwerfer nicht über die Ressourcen kommerzieller Zellbibliotheken, um so immer komplexere Schaltungen zusammenzusetzen, dem Gesetz des Marktes folgend: Aufwand minimieren, Gewinn maximieren. Was bei der „harten Ware“ gang und gäbe ist, sollte doch auch für die „weiche“ möglich sein ...

Doug MCILROY war es, der anläßlich der ersten Tagung über „Software-Engineering“, 1968 in Garmisch, *mass-produced software components* als wirtschaftliche Grundlage einer Software-Industrie erkannte [McIlroy, 1969]. Ihm folgten zahlreiche weitere, zuletzt vor allem Schöpfer objektorientierter Sprachen und Entwurfsmethoden: Brad COX (Schöpfer der Sprache Objective-C) fordert den Aufbau einer Zulieferindustrie für wiederverwendbare *Software-ICs* und erhofft sich auf diese Weise ähnliche Produktivitätsgewinne wie in der Hardwaretechnik, das heißt ein MOORE-Gesetz der Software [Cox, 1987]. Bertrand MEYER (Schöpfer der Sprache Eiffel) argumentiert auf der Projektebene: Er plädiert für die Wende von der herkömmlichen projekt-zentrierten Vorgehensweise zu einer komponenten-orientierten: *The New Culture of Software Development* [Meyer, 1990]. Grady BOOCH (Methodenentwickler) sieht in den objektorientierten Eigenschaften die konzeptionellen und wirtschaftlichen Prämissen für *industrial-strength software* [Booch, 1991]. Schnell werden die erfolgreichen Metaphern der industriellen Verfahrenstechnik entlehnt: Software-*Werkzeuge*, Software-*Produktion*, Software-*Fabriken*.

Die Suche nach einer Montagestrategie à la FORD erweist sich für die Softwaretechnik als ungleich schwieriger. Software widersetzt sich von Natur aus einer arbeitsteiligen Rationalisierung (siehe Abschnitt 2.1.3). Um ein System aus einer Vielzahl von Komponenten zu entwerfen, bedarf es mehr als nur einer Verfahrenskette. Erst der zu schaffende architektonische Überbau verbindet die Teile zum Ganzen, was bekanntlich mehr ist als die bloße Summe der Teile. Dieses „Mehr“ macht gerade die Komplexität des Software-Entwurfs aus. Kreativität und Ingenieurkunst sind gleichermaßen gefordert. „Software-Fabriken“, auch wenn es erfolgreiche japanische Multikonzerne waren, die diesen Terminus prägten, werden Wunschvorstellungen bleiben. Dennoch: es gibt hoffnungsvolle Ansätze, auch in der Softwaretechnik bald TAYLORsche* Verfahren einsetzen zu können.

3.1 Auf dem Weg zur Software-Industrialisierung

Erste Voraussetzung, Software industriell zu fertigen, ist die Rückbesinnung auf die klassischen Produktionsfaktoren nach Adam SMITH: Kapital, Arbeit und Boden. Die Software-Entwicklung muß als Investitionstätigkeit verstanden werden, die unter Verzicht auf kurzfristige Gewinne die langfristige Wertschöpfung anstrebt. Peter WEGNER prägt hierfür den Begriff der *capital-intensive software technology* [Wegner, 1989]. Jeder Übergang von einer arbeitsintensiven handwerklichen zu einer arbeitsteiligen industriellen Tätigkeit setzt Investitionen voraus, also langfristige Kapitalanlagen. Software als „langlebiges Wirtschaftsgut, das im Produktionsprozeß eine dauerhafte Leistung erbringt“[1], könnte in der Form „wiederwendbarer Bausteine“ realisiert werden. Das Rationalisierungspotential der Wiederverwendung wird in der Literatur hoch eingeschätzt: Nach Quellen, zitiert in [Horrowitz & Munsen, 1989], macht der Anteil an wiederverwandten Komponenten in einem Softwareprojekt 40 % bis 60 % aus. Ohne Software-Ressourcen planmäßig einzusetzen, betrug der jährliche Produktivitätszuwachs in der Software-Entwicklung der 60er und 70er Jahre lediglich 3 % bis 8 %, während die verfügbare Rechenkapazität in diesem Zeitraum um *jährlich* mehr als 40 % zunahm.

Um das allseits erkannte Rationalisierungspotential der Wiederverwendung systematisch und im großen Stil, das heißt über den Verantwortungsbereich des einzelnen Entwicklers hinaus, auszuschöpfen, bedarf es einer neuen organisationsweiten Entwicklungsstrategie. MEYER prophezeit die Kulturwende: weg von der tradi-

[1] Duden zum Begriff „Investitionsgut“

tionellen arbeitsintensiven Projektkultur, hin zur kapitalintensiven Komponentenkultur. Die Tabelle 3.1 stellt die Merkmale der Strategien nebeneinander, wobei der Kontrast bewußt überhöht wurde.

Kriterium	*Projektkultur*	*Komponentenkultur*
wirtschaftliche Zielsetzung	Gewinne durch sofort verwertbare Ergebnisse	Investitionen in Bausteinbibliotheken und Werkzeugen
Organisation	Entwicklungsabteilung	Software-Industrie
Zeitrahmen	kurzfristig	langfristig
Produkt	projektspezifische Programme	wiederverwertbare Komponenten
Strategie	top-down	bottom-up
Methode	funktional: SA/SD	objektorientiert: OOx
Sprache	prozedural: C, Pascal	objektorientiert: C++, Eiffel

Tabelle 3.1: Kulturwende in der Softwaretechnik

Zentraler Gegenstand der vorherrschenden Entwicklungskultur ist das individuelle Projekt, maßgeschneidert auf die jeweiligen Anforderungen und ausgerichtet auf den Entwurf eines oder mehrerer Programme samt zugehöriger Dokumentation. Auftraggeber und Projektmanagement wollen schnelle Gewinne erzielen. Entwurfsstrategie, -methode und -sprache folgen den Prinzipien der Softwaretechnik, wie sie in den letzten zwanzig Jahren gelehrt und praktiziert wurden: funktionale Dekomposition* in Analyse, Entwurf und Programmierung. Im Gegensatz dazu steht die auf Investitionen setzende Komponentenkultur, deren Kapitaleinsatz sich erst langfristig rechnet. Hier ist die Zielgruppe nicht ein einzelnes Projektteam, sondern die Entwicklungsabteilung als Ganzes oder im Falle einer Software-Zulieferindustrie sogar die gesamte Softwarebranche. Entwurfsstrategie, -methode und -sprache sind durchgängig objektorientiert. Denn es ist gerade die Objektorientierung, die das Bausteinkonzept der Software-Wiederverwendung entscheidend unterstützt.

3.1.1 Prinzip „Lokalisierung"

Systemtheoretisch ist es unbestritten, daß sich Komplexes aus Einfachem entwikkelt, wie Herbert SIMON eindrucksvoll in *The Architecture of Complexity* zeigt (siehe Abschnitt 2.2.2). Komplexe Softwareprodukte müssen zusätzlich dem Modularisierungs-Postulat von David PARNAS genügen, wenn ihre Entwicklung und Wartung wirtschaftlich vertretbar sein sollen. Nach dem *Information-hiding*-Prinzip (Abschnitt 2.2.3) gehören diejenigen Entwurfsentscheidungen lokal gebunden, die während des Produkt-Lebenszyklus voraussichtlich häufigen Änderungen unterworfen sein werden. So lassen sich schwer eingrenzbare Nebenwirkungen bei Wartungseingriffen am ehesten unterbinden. Jeder Eingriff in die Software sollte lokal beschränkte Wirkungen haben, was die Kapselung der Datenstrukturen und ihrer Operationen voraussetzt. Dieses wirtschaftlich begründete Lokalisierungs-Postulat erfordert die Umsetzung des „Abstrakten Datentyps“* [Liskov & Zilles, 1974] in die Softwarepraxis. Die Objektorientierung leistet dies mit ihrem Klassenkonzept: Klassen, verstanden als implementierte abstrakte Datentypen. Cox bringt die Pragmatik des Objekt-Paradigmas auf den Punkt, indem er die Objektorientierung vereinfachend als „Verpackungstechnik“ [Cox, 1987] bezeichnet und sie damit als prädestiniert für die Baukastentechnik herausstellt. Bild 3.1 illustriert das Lokalisierungsprinzip einer Klasse.[2]

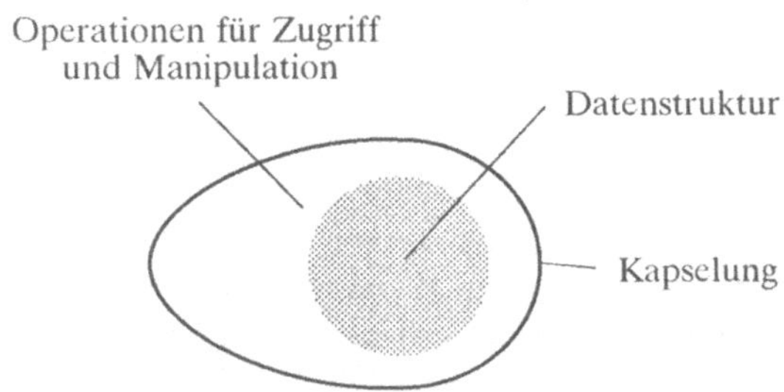

Bild 3.1: Schutzmechanismus: Datenkapselung

Das Protokoll der Klassenschnittstelle, verstanden als die Summe der zulässigen Zugriffs- und Manipulationsoperationen, beschränkt den Zugang zur implementierten Datenstruktur. Ihre konkrete Realisierung bleibt dem Anwender verborgen. Außerhalb einer gegebenen Klassenhierarchie gibt es keinen gemeinsamen Datenbereich, keine globale Variable, so daß Nebenwirkungen ausgeschlossen sind. Wird die Implementierung geändert, hat das bei einer unverändert stabilen Schnittstelle keinen Änderungsaufwand für den Anwender zur Folge.

Die Softwarewartung umfaßt heute vor allem entwicklungsbezogene Aufgaben. Zusätzlich zum *Change-Management* — Software stabilisieren (Fehlerbeseitigung) und an veränderte Umgebungen anpassen (Adaptierung) — ist die optimierende, im allgemeinen funktionserweiternde Wartung getreten. Das erklärt auch den

[2]Die Metapher des „hartgekochten Eies“ liegt nahe: Das Eigelb lokalisiert die Datenstruktur des Objekts, das umschließende Eiweiß Zugriff und Manipulation. Die Eischale schließlich symbolisiert die schützende Kapselung.

überproportionalen Anteil der Wartungskosten an den Gesamtkosten eines Softwareprodukts, der heute [Boehm, 1988] schon bei etwa 70 Prozent liegt. Bild 3.2 splittet den Aufgabenkomplex der Wartung anschaulich auf [Meyer, 1988]. Demnach ist die inkrementelle Erweiterung bestehender Software aufgrund neuer Kundenforderungen (*Release-Management*) eine Hauptaufgabe der Wartung. (Die damit einhergehenden Aktualisierungen durch *Updates* und *Upgrades* werten Wartungsprogrammierer als den „nobleren" Teil ihrer Aufgaben.)

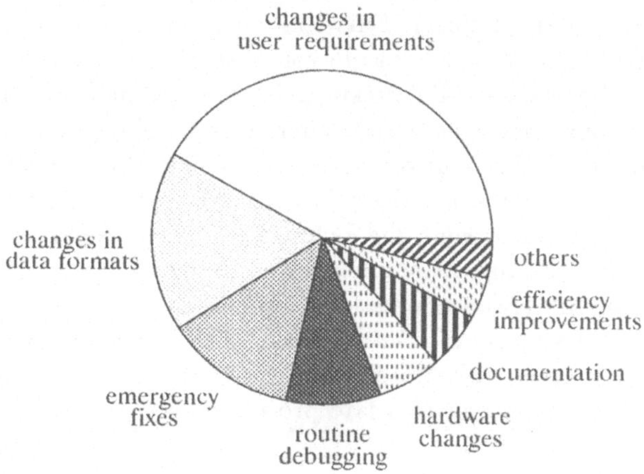

Bild 3.2: Aufgaben der Wartung

Beides, lokale Wartbarkeit und inkrementelle Programmierung, gewährleistet das Lokalisierungsprinzip der Objektorientierung. Wir können sogar noch weiter gehen: Es ist gerade die *Erweiterbarkeit*, worin sich objektorientierte Systeme von traditionellen prozeduralen unterscheiden. Diese bieten lediglich die Möglichkeit, ein Programm zu *modifizieren*, indem sein Quelltext an willkürlichen Stellen verändert wird. Das *Ändern* eines Textes ist aber eine destruktive Handlung mit Nebenwirkungen, da sie den ursprünglichen Zustand unwiederbringlich zerstört (es sei denn, man kann auf Sicherungskopien oder *Undo*-Dienste zurückgreifen). Die *Erweiterung* indes wirkt konstruktiv: Etwas Vorhandenes erweitern, heißt das Vorhandene intakt lassen. Die Veränderung liegt hier im additiven Zusatz und ist umkehrbar. Die inkrementelle Programmierung baut auf Vorhandenes auf, indem sie dieses durch den Mechanismus der Vererbung übernimmt und nur das „Geerbte" verändert. Vererbung in objektorientierten Systemen ist in diesem Punkt eine „schiefe" Metapher, denn das „Erbe" darf beliebig oft angetreten werden.[3]

[3] Auf einen weiteren Widerspruch weisen wir im Anhang A.3 hin: Vererbung kontra Kapselung.

Wir sollten hier besser von einer Matrize oder Schablone sprechen, was uns unmittelbar zum wichtigsten Wirtschaftsfaktor moderner Software führt:

3.1.2 Software-Wiederverwendung

Der wirtschaftliche Grund, Software nicht ständig neu zu entwickeln, liegt, genau genommen, in der endlichen Entwicklungskapazität eines Softwareprojekts. Der „Mythos des Mann-Monats“ wurde von Frederick BROOKS endgültig zerstört [Brooks, 1975]: Die Software-Entwicklung ist nur bedingt eine teilbare Aufgabe. Es gilt hier nicht der klassische Dreisatz der Arbeitsteilung: von der Mehrheit auf die Einheit, von der Einheit auf die Mehrheit. Was einhundert Programmierer in einer Woche programmieren ist ungleich dem, was zwei Programmierer ein Jahr lang programmieren, auch wenn die Lohnkosten vergleichbar wären.[4] Programmieren ist eben eine „Übung in komplexen Beziehungsgefügen“. Der unabdingbare Informationsaustausch (Kommunikation zwischen den Entwicklern, Lernaufwand und Einarbeitung des einzelnen Entwicklers) erlaubt keinen einfachen reziproken Zusammenhang zwischen Arbeitszeit und Arbeitskraft. Es gilt das Gesetz von BROOKS: „Adding man power to a late project makes it later“ [Brooks, 1975].

Folglich ist es wirtschaftlich besser, den einmal geleisteten Lern- und Entwicklungsaufwand mehrfach zu nutzen — in Form *konfektionierter* Teilprodukte. Softwarekosten sind fast ausschließlich Entwicklungskosten und keine Reproduktionskosten. Neben dem Vorteil der Kostenersparnis (es ist billiger, Software zu kaufen, als selbst zu entwickeln [Brooks, 1987]), gibt es natürlich eine Reihe weiterer, wie sie Ian SOMMERVILLE aufführt [Sommerville, 1990]:

- Risiko-Minimierung

  Die Qualität eines Softwareprodukts und die Produktivität der Entwicklung dürfen keine Unbekannten im Kalkül des Projektmanagements sein. Man muß sie planen und voraussagen können. Im Gegensatz zu einer Neuentwicklung verringern vorgefertigte und getestete Komponenten den Unsicherheitsfaktor in der Kostenkalkulation und steigern zugleich die Produktzuverlässigkeit insgesamt.

[4] Die Programmsysteme, die dabei entstünden, wären nach der These von Melvin CONWAY gänzlich verschieden: Die Struktur eines entworfenen Systems spiegelt sich in der Organisationsstruktur seiner Entwerfer wider (siehe Abschnitt 6.2.1).

- Kürzere Markteinführungszeiten

  Werden erprobte und fehlerfreie Bausteine eingesetzt, verkürzen sich die Entwicklungs- und Validierungszeiten, ist der Hersteller eines innovativen Produkts auch schneller am Markt und sichert sich einen entscheidenden Wettbewerbsvorsprung.

- Effektiver Einsatz von Spezialisten

  Anstatt, daß Experten eines Anwendungsbereichs für kurze Zeit in einem Projekt mitarbeiten und die gleiche Arbeit in verschiedenen Projekten wiederholt leisten, können diese Experten wiederverwendbare Komponenten ein für allemal entwickeln. In diesen Komponenten steht ihr konzeptionelles und technisches Know-how beliebig oft zur Verfügung.

- Forcierung von Firmenstandards

  Beispielsweise ließe sich eine unternehmensspezifische Softwaregestaltung (*corporate identity*), die sich in einer einheitlichen grafischen Benutzungsoberfläche äußert, ohne größeren organisatorischen Aufwand, quasi als Nebenprodukt, durchsetzen. Dazu müßten die Schnittstellenkomponenten nur einmal konzipiert und entwickelt werden.

Die wirtschaftliche Bedeutung der Wiederverwendung spiegelt sich in ihrem Begriffsfeld: (a) *Generische Software*: die stereotype Wiederverwendung durch Übersetzer, Programmgeneratoren, DV- und Hypertextsysteme*, (b) *Portabilität*: die Wiederverwendung von Programmen ohne Quelltextänderung auf unterschiedlichen Rechnern, (c) *Adaptierung*: die Wiederverwendung eines Systems, während es sich entwickelt als Antwort auf sich ändernde Umgebungen oder Bedürfnisse, und (d) *Wartbarkeit*: die Wiederverwendung unveränderter Programmteile bei kleinen Änderungen. Der Begriff ist aber nicht auf die wiederverwendbaren Teile eines Rechnerprogramms eingeschränkt, auf Quelltext und Zielcode. Eine Ressourcenteilung ist auch in anderen Entwicklungsphasen sinnvoll: Anforderungsanalysen, Machbarkeitsstudien, Lasten- und Pflichtenhefte, Modelle, Entwürfe, Dokumentation und Testfälle.

Gegenstände und Vorgehensweisen, die für eine Wiederverwendung in Frage kommen, lassen sich am weitverbreiteten sequentiellen *Wasserfall-Modell* in allen Phasen des Software-Lebenszyklus festmachen: Bild 3.3. Aus der Sicht des Projektmanagements hat dieses Modell wegen der Plausibilität seiner Phasenfolge (erst analysieren, dann spezifizieren und so fort) und wegen der plan- und prüfbaren Abläufe (jede Phase schließt mit einer Meilenstein-Dokumentation für die darauffolgende ab) eine lange Zukunft. Aus der Sicht des Entwicklers hat das Modell

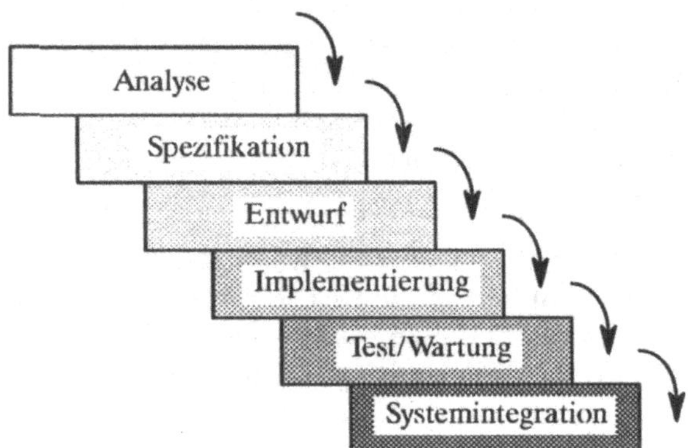

Bild 3.3: Erstes Wasserfall-Modell des Software-Lebenszyklus nach BOEHM

seine Schwächen: In der Vergangenheit führten die erkannten Schwächen zu mehreren Revisionen, die sich vom *inkrementellen* [Boehm, 1982] zum *spiralförmigen* Wasserfall-Modell erstrecken [Boehm, 1988]. Seine Bedeutung bleibt unbestritten: es zeigt die Phasen und Objekte einer möglichen Wiederverwendung im Entwicklungszyklus.

Außer den technischen treten eine Reihe organisatorischer Probleme der Wiederverwendung auf: Das Projektmanagement muß sich eindeutig zur Software-Wiederverwendung bekennen und die finanziellen und organisatorischen Voraussetzungen für eine komponenten-orientierte Entwicklung schaffen. Das Projektbudget muß Aufwendungen für den Kauf oder die Eigenentwicklung von Softwarebibliotheken vorsehen. Der Meilensteinplan muß die zeitliche Bindung der Mitarbeiter durch die Aufbereitung wiederverwendbarer Software berücksichtigen. Die Entwicklung wiederverwertbarer Komponenten setzt ein hohes Maß an intellektueller Fähigkeit voraus: Urteilskraft und Abstraktionsvermögen. Aber auch buchhalterische Eigenschaften sind erforderlich: Dokumentation und Sorgfalt — beträchtlich mehr als bei einer Neuentwicklung. Der Vorgang der Wiederverwendung bindet zeitintensive Handlungen des einzelnen Entwicklers: geeignete Komponenten finden, verstehen, modifizieren und zusammensetzen. Darüber hinaus ist eine „kritische Masse" an Komponenten unabdingbar, um das Wiederverwendungskonzept in mehreren Entwicklungsgruppen gleichzeitig einzuführen. Die hier zu leistenden Investitionen müssen erst eine Mindestschwelle übersteigen, ehe sich ein Gewinn zeigt.

Außer den organisatorischen sind aber auch psychologische Hemmnisse zu überwinden. Zum einen gibt es einen starken kollektiven „Not-invented-here"-Einwand gegen Softwarekomponenten aus dritter Hand [Biggerstaff & Richter, 1989]. Zum anderen ziehen kreative Entwickler lieber eine Neuentwicklung vor, um vermeintlich unentdeckte Potentiale freizulegen oder um schlicht die Nähe des Plagiatsvorwurfs zu meiden, auch wenn es sich um firmeneigenes oder lizenziertes Material handelt [Endres & Uhl, 1992].

Über einschlägige, durchweg positive Erfahrungen mit Aufbau und Nutzung wiederverwandter Software in Industrieprojekten berichtet Albert ENDRES [Endres, 1988]. Daß zwischen Software-Wiederverwendung und Objektorientierung ein profitabler Zusammenhang besteht, belegen empirische Studien [Lewis *et al.*, 1992]. Einen generellen Ansatz, den hemmenden Faktoren bei der Durchsetzung der Software-Wiederverwendung zu begegnen, skizziert MEYER. Dessen Vorschlag wollen wir wegen seiner zentralen Bedeutung für eine objektorientierte Softwaretechnik aufgreifen [Meyer, 1990].

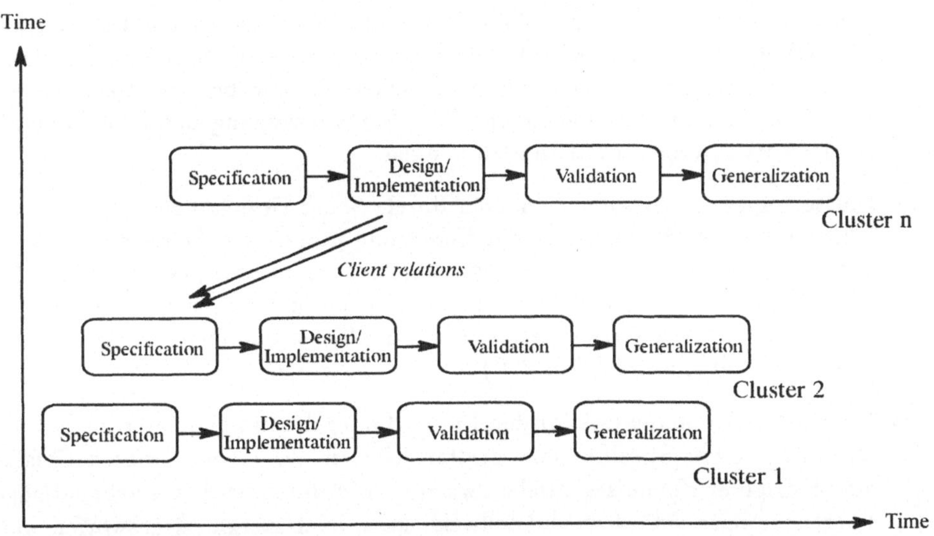

Bild 3.4: Objektorientiertes Clustermodell nach MEYER

Um das Wiederverwendungskonzept im Software-Lebenzyklus fest zu verankern, sollte das klassische Wasserfall-Modell um die Phase der „Generalisierung" erweitert werden. Bild 3.4 zeigt das von MEYER propagierte *Clustermodell*. Generalisierung umfaßt alle Aspekte, um aus projektspezifischen Programmfragmenten allgemeine Softwarekomponenten zu schaffen. Der hierfür notwendige Aufwand läßt sich drastisch reduzieren, wenn für die Spezifikation der Softwarekomponenten eine objektorientierte Sprache mit der Konzeptfülle und Funktionalität von Eiffel* eingesetzt wird. In Eiffel bezeichnet ein *cluster* eine Gruppe von Klassen, die sich auf ein gemeinsames Ziel beziehen, — ein Grafik-Cluster zum Beispiel, das Klassen zum Aufbau grafischer Benutzungsoberflächen bietet. Der Begriff des Clusters erlaubt nun die Differenzierung des gesamten Lebenszyklus in Teilzyklen. Das heißt, die von BOEHM unterschiedenen Entwicklungsphasen, wie Spezifikation, Entwurf, Implementierung und Test, werden nicht mehr monolithisch auf das zu entwickelnde Softwaresystem angewandt, sondern partiell auf einzelne Entwicklungseinheiten. Der Gesamtkontext, in der Regel das Projekt, unterteilt sich in Teilbereiche, auf die das Phasenmodell im kleinen abgebildet wird.

In mehrerer Hinsicht unterstützt das Clustermodell die praktische Umsetzung der Wiederverwendung innerhalb einer komponenten-orientierten Entwicklungskultur.

- Die Strategie des Clusterentwurfs ist aufsteigend (*bottom-up*): beginnend mit den konfektionierten Clustern für Standarddienste (Datenstrukturen, grafische Oberflächen), die auf entsprechende Klassen einer Standardbibliothek aufsetzen, bis zu den anwendungsspezifischen, die erst bei einem ausreichenden Fundus an wiederverwendbaren Clustern aus vergangenen Projekten mit wenig Aufwand entwickelt werden können.
- Cluster ergänzen sich untereinander durch *Client*-Beziehungen, die vom objektorientierten Mechanismus der Vererbung profitieren. Solange man nicht mit der Entwicklung eines spezialisierten Clusters beginnt, bevor dessen „Eltern"-Cluster ausreichend definiert worden ist, können sich die Teilzyklen auch zeitlich überlappen. Dadurch ist ein Höchstmaß an Flexibilität gegeben (zwei Zeitachsen in Bild 3.4!).
- Die Client-Beziehung erlaubt den Entwurf oder die Implementierung auf der Grundlage einer Spezifikation, die für Klassen aus einem anderen Cluster auf niedrigerer Ebene geschrieben wurde.[5] Hierdurch wird eine arbeitsteilige Vorgehensweise gefördert und teilweise kann auch zeitgleich entworfen werden. Die Entscheidung, welches Cluster wann und wie weit generalisiert wird, richtet sich nach den verfügbaren Ressourcen an Personal und Know-how.

Die so gewonnene Flexibilität verringert den organisatorischen Aufwand der Generalisierung in der Übergangszeit: von der projekt-zentrierten Software-Entwicklung

[5]Siehe Bild 3.4: Entwurf und Implementierung des Clusters n stehen in einer Client-Beziehung zur Spezifikation des Clusters 2.

nach dem Phasenmodell von BOEHM zur komponenten-orientierten nach dem Clustermodell von MEYER.

3.1.3 Standard-Klassenbibliotheken

Seit es programmgesteuerte Rechenanlagen gibt, sind Bausteinbibliotheken in der Diskussion. Schon 1949 plädierten WILKES, WHEELER und GILL für das Konzept des Unterprogramms und der mathematischen Bibiliothek [Endres, 1988]. Aber erst zwanzig Jahre später wurde das Bausteinprinzip durch MCILROY zur wirtschaftlichen Prämisse einer Software-Industrie erhoben. Form und Inhalt der Bausteine waren dabei lange Zeit auf die funktionale Abstraktion ausgerichtet. Der Ausgang y einer funktionalen Komponente f hängt ausschließlich vom Eingang x ab: $y = f(x)$. Prozeduren und Unterprogramme galten als *das* pragmatische Mittel, um Programmcode wiederzuverwenden, wobei in den Anfängen meistens eine *cut-paste-edit*-Strategie praktiziert wurde. Die systematische Einbindung von Bibliotheksfunktionen als *Black boxes* war eher die Ausnahme.

Die fehlende „Umgebungsinformation" einer Funktionskomponente bedeutet eine vermeidbare Einschränkung im Bestreben um Software-Wiederverwendung: Nur Funktionen, deren Werte von der Einsatzumgebung unabhängig sind, können ohne Anpassung wiederverwandt werden (das erklärt auch die weite Verbreitung mathematischer Bibliotheken). Um Module mit eigener parametrisierbarer Umgebung zu schaffen (aus Variablen und Konstanten), bedarf es höherer Abstraktionen. Die Lösung wird heute im Konzept des abstrakten Datentyps gesehen, genauer: in dessen implementierter Form als *Klasse*.

Angelehnt an den zentralen Gegenstand der Automatisierungstechnik, stellt der heutige Evolutionsstand wiederverwendbarer Softwarekomponenten, die *objektbasierte Datenabstraktion*, einen MEALY-Automaten dar [Seifart, 1988]. Beispiele hierfür: *packages* in Ada [Booch, 1983], *modules* in Modula [Wirth, 1985] und *classes* in Smalltalk [Goldberg, 1984]. Bild 3.5 zeigt die MEALY-Eigenschaft der Datenabstraktion.

Der interne Zustand s eines MEALY-Automaten fungiert als „Gedächtnis" für die Wirkungen vergangener Operationen. Der Ausgang der Komponente hängt nicht mehr allein vom augenblicklichen Eingangswert ab, sondern auch von der Zustands-Chronik: $y = f_i(x, s)$. Funktionale Abstraktion und Datenabstraktion bestimmen den gegenwärtigen Paradigmenkonflikt in der Softwaretechnik: Sollen Softwaremodule funktions- oder objektorientiert entwickelt und für eine spätere Wiederverwendung konfektioniert werden? Während die funktionale Abstraktion

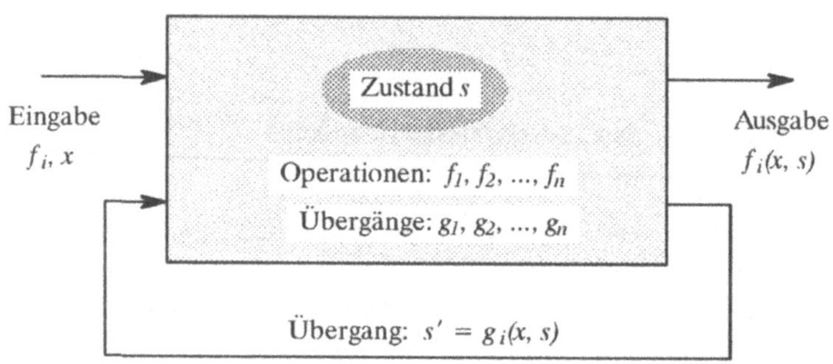

Bild 3.5: Objektbasierte Datenabstraktion: MEALY-Automat

die Wiederverwendung der Funktionen anstrebt, zielt die Datenabstraktion auf die Wiederverwendung der Datenobjekte. Oder mit dem Vokabular des Marktes [Wegner, 1989]: Im Falle der funktionalen Abstraktion stellen die Programme die primären Produktionsmittel dar und die Daten die Verbrauchsgüter. Die Verbrauchsgüter werden vom Verbraucher geliefert und an diesen wieder ausgegeben. Im Falle der Datenabstraktion stellen die Datenobjekte die primär wiederverwendbare Ressource dar. Hier sind die Funktionen die Verbraucher. Sie weisen eine kürzere „Lebensdauer“ auf als die Objekte, auf denen sie operieren.

Für datenintensive Anwendungen birgt die Datenabstraktion das größere Potential der Wiederverwendung. Es stellt sich die Frage, welchen Kriterien die Datenabstraktion genügen sollte, um den größtmöglichen Nutzen aus ihr zu ziehen. Die Frage zielt auf die *Modularität*, auf das Maß zwischen dem inneren Zusammenhalt eines Moduls und seinen Bindungen nach außen, also zwischen Kohäsion und Kopplung. Herbert SIMON gab die allgemeingültige Antwort: Minimale Kopplung und maximale Kohäsion sind die Kriterien der „beinahen Zerlegbarkeit“ aller komplexen Gebilde in Natur und Technik (siehe Abschnitt 2.2.2). Auch softwaretechnische Bausteine müssen natürlich diesen Forderungen genügen. Mit der objektbasierten Datenkapselung erfüllt die Softwaretechnik diese Forderungen mit aller Konsequenz: Datenstrukturen und Algorithmen können ohne Änderung der Modulschnittstelle variiert werden. Zusammengehörige Prozeduren sind gebündelt. Prozeduren werden ohne Kenntnis der konkreten Implementierung aufgerufen. Überdies erlaubt es der konzeptionelle „Bypass“ der Kapselung — die Vererbung von Datenstrukturen und Operationen (siehe Anhang A.3) —, die Gemeinsamkeiten auch *zwischen* den Modulen rationell auszuschöpfen.

Bausteinbibliotheken in der Softwaretechnik müssen folglich *Klassen*bibliotheken sein, will man die wiederverwendbaren Ressourcen möglichst vieler datenintensiver Anwendungen erschließen. Auf die wichtigsten organisatorischen und technischen Aspekte zum Aufbau und zur Wartung von Klassenbibliotheken geht MEYER in [Meyer, 1990] ein. *Large-scale reuse* durch ein Klassenmanagement für *software communities* ist Gegenstand eines Übersichtsartikels von GIBBS et al. [Gibbs *et al.*, 1990]. Objektorientiertes *Megaprogramming** zielt in die gleiche Richtung [Johnson *et al.*, 1992]. Übereinstimmend wird eine Standardisierung der Klassenbibliotheken als wichtigste Voraussetzung für den Erfolg dieses Konzepts gewertet.

Aufgabe einer jeden Standardisierung ist die Reduktion unwirtschaftlicher Vielfalt. Angestrebt wird aber nur die Standardisierung der Klassenspezifikation, also der Schnittstellenbeschreibung. Die Implementierungsvielfalt soll auf jeden Fall erhalten bleiben: MCILROY rechnete zum Beispiel mit 300 verschiedenen Implementierungen der Sinusfunktion. BOOCH implementierte auf 104 Arten die Datenstruktur *Queue* für Ada-Bibliotheken [Endres, 1988]. Während die invariante Modulschnittstelle die langfristigen Eigenschaften, wie Robustheit und Stabilität, gewährleistet, bleibt die Modulimplementierung offen für kurzfristige Variationen, zum Beispiel im Laufzeitverhalten und Speicherbedarf. Die polare Forderung nach einer starren Schnittstelle einerseits und einer flexiblen Implementierung andererseits erfüllt konsequent das *Offen-Geschlossen*-Prinzip der Klasse: Sobald eine Klasse getestet und als Bibliothekselement aufgenommen wurde, ist sie für andere wegen der Datenkapselung „geschlossen". Durch den Mechanismus der Vererbung bleibt die Klasse aber weiterhin „offen" für implementierungstechnische Erweiterungen.

Im Idealfall einer gut organisierten und kooperativen Interessengemeinschaft, die über die Unternehmensgrenzen hinausgeht und in der Software-Entwickler bereitwillig ihre Ideen, Methoden, Werkzeuge und Programme untereinander austauschen, sind sprach- und produktneutrale Klassenbibliotheken frei verfügbar. Eine standardisierte Spezifikation der Klassenschnittstellen verbessert die Marktakzeptanz und öffnet neue Marktfenster für Software-Zulieferer. Standardklassen schaffen die Voraussetzung für eine rationelle Arbeitsteilung in der Software-Entwicklung: einerseits Bausteine — andererseits die eigentliche Anwendung. Beide Seiten profitieren voneinander: bewährte Softwarekomponenten der Anwendung können nach ihrer Generalisierung in die Bausteinbibliotheken aufgenommen werden, und umgekehrt lassen sich neue Anwendungen rationell aus alten Bausteinen konfigurieren.

Jedes Konzept ist nur dann relevant für die Praxis, wenn auch geeignete Entwicklungswerkzeuge zur Verfügung stehen. Bild 3.6 gibt Auskunft über die kommerzielle Verfügbarkeit objektorientierter Betriebsmittel [Winblad *et al.*, 1990]. Die ursprüngliche Antriebskraft ging von den Programmiersprachen aus. Derzeit werden Entwicklungswerkzeuge für Analyse, Design und Datenhaltung in den Markt eingeführt. Mit der Verfügbarkeit von Standard-Klassenbibliotheken für Endanwender wird die Objekttechnik ihre ganzes Potential entfalten.

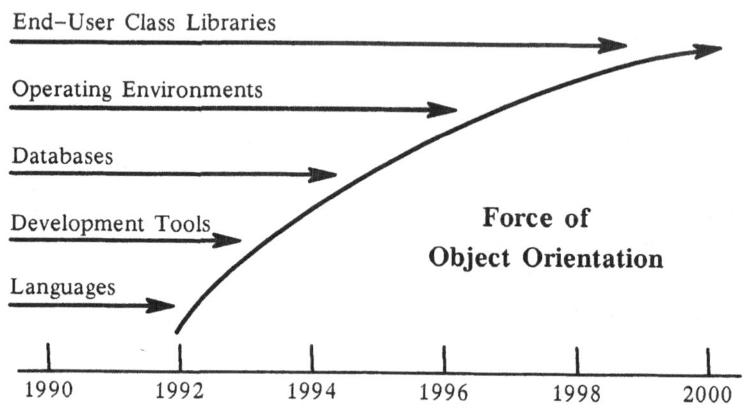

Bild 3.6: Verfügbarkeit objektorientierter Betriebsmittel

Die Standardisierungsbemühungen im Bereich der objektorientierten Software-Architekturen und -Schnittstellen werden derzeit durch ein internationales Industriekonsortium, die *Object Management Group* (OMG*), gebündelt (siehe Anhang A.5). Die Normierung der objektorientierten Begriffswelt wird auch in der CLOS-Initiative (*Common Lisp Object-Oriented Programming Language Standard*) verfolgt [Moon, 1989].

3.2 Wettbewerbsfaktoren

Hersteller innovativer Produkte sind ständig zwei gleichgerichteten dynamischen Kräften ausgesetzt: (a) *technology push*: der technische Fortschritt verkürzt die Innovationszyklen und (b) *competition & market pull*: Marktfenster öffnen und schließen sich in rascher Folge. *Time-to-Market* ist der Wettbewerbsfaktor Nummer eins geworden. Wer heute am kurzlebigen Softwaremarkt bestehen will, muß sich den wechselhaften Kundenforderungen flexibel, kostengünstig und vor allem schnell (schneller als die Mitbewerber!) anpassen. Also beides ist gefordert: Produktivität der Entwicklung und Qualität des Produkts. Schneller und gleichzeitig bessere Software zu entwickeln, galt bislang als ein unlösbarer Widerspruch. Der objektorientierte Ansatz verspricht beides.

3.2.1 Produktive Software-Entwicklung

Daß sich die Entwicklungszeiten nicht allein durch einen höheren Personaleinsatz verkürzen lassen, hat BROOKS anschaulich gezeigt. Was die Produktivität nachhaltig verbessern kann, ist eine vom Projektmanagement geförderte Vorgehensweise der „differentiellen Programmierung". Die Bausteintechnik erlaubt das Aufsetzen auf den innovativ höchsten Entwicklungsstand. Datenstrukturen oder Sortier- und Suchalgorithmen müssen nicht immer wieder neu „erfunden" werden, obwohl das Erfinden noch gängige Praxis zu sein scheint. Donald KNUTH beispielsweise hat sie endgültig gesammelt und dokumentiert [Knuth, 1973]. Überhaupt wird „neu" in einer bausteinbasierten Softwarekultur kleingeschrieben. Es geht primär nicht darum, „neue" Bausteine zu entwickeln, sondern innovative Ideen mit „alten" Bausteinen zu realisieren. Die alten Bausteine müssen natürlich durch ein effizientes Klassenmanagement auf dem Stand der Technik gehalten werden. Capers JONES schätzt, daß lediglich etwa 15 Prozent eines Programms tatsächlich neu sind [Jones, 1984]. Die übrigen 85 Prozent bieten also einen breiten Ansatz zur systematischen Wiederverwendung.

Der Einwand, eine jede generische Bausteinstrategie sei mit hohen Anpassungskosten für spezialisierte Anwendungen verbunden, wird durch den Vererbungsmechanismus objektorientierter Programmiersprachen relativiert. Direkt wiederverwendbare Klasseneigenschaften, wie Datenstrukturen und Operationen, stehen ungefiltert an der Schnittstelle zur Verfügung. Werden differenzierte Eigenschaften verlangt, so können die ursprünglichen überschrieben werden, ohne dabei auf die Wiederverwendung des restlichen Fundus verzichten zu müssen. Der Aufwand bleibt inkrementell und anwendungsspezifisch: Der Anwender programmiert „nur noch" den Unterschied zwischen den Forderungen seitens der Anwendung und dem Leistungsumfang seitens der Klassenbibiliothek.

Weiterhin vermeidet der Objektansatz den Zeitaufwand, bedingt durch die Phasenbrüche in der Produktentwicklung: Bild 3.7. Erfordern die Ergebnisdokumente der einzelnen Phasen, zum Beispiel das Lastenheft der Analyse oder das Pflichtenheft des Entwurfs, zeitintensive Konvertierungen, so bietet die Objektorientierung eine durchgängige Begrifflichkeit der Methode. Das VENN-Diagramm in Bild 3.8 zeigt die Schnittmengen an gemeinsamen Konzepten und Sprachmit-

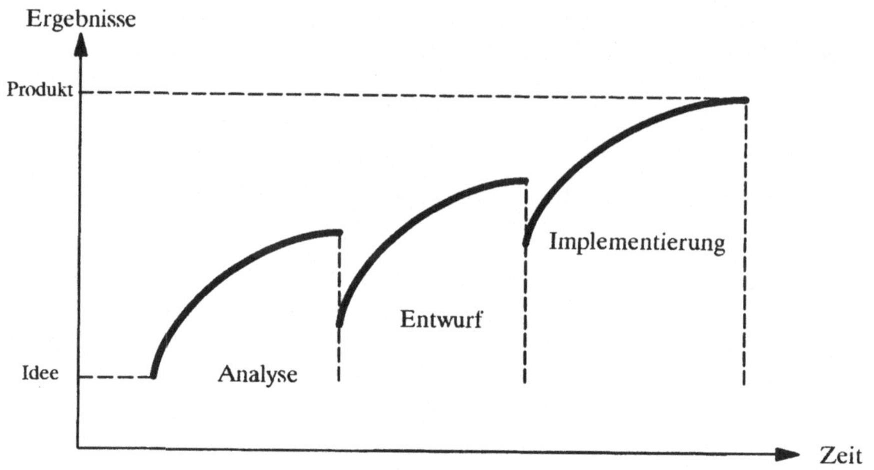

Bild 3.7: Phasenbrüche im Wasserfall-Modell

teln, die in einem objektorientierten Entwurfsprozeß auftreten und die begriffliche Durchgängigkeit fördern. Derlei Gemeinsamkeiten sind zum Beispiel das Klassen- und Vererbungskonzept, die Kommunikation durch Nachrichtenaustausch und die Polymorphie*. Im nächsten Kapitel werden die Schnittmengen genauer herausgearbeitet.

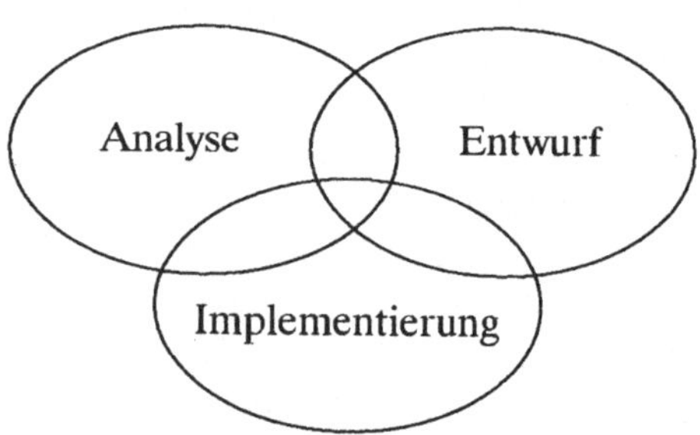

Bild 3.8: Zur Durchgängigkeit der Objektorientierung

Rapid Prototyping auf der Grundlage von Standardklassen beschleunigt den Entwicklungszyklus zusätzlich. Die im Dialog zwischen Anwender und Entwickler validierten Anforderungen fließen durch adaptives Programmieren direkt in den Entwurfsprozeß ein. Wegen der losen Kopplung der Softwaremodule relativieren sich auch die Integrationsprobleme. Insgesamt verlagert ein objektorientiertes Prototyping auf der Grundlage wiederverwendbarer Komponenten die Entwicklungskosten auf die frühen Phasen der Produktentwicklung. Iterative Analyse und iterativer Entwurf durchlaufen kürzere Zyklen, in denen der größte Teil des Validierungsaufwands gleich mit geleistet wird. Systemtest und Wartung werden durch die Vorverlagerung entlastet.

Wie sich der Produktivitätsgewinn der Wiederverwendung überschlägig berechnen läßt, hat ENDRES angegeben [Endres, 1988]. Definiert man:

- die Produktivität ohne Wiederverwendung P_0 als das Verhältnis zwischen Produktumfang U und Entwicklungskosten K_E, also $P_0 = U/K_E$,
- die Wiederverwendungskosten K_W über die Kosten der Generalisierung K_G, die Häufigkeit der Wiederverwendung n und den vom Benutzer zu leistenden Anpassungsaufwand K_A zu: $K_W = K_G/n + K_A$ und
- die relativen Wiederverwendungskosten als $k_W = K_W/K_E$,

so ergibt sich die Produktivität im Falle der Wiederverwendung zu:

$$P_w = P_0/(1 - r + r \times k_w).$$

r steht für den Grad der Wiederverwendung. Im Idealfall des vollständigen Bausteinentwurfs ($r = 1$) und einer intensiven Wiederverwendung ($n \gg 1$, somit $K_W \approx K_A$) wird der Produktivitätsgewinn allein durch das Verhältnis K_E/K_A bestimmt. Das heißt, je geringer der Aufwand, um Bibliotheksbausteine für die Anwendung anzupassen, desto höher der Gewinn. Hier greifen die objektorientierten Nutzungsmechanismen einer Klasse. Sie minimieren gerade, wie wir gezeigt haben, den Kostenfaktor „Anpassung“.

Der Zeitpunkt der Entscheidung für die Wiederverwendung einer Softwarekomponente bestimmt maßgeblich die Kosten der Wiederverwendung K_W. Wird die Entscheidung erst nach der Fertigstellung der Komponente gefällt, also am Ende eines Projekts, spricht ENDRES von *ungeplanter*, fällt sie zeitlich vor der Software-Entwicklung, also im Stadium der Projektplanung, von *geplanter* Wiederverwendung. In der Praxis ist derzeit noch die ungeplante Wiederverwendung vorherrschend, was der Ausschöpfung ihres Produktivitätspotentials entgegenwirkt. Der Generalisierungsaufwand K_G potenziert sich durch den individuellen Zuschnitt der Komponenten auf die Projektspezifikation. ENDRES gibt für die Kosten der Generalisierung im Vergleich zu einer konventionellen Entwicklung den Faktor zwei an, während MEYER hierfür lediglich 10 bis 50 Prozent veranschlagt. Hier verliert der alte Maßstab der Produktivität, „Programmzeilen pro Mann-Monat“, wegen der verallgemeinerten Qualitätsforderung an wiederverwendbare Software seine Gültigkeit. Projekte mit geplanter Wiederverwendung verlangen neue Maßstäbe in der Aufwandsbetrachtung.

3.2.2 Qualitative Software

Auch im Hinblick auf eine konstruktive Qualitätssicherung, für industrielle Produkte ein Muß, verspricht die objektorientierte Bausteintechnik wesentliche Verbesserungen. Der Einsatz bewährter anpassungsfähiger Softwarekomponenten erhöht die Produktqualität und verringert den Wartungsaufwand beträchtlich, da er bereits in den kritischen frühen Phasen des Produkt-Lebenszyklus beginnt. Die Kosten für die Beseitigung von Entwicklungsfehlern sind bekanntlich um so geringer, je früher sie erkannt werden. Vorgefertigte und getestete Komponenten setzen somit an der für eine konstruktive Qualitätssicherung strategisch günstigsten Stelle an (siehe Bild 3.9). Werden generische Softwarekomponenten eingesetzt, also solche, deren Grad der Verallgemeinerung eine leichte Anpassung an neue Forderungen erlaubt, so werden mehr als drei Viertel aller gewöhnlich auftretenden Produktfehler und damit mehr als 90 Prozent der Kosten für die Fehlerbeseitigung vermieden [Schönthaler & Németh, 1990].

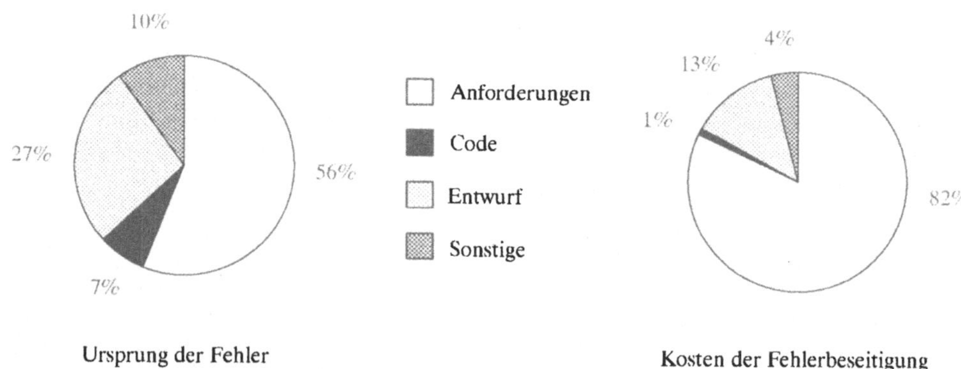

Bild 3.9: Softwarefehler: Orte und Kosten nach DEMARCO

Die Durchgängigkeit der objektorientierten Konzepte sichert die Qualität über die Phasengrenzen hinweg. Die Inspektion des Entwurfs (*walkthrough*) kann sich auf die wichtigsten Abstraktionen und Mechanismen beschränken, die für eine gegebene Anforderung analysiert und in Form von Klassenhierarchien und Kommunikationsprotokollen (*Message passing*) softwaretechnisch umgesetzt wurden. Qualitätssteigernde Maßnahmen, die auf einer höheren Abstraktionsebene greifen, ziehen sich begrifflich und methodisch durch die nachfolgenden Implementierungsphasen und führen somit mit weniger Aufwand zu einem besseren Programm.

BOOCH hat die Qualitätsmerkmale einer *industrial-strength software* auf wenige Konstruktionseigenschaften zurückgeführt, die sich auf die Erkenntnisse der Systemtheorie stützen [Booch, 1991]. Danach sind wohlstrukturierte komplexe Softwaresysteme gekennzeichnet durch: Hierarchie, Modularität, Evolution und Ökonomie im Ausdruck.[6] Das objektorientierte Entwerfen unterstützt diese Qualitätsmerkmale — wie, werden die folgenden Kapitel zeigen. Die Aufgabe des Informatikers, komplexe und zugleich qualitativ hochwertige Programme zu entwickeln, die für den Anwender überschaubar und verständlich sind („to engineer the illusion of simplicity" [Booch, 1991, S. 5]), wird durch die objektorientierte Bausteintechnik auf eine wirtschaftlich solide Grundlage gestellt.

Fazit

Durch das Potential der Wiederverwendung, das primär auf das Lokalisierungsprinzip zurückgeht — lokal gebundene Wartung und inkrementelle Programmierung —, ist die Objektorientierung zu einem entscheidenden Faktor der Software-Industrialisierung geworden. Ihre Standardisierung vorausgesetzt, werden Klassenbibliotheken den ingenieurmäßigen Bausteinentwurf auch in der Softwaretechnik voranbringen.

[6] Die Konstruktionsmerkmale nach BOOCH gehen im wesentlichen auf SIMON (Abschnitt 2.2.2) und PARNAS zurück (Abschnitt 2.2.3).

4

ETHOS: T wie „technical“

Analog zur Didaktik der „Strukturierten Programmierung“ geht auch die objektorientierte den Weg vom Besonderen zum Allgemeinen: Wir lernen immer erst zu programmieren, dann zu entwerfen, zum Schluß vielleicht auch zu analysieren — sei es prozedural oder objektorientiert. In dieser Reihenfolge wurden die Methoden ersonnen, die Werkzeuge entwickelt. Die technische Evolution war bislang auch Leitlinie der Ausbildung, didaktisch zweifelhaft, wie sich heute zeigt: *Implementierungsnahe* Ingenieurleistungen werden mit zunehmender Rechnerunterstützung und systematischen Vorgehensmodellen zu Dienstleistungen herabgestuft. Sie sind delegierbar, zunehmend automatisierbar geworden. Was not tut, ist eine methodisch-technische Unterstützung der *problemnahen* Entwurfsphasen, die zugleich die Kontinuität zur Problemlösung, zum Softwareprodukt wahrt.[1]

Es folgt also eine Darstellung der objektorientierten Techniken aus logischer Sicht: vom Allgemeinen zum Besonderen. Am Anfang ist das Problem, dann die intuitive Beschreibung und die technische Lösung schließt sich an. Es geht also um problemnahe Konzepte mit technischer Relevanz.

4.1 Objektorientierte Konzepte

Bis vor wenigen Jahren wurde „Objektorientierung“ ausschließlich mit „Programmiersprachen“ assoziiert. Erst in letzter Zeit wird das Objekt-Paradigma auch konzeptionell erschlossen. Wegen seines pragmatischen Bezugs zur Klassifikationstheorie (siehe Anhang A.2) konnte es zu einer angewandten Theorie des Sy-

[1]Zum Thema „Didaktik und Training“ objektorientierter Techniken, besonders zur Frage „Wie lehrt man einen Paradigmenwechsel?“, sei auf die entsprechende Kolumne in der Zeitschrift *Journal of Object-Oriented Programming* (JOOP) und auf Reader über die objektorientierte Softwaretechnik verwiesen [Berard, 1993; Lang & Quibeldey-Cirkel (Hrsg.), 1992].

stementwurfs aufsteigen: „O-O is a way of organizing our thoughts about our world" [Odell, 1992]. Diese Einsicht hätte man bereits in den Anfängen objektorientierter Sprachen gewinnen können, denn Simula-67 entsprang dem Bedürfnis, Systeme gleich welcher Art zu *simulieren* statt zu programmieren. Die Schöpfer der Sprache, Kristen NYGAARD und Ole-Johan DAHL, gaben den richtungsweisenden Ansatz für den Systementwurf: Nicht in der Beherrschung eines großen Prozesses, im Wechselspiel vieler Komponenten liegt die Lösung. Diese Komponenten gehen nicht auf eine Ad-hoc-Modularisierung der Systemfunktion zurück (funktionaler Ansatz*), sondern basieren auf *simulierbaren* Einheiten, *Klassen*[2] genannt. Erst das Klassenkonzept erlaubt die einfache, lokal beschränkte Simulation von Struktur und Verhalten.

Simula hat nicht nur eine neue Ära in der Programmiermethodik eingeleitet (alle objektorientierten Sprachen haben hier ihre Wurzeln), das Erbe ist vielmehr techno-philosophischer Art: es kann auf die Entwicklung beliebiger Systeme, künstlicher wie natürlicher, angewandt werden. Objektorientierte Abstraktionsprinzipien, Teilungsmechanismen und Kommunikationsmodelle bilden die gemeinsame Grundlage für Analyse, Entwurf und Implementierung. Wir gehen also bewußt einen anderen Weg, abseits von Ansätzen, die sich am Zielmedium der Implementierung orientieren. Wir vermeiden so den Einfluß der VON-NEUMANN-Rechnerorganisation* auf die Entwurfsphasen, das heißt den Einfluß der strikten Trennung zwischen Struktur und Verhalten. Wir modellieren die Wirklichkeit, einen Weltausschnitt, so wie er vom Menschen gesehen wird. Die Sicht des Menschen ist die Grundlage des objektorientierten Entwerfens. Dieser *humanistische* Ansatz erlaubt die Modellierung beliebiger Weltausschnitte, nicht nur informationstechnischer.

> „In other words, human programmers aren't TURING machines — and the less their programming systems require TURING machine techniques the better." [Kay, 1993, S. 81]

4.1.1 Abstrahieren

Die wohl bedeutendste geistige Leistung des Menschen ist die Abstraktion. Sie hat uns einerseits alles-und-nichts-sagende Abstrakta wie *System*, *Struktur* und *Prozeß* beschert und nährt ohne Unterlaß die geisteswissenschaftlichen Disziplinen. Zugleich aber ist sie grundlegend für die Konstruktion technischer Artefakte

[2] David KOEPKE datiert die Einführung des Klassenkonzepts auf eine frühe Veröffentlichung von C. A. R. HOARE: „Record Handling" [Hoare, 1965].

aus Soft- und Hardware. Das extreme Streben der Künstlichen Intelligenz, unser Denken auf die Manipulation von Symbolen, definiert über dem binären Alphabet $\{0,1\}$, zu verkürzen [Wojtkowiak, 1990], steht exemplarisch für die Spannweite der Abstraktion. Erstaunlich auch, daß sich abstrahierende Vorgänge auf wenige Prinzipien zurückführen lassen. Auf die wichtigsten mit technischer Bedeutung gehen wir im folgenden ein.

Zunächst eine Lexikon-Definition zur Einstimmung:

> „Abstraktion (von lat. abziehen), das Heraussondern bestimmter Merkmale in der Absicht, das Gleichbleibende und Wesentliche verschiedener Gegenstände zu erkennen, um so zu allgemeinen Begriffen und Gesetzen zu kommen, vor allem im wissenschaftlichen Denken. Welche Merkmale für wesentlich gehalten werden, hängt einerseits von der sachlichen Fragestellung, andererseits von Aufmerksamkeit, Interesse, Einsicht und Bildung ab. Man kann die Abstraktion immer weiterführen und bis zu allgemeinsten Begriffen gelangen, z. B. Hund, Tier, Lebewesen, Seiendes, Etwas.“ [Brockhaus-Enzyklopädie, 1990]

Mit dem Ziel, Analyse und Entwurf auf eine formale Grundlage zu stellen, hat James ODELL, auf ihn werden wir uns berufen, die Erkenntnisse der Kognitionsforschung interpretiert und die wichtigsten Zusammenhänge der Begriffsbildung herausgestellt [Odell, 1991]. Danach ist Abstraktion eine *Relation* zwischen Begriff und Objekt*.

Was ist ein „Begriff“, was ein „Objekt“? Ein Begriff (englisch: *concept*) ist das Ergebnis eines kognitiven Vorgangs, einer *Apperzeption** der realen Welt. Die Apperzeption folgt der *Perzeption*, der rein sinnlichen Wahrnehmung eines Weltausschnitts. Wir wissen um einen Begriff, wenn wir ihn anwenden können. Ein Beispiel: Um sagen zu können, wir besitzen die begriffliche Vorstellung „Person“, bedarf es lediglich unserer sensorischen Fähigkeit, ein Exemplar von „Person“ zu identifizieren: unseren Nachbarn beispielsweise anhand gewisser Merkmale. Die Begriffsbildung ist ein kognitiver Prozeß der *Mustererkennung*, der Erkennung regelmäßiger Strukturen und Verhaltensweisen. Begriffe helfen uns, unsere Welt zu ordnen: Mit dem Begriff „Person“ können wir über mehrere Milliarden Individuen auf dieser Erde in einem Gedankengang sinnieren. Die Evolution der Begriffsbildung erläutert ODELL an einem vertrauten Bild:

> „ ...when a baby starts out in life its world is a buzzing confusion. At a very young age, it develops the notion of being fed. Soon after, it learns to differentiate the sounds of its mother and father. Humans seem to possess an innate capacity

to perceive regularities and to recognize the many objects our world offers (...) Eventually, we develop concepts like ‚blue' and ‚sky'. As we get older still, we construct elaborate conceptual constructs that lead to increased meaning, precision and subtlety. For example, ‚The sky is blue only on cloudless days' and even ‚The sky is not really blue: it only looks blue from our planet Earth because of atmospheric effects.' " [Odell, 1991, S. 76][3]

Begriffe formen unsere Wahrnehmung der Wirklichkeit. Zur bewußten Wirklichkeit zählen allein die Objekte, auf die wir Begriffe anwenden können. Ein Begriff wiederum beruht auf *Tests*. Sie bestimmen, wann der Begriff auf ein Objekt zutrifft. Die Wirklichkeit wird somit durch subjektive Tests auf Zugehörigkeit gefiltert: Objekte, die einen bestimmten Test bestehen, werden von uns als Ausprägung des zugehörigen Begriffs wahrgenommen. Objekte ohne Begriff entziehen sich unserer Wirklichkeit. Die aktive Verbform *begreifen* ist hier in ihrer wörtlichen Bedeutung zu verstehen. Dagegen ist ein Begriff ohne Objekte durchaus denkbar: In diesem Fall beziehen wir den Begriff auf ein *virtuelles Objekt*, auf etwas, das es nur in unserer Vorstellung gibt (ein „Perpetuum mobile" zum Beispiel) oder erst in Zukunft geben wird (ein „Silicon-Compiler" vielleicht).[4]

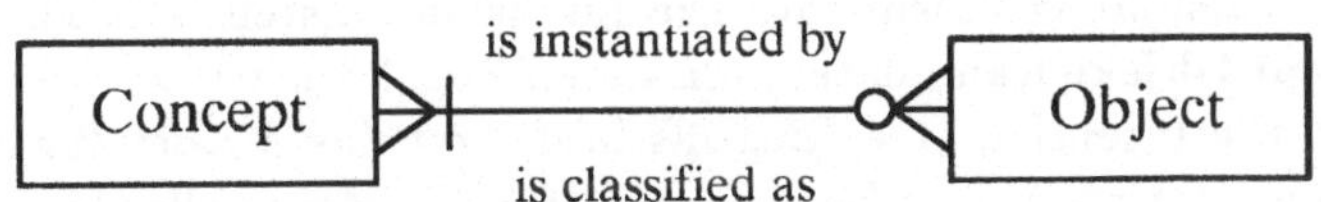

Bild 4.1: Abstraktion als Relation zwischen Begriff und Objekt

Abstraktion ist unsere geistige Fähigkeit, die Komplexität der Objekte in der Welt zu beherrschen. Sie erlaubt uns, unendlich viele individuelle Phänomene mit einem Begriff zu erfassen, zum Beispiel die (abzählbar) unendliche Menge der natürlichen Zahlen $\{1, 2, 3, \ldots\}$ mit dem Symbol $\mathcal{N}$. Bild 4.1 verdeutlicht dies in grafischer Notation: Die Symbolik, entnommen der Informationsmodellierung [Chen, 1976], besagt, daß ein Begriff entweder ohne Objektbezug ist oder sich auf ein oder mehrere Objekte bezieht (kenntlich durch einen leeren Kreis am Objektsymbol). Umgekehrt muß ein Objekt mindestens einem Begriff angehören (symbolisiert durch einen vertikalen Strich).

[3] Die Fußnote 9 auf Seite 52 führt dieses Beispiel noch weiter aus.

[4] In objektorientierten Sprachen lassen sich Objekte nur erzeugen und manipulieren, wenn zuvor ihre Klassen vereinbart wurden (Ausnahmen lernen wir in Abschnitt 4.1.2 kennen). Eine Klasse ist, wie wir im nächsten Abschnitt sehen werden, die „Extension" eines Begriffs.

Objekte bilden keine Mengen von sich aus. Erst der Prozeß der Abstraktion führt auf Mengen von Objekten. Die Relation zwischen Begriff und Objekt besagt mit anderen Worten: Alle Objekte, auf die derselbe Begriff zutrifft, sind *analog*. Ohne die Bildung von Analogien wüßten wir nur, daß alles verschieden ist. Wir würden die „infantile Phase" unserer Wahrnehmung nie überwinden: unsere Welt bliebe eine „buzzing confusion".

Klassifikation: Intension und Extension eines Begriffs

> „Klassifikation (aus lat. classis, Klasse)
> 1) die Einteilung von Dingen oder Begriffen, die durch gemeinsame Merkmale miteinander verbunden sind, in Klassen. Sie werden in Teilklassen unterschiedlichen Grades gegliedert. Wissenschaft und Praxis bedienen sich der Klassen, um einen Arbeitsbereich überschaubar zu machen." [Brockhaus-Enzyklopädie, 1990]

James ODELL setzt eine „Klasse" in den Kontext von „Begriff" und „Objekt". Dazu führt er zwei komplementäre Eigenschaften an: Ein Begriff hat eine *Intension* und eine *Extension*.[5] Die Intension (synonym: Definition, Zweck, Verständnis) beschreibt, ob der Begriff auf ein Objekt zutrifft, das heißt, ob das Objekt der begrifflichen Vorstellung entspricht. Die Intension versteht sich also als ein Test, angewandt auf Objekt-Kandidaten, um deren Zugehörigkeit zu prüfen. Mit anderen Worten: Die Intension eines Begriffs bestimmt das *Muster* für seine Objekte. Die Extension (Umfang) eines Begriffs steht für die *Menge* aller identifizierten Objekte, die der Intension genügen. Die Extension eines Begriffs heißt *Klasse*. Eine Klasse ist also eine Menge von Objekten, die sich durch ein gemeinsames Muster (Struktur- oder Verhaltensmuster) auszeichnen.

In diesem Sinne wird ein Begriff als *Wissenseinheit* aus zwei Komponenten eingesetzt: 1. Definition der *Zugehörigkeit* und 2. *Identifikation* zugehöriger Objekte. Zusammen mit einer symbolischen Darstellung — Symbole erleichtern die Kommunikation, ohne auf längliche Definitionen oder umfangreiche Objektmengen verweisen zu müssen — umfaßt ein Begriff also drei Aspekte, eine *Triade des Wissens*. Begriffstriaden sind grundlegend für die objektorientierte Analyse eines Weltausschnitts. Sie unterstützen den Systemanalytiker in seinem Bemühen, die Begriffe in einer Problembeschreibung zu verstehen und sich mit anderen über sie zu verständigen.

Um Mehrdeutigkeit auszuschließen, sei ab jetzt die folgende Notation vereinbart:

[5] Klassische Termini der Logik: Intension meint den Inhalt, Extension den Wahrheitswert einer Aussage.

- « Begriff »: die französischen Anführungszeichen sollen die Abstraktion hervorheben;
- „ Intension “: die deutschen Anführungszeichen stehen für den verbalen Charakter einer Intension;
- { Extension/Klasse }: die geschweiften Klammern betonen die Eigenschaft der Extension (der Klasse), eine Menge im mathematischen Sinne zu sein; und
- < Objekt >: die französischen halben Anführungszeichen deuten auf die Konkretisierung eines Begriffs.

Das Beispiel in Bild 4.2 zeigt eine Begriffstriade aus dem logischen Schaltungsentwurf. Dargestellt wird der Begriff « Inverter » unter drei Aspekten: Die boolesche Gleichung „ $y = \overline{x}$ “ definiert die Eigenschaft eines Objekts, « Inverter » zu sein, das DIN-Symbol minimiert den Kommunikationsaufwand und als Beispiele für identifizierte Inverter-Objekte stehen Beschaltungen von Logikgattern, wie den Objekten < NAND >, < NOR > und < EXOR >.

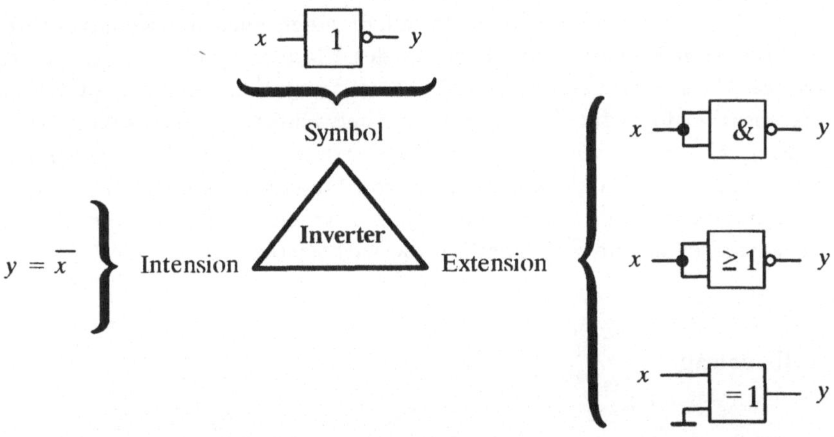

Bild 4.2: Begriffstriade: Intension-Symbol-Extension

Eine Begriffstriade muß nicht unbedingt vollständig sein: Zum ersten bedürfen Begriffe und Objekte keiner besonderen Namen. Kognitive Prozesse laufen auch ohne Symbole ab. Als Kommunikationsmittel sind sie aber der Effizienz wegen erforderlich. Zum zweiten ist ein Begriff ohne Extension, wie wir bereits gesehen haben, durchaus denkbar und wird in der Objektorientierung als ***abstrakte Klasse*** bezeichnet, als eine Klasse ohne Objekte. Sie dient der Klassifikation in der Analyse, hat aber keine eigenen ausführbaren Rechnerobjekte. Der dritte Fall einer unvollständigen Begriffstriade ist unbedingt zu vermeiden: Es werden zwar Objekte einer mutmaßlichen Klasse identifiziert, deren dokumentierte Definition ist aber unauffindbar. Dieser Fall ist typisch für unvollständig dokumentierte Entwürfe. Die Klassendefinition, das heißt die Vorstellung eines Begriffs, existierte zwar zu einem früheren Zeitpunkt, verschwand aber mit dem Entwerfer der Klasse. Ein Begriff ohne Intension ist kein Begriff, sondern mit ODELLs Worten: *meaningless noise*.

Es sind also Begriffe, die unsere Wirklichkeit definieren. In der Analyse eines Problems, in der Verständnisphase, sind sie die Schlüsselabstraktionen (***key abstractions*** im Sinne von Grady BOOCH [Booch, 1991]), auf denen die weiteren Entwurfsschritte aufbauen. Im Systementwurf orientieren wir uns primär an den Extensionen der Begriffe, den Klassen. Um interaktive Systeme zu entwerfen, steht das Zustandsverhalten der Klassenobjekte im Mittelpunkt: Objekte werden erzeugt, ausgewählt, verändert, schließlich gelöscht. Klassen bilden dabei eine semantische Beschreibungsebene für den Objekt-Lebenszyklus, eine *Meta-*Ebene: Struktur und Verhalten der Objekte werden *mittelbar* durch ihre Klassen beschrieben. Die Klassenbeschreibung umfaßt neben den Datenstrukturen, den Zugriffs- und Änderungsoperationen im allgemeinen auch die Konstruktoren und Destruktoren zum Erzeugen und Löschen der Klassenobjekte (so zum Beispiel in der Sprache C++ [Stroustrup, 1986]). Aus dieser Sicht erscheinen Klassen als eine Organisationsform für die Objekte des betrachteten Weltausschnitts. Aus einer semantisch höheren Sicht können Klassen auch eine Meta-Ebene für andere Klassen beschreiben. Da sie auf *Mengen* von Objekten definiert sind, lassen sich folglich *Ordnungsrelationen* über Klassen konstruieren: Für die Problemanalyse sind *Generalisierung* und *Komposition* die wichtigsten.

Generalisierung

Ein Begriff ist das Ergebnis einer Abstraktion. Wir können unsere Vorstellung von der Welt, gewonnen durch Abstraktionen, weiter organisieren, indem wir die Abstraktionen darin unterscheiden, ob sie allgemeiner sind als andere: *Generalisierung*. Generalisierte Abstraktionen lassen sich hierarchisch ordnen. Abstraktion und Generalisierung, trotz ihrer lateinischen Wurzeln, haben nichts Mystisches an sich. Sie sind kognitive Mechanismen und daher für den Menschen intuitiv verständlich (wir erläutern den kognitiven Aspekt im nächsten Kapitel). Im Grunde handelt es sich um Relationen, die sich auf Begriffe und Objekte beziehen.

Wie alle Relationen können wir auch die Generalisierung modellieren: Bild 4.3 zeigt hierfür das Meta-Modell[6].

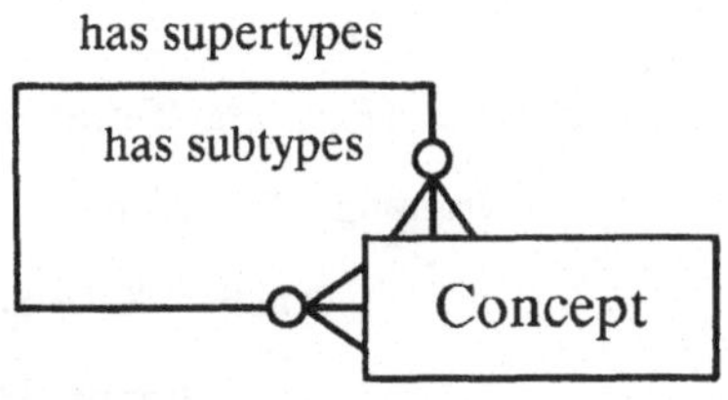

Bild 4.3: Generalisierung: Relation zwischen Unter- und Oberbegriff

Generalisierte Abstraktionen heißen *Oberbegriffe*, spezialisierte Abstraktionen folglich *Unterbegriffe*. Die grafische Notation des Bildes 4.3 besagt, daß ein Begriff keinen oder beliebig viele Ober-und Unterbegriffe besitzen kann (bei ODELL heißen sie *types*). Bringen wir wieder die zwei Aspekte eines Begriffs ins Spiel, so können wir sagen, daß die Generalisierung den Begriffsumfang, die *Extension*, erweitert, indem sie die Begriffsdefinition, die *Intension*, aufweicht. Umgekehrt führt die Spezialisierung zu einer schärferen Begriffsintension und damit auch zu einer eingeengten Begriffsextension. Generalisierung und Spezialisierung sind konträre Blickrichtungen derselben Ordnungsrelation. Bild 4.4 zeigt hierfür ein Beispiel aus der Biologie: Die Generalisierung verallgemeinert das Besondere, und die Spezialisierung abstrahiert vom Allgemeinen auf das Besondere.[7]

Berücksichtigen wir wieder, daß im Systementwurf primär die Extensionen der Begriffe betrachtet werden, so führt der Vorgang der Generalisierung auf eine Hierarchie aus Ober- und Unterklassen. Im Anhang B erläutern wir die klassenbasierte Analysemethode an einem Beispiel der Informatik: der Berechnung der Primzahlen mit dem „Sieb des Eratosthenes". Das Beispiel verdeutlicht die VENN-Vorstellung generalisierter Klassen als „Mengen von Objekten in Mengen von Objekten" und unterstreicht die *Transitivität* der Ordnungsrelation: Alle Primzahlen sind natürliche Zahlen, aber nicht alle natürlichen Zahlen sind Primzahlen. „Transitivität der Inklusion": wenn $X \subseteq Y$ und $Y \subseteq Z$, dann $X \subseteq Z$ [Whitesitt, 1973].

[6]Meta-Modelle sind Modelle über Modelle, beschreiben also einen Sachverhalt auf einer im Abstraktionsgrad höheren Ebene.

[7]Wie die komplementären Prinzipien Generalisierung und Spezialisierung für die Spezifikation von Software angewandt werden können, zeigen BORGIDA et al. in [Borgida *et al.*, 1984].

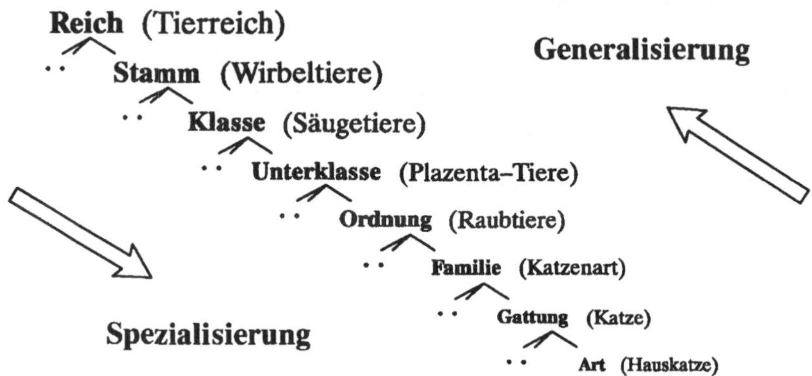

Bild 4.4: Generalisierung versus Spezialisierung

Komposition

Das Ganze aus seinen Teilen zu entwickeln, hat mehrere Bezeichnungen. Sie leiten sich aus der gewählten Sicht für Analyse und Entwurf ab: Wird eine aufsteigende *Bottom-up*-Strategie verfolgt, so sprechen wir von *Komposition*. Eine absteigende *Top-down*-Vorgehensweise legt die Bezeichnung *Partition* oder *Dekomposition* nahe. Wird ein *zusammengesetztes* Objekt in einer Datenbank verwaltet, so heißt der Objektverbund *Aggregation* [Smith & Smith, 1977]. Der Allgemeingültigkeit wegen wollen wir die Bezeichnung Komposition verwenden, zumal die *Bottom-up*-Strategie grundlegend für die objektorientierte Systementwicklung ist: Denn unter Ausnutzung wiederverwendbarer Ressourcen, das heißt in Bibliotheken archivierter Klassen, sollen neue Anwendungen aus alten konfiguriert werden. Bild 4.5 zeigt das Meta-Modell der Komposition: eine Relation zwischen Begriffen, die als Teile oder als Ganzes auftreten.

Die Komposition reduziert die Komplexität eines Weltausschnitts, indem die Konfiguration vieler Dinge als ein Begriff betrachtet wird. Wir benutzen diese Relation, wenn wir das Ganze meinen, ohne unser Wissen oder Unwissen über die Teile stets explizit anzugeben. Wann und wie wir die Komposition anwenden, beruht auf sehr subjektiven Erwägungen, an die sich eine Reihe von Fragen knüpfen: Sollen die Eigenschaften des Ganzen auch auf seine Teile übergehen? Sollen die Teile existentiell vom Ganzen abhängen, sollen also beim Löschen des Ganzen auch seine Teile gelöscht werden? Woran erkennen wir das Ganze in einem komplexen Objekt?

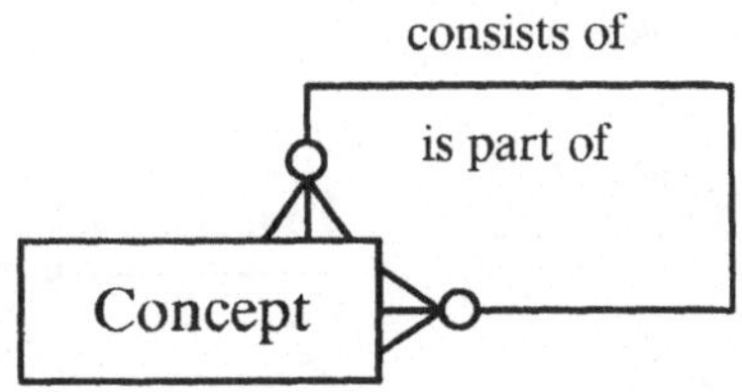

Bild 4.5: Komposition: Relation zwischen dem Ganzen und seinen Teilen

Welche Teilobjekte dürfen sich zeitlich ändern, ohne die Komposition aufzulösen? Welche Teilobjekte sind substantiell, ohne die das Ganze seine Daseinsberechtigung verwirkt? All diese Fragen müssen für jede Komposition getrennt beantwortet werden. Im folgenden wollen wir wegen der Vielfalt der möglichen Entscheidungen nur die Komposition betrachten, die sich auf *unveränderliche* Objekte oder Begriffe bezieht: *invariante Komposition* genannt.

Erläutern wir zunächst den einfachsten Fall einer *binären Relation*: Hier definieren zwei Komponenten die Komposition. Zum Beispiel hat die Relation « Ehe » nur bestand, wenn beide Ehepartner leben, nicht getrennt und nicht geschieden sind. In diesem Fall geht die auflösende Wirkung vom Teil auf das Ganze über, wo sonst die umgekehrte Richtung vorherrscht. Die Relation « Ehe » ist also eine Assoziation zwischen zwei Begriffen, « Mann » und « Frau », die durch die Relation als Einheit betrachtet werden. Eine Relation, als Begriff verstanden, hat folglich eine *Intension* („ verheiratet sein, was Einfluß hat auf das Namen- und Steuerrecht, auf Unterhaltsansprüche und mehr ") und eine *Extension*, die alle Ausprägungen von paarweise bezogenen « Eheleuten » umfaßt. Die Ausprägungen einer Relation heißen *Tupel*. Die Extension einer Relation ist somit eine Klasse von Tupeln.

Relationen können *unär*, *binär* oder im allgemeinen *n-stellig* sein: Ein komplexes Objekt kann sich aus beliebig vielen Objekten zusammensetzen. Derart definierte Objekte heißen auch *n-Tupel*. Bild 4.6 gibt ein Beispiel für eine *tertiäre* Relation zwischen den Begriffen « Mitarbeiter », « Projekt » und « Sponsor ». Teilbild (a) zeigt Tupel der tertiären Relation « Projektzuordnung ». Das Y-Kantennetz in Teilbild (b) faßt die Tupel symbolisch zusammen. Die an die Kanten geschriebenen Verbformen stehen für die *Funktionen*, auch *Rollen* genannt, die die Objekte aufeinander abbilden. Mit anderen Worten: Eine Funktion ist ein Prozeß, der für ein gegebenes Objekt eine Menge von Objekten liefert. Diese Menge kann auch leer

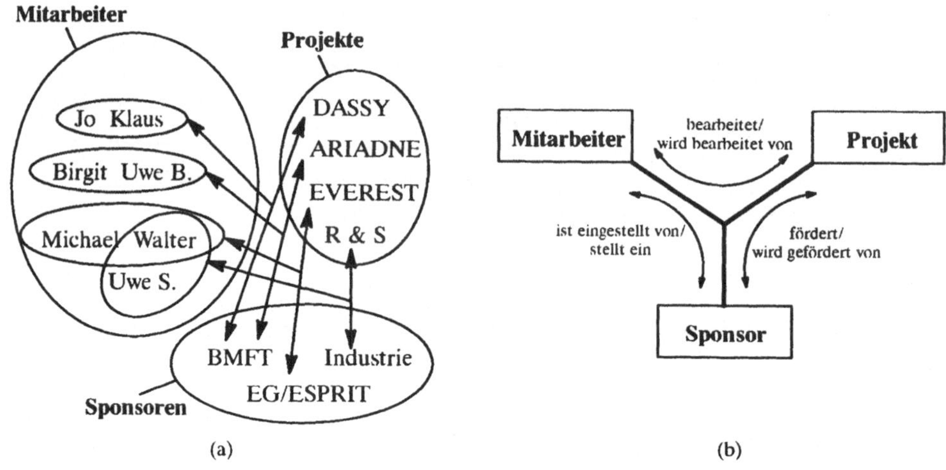

Bild 4.6: Beispiel einer tertiären Relation

sein. Mathematisch gesehen, korrespondiert eine Funktion mit einer binären Relation, das heißt, eine Funktion kann als Relation zwischen zwei Klassen behandelt werden. Funktionen sind gerichtet ({ BMFT } *fördert* { DASSY }) und haben eine Umkehrung, die *inverse* Funktion ({ DASSY } *wird gefördert vom* { BMFT }). Dadurch zeichnet sich eine Komposition insgesamt durch zwei Eigenschaften aus: Transitivität (wie auf Seite 87 definiert) und Antisymmetrie. Antisymmetrie bedeutet: wenn $X \subset Y$, dann gilt $Y \not\subset X$ [Whitesitt, 1973].

Zusammenfassend können wir die wichtigsten Begriffsrelationen mit charakteristischen Verben beschreiben:

- Abstraktion ist eine *is-a*-Assoziation: { DASSY } *ist ein* { Projekt }.
- Generalisierung ist eine *is-a-kind-of*-Assoziation: { DASSY } *ist eine Art* { öffentlich gefördertes Projekt }.
- Komposition ist eine *consists-of*-Assoziation: { DASSY } *besteht aus* { zwei Projekt-Teilen: (a) Datentransfer und (b) Schnittstellen in offenen VLSI-Entwurfssystemen }.

Es gibt weitere wichtige Assoziationen, die in der klassenbasierten Analyse und in der Informationsmodellierung selten erwähnt werden, aber im Zusammenhang mit der Integritätssicherung* großer Objektbestände bedeutsam sind. Hierzu zählen vor allem Assoziationen, auf denen Anstoßtechniken, wie der Event-Trigger-Mechanismus* und die Constraint-Propagierung*, beruhen.

Typkonzept

Abschließend zu den Abstraktionsprinzipien der Objektorientierung skizzieren wir die Verwandtschaft zu einer Software-Abstraktion, die heute den höchsten Rang einnimmt in der Programmiermethodik: dem „Abstrakten Datentyp" (ADT*).[8] Wie wir bereits im ersten Kapitel gesehen haben, verläuft die Entwicklung der Softwaremethoden entlang einer Linie wachsender Abstraktion. Jeder Aspekt in einer „maschinenfernen" Programmiersprache, wie Pascal oder Eiffel, ist abstrakt: Variable und ihre Werte, Funktionen, Prozeduren und Programme sind allesamt Abstraktionen ihrer tatsächlichen Darstellungen im Medium der Implementierung. Letztlich abstrahieren diese Softwarebegriffe von den Bits und Bytes der Hardware und den in ihr implementierten Maschinenbefehlen. Nach DIJKSTRA können wir Software als eine Schichtung abstrakter Maschinen auffassen:

> „[software] ... can be regarded as structured in layers. We conceive an ordered sequence of machines: $A[0], A[1] \cdots A[n]$, where $A[0]$ is the given hardware machine ... the software of layer i will use some of the resources of machine $A[i]$ to provide resources for $A[i+1]$: in machine $A[i+1]$ and higher these used resources of machine $A[i]$ must be regarded as no longer there!" (zitiert in [Koepke, 1985, S. 21])

Das Konzept des abstrakten Datentyps geht noch einen Abstraktionsschritt weiter: es vereint abstrakte Daten (elementare Datentypen und daraus zusammengesetzte Datenstrukturen) mit den auf sie wirkenden abstrakten Operationen (Funktionen und Prozeduren). Barbara LISKOV und Stephen ZILLES gaben 1974 die erste formale Darstellung in ihrem Aufsatz *Programming with Abstract Data Types* [Liskov & Zilles, 1974]. Danach geht die Entwicklung abstrakter Datentypen auf drei Strömungen zurück:

1. Datentypen, die der Benutzer definiert: *records* erstmals in Cobol (1961)

2. Klassenkonzept in Simula: NYGAARD und DAHL (1967)

---

[8] Scott DANFORTH und Chris TOMLINSON haben die Parallelen und Unterschiede zwischen verschiedenen Typtheorien und der objektorientierten Programmierung in einem Übersichtsaufsatz herausgearbeitet [Danforth & Tomlinson, 1988].

3. Information hiding und Datenkapselung: PARNAS (1971)

Besonders das Prinzip des Information hiding (siehe Abschnitt 2.2.3) hat das ADT-Konzept beeinflußt: Datenstrukturen sollen die Details ihrer Implementierung und ihrer Manipulation in einem gemeinsamen Modul verbergen. Der Anwender *abstrahiert* von der Realisierung eines Datentyps und den zugehörigen Operationen. Bild 4.7 zeigt den Aufbau eines abstrakten Datentyps, entnommen dem Informatik-Duden: „längenbeschränkter Keller“, LBK [Claus & Schwill, 1993]. Durch mode und functions wird die *Signatur* vorgestellt, das heißt die Liste der Bezeichner für Wertebereiche und Operationen. Auf die Signatur folgen die Axiome oder Gesetze: laws. Das Beispiel des Kellerspeichers (*stack*) als ADT wurde erstmals 1974 von LISKOV und ZILLES als Erklärungsvehikel eingeführt und fehlt seitdem in keinem Nachschlagewerk der Informatik.

```
structure LBK = (mode Δ, nat max: max > 0, based on boolean, based on nat):
      mode        lbs Δ;
      functions   () lbs Δ empty,
                  (lbs Δ) boolean isempty, isfull,
                  (lbs Δ) Δ top,
                  (lbs Δ) lbs Δ pop,
                  (lbs Δ, Δ) lbs Δ push,
                  (lbs Δ) nat length;
      laws        LEER:   (x = empty) ⇔ isempty(x),
                  VOLL:   (length(x) = max) ⇔ isfull(x),
                  LIFO:   not isfull(x) ⇒ pop(push(x, d)) = x,
                  KON:    not isempty(x) ⇒ push(pop(x), top(x)) = x,
                  OBEN:   not isfull(x) ⇒ top(push(x, d)) = d,
                  ANZ:    not isfull(x) ⇒ length(push(x, d)) = length(x) + 1,
                  ANZ0:   length(empty) = 0
end structure
```

Bild 4.7: Klassisches Beispiel eines abstrakten Datentyps

Zurück zur Objektorientierung: Objekte als Exemplare (englisch: *instances*) ihrer Klassen gehen auf Simula zurück. Objekte kapseln einen Zustand zusammen mit den Operationen, die eine Zustandsänderung bewirken können. Objekte bieten also Datenabstraktion durch ihre Schnittstelle. Da die Klasse die Objektschnittstelle festlegt, kann sie folglich als abstrakter Datentyp aufgefaßt werden (siehe zum Beispiel die Klassendefinitionen zum „Sieb des Eratosthenes“ im Anhang B). In der Tat ist die Ähnlichkeit so groß, daß vielerorts objektorientiertes Programmieren im Sinne von LISKOV und ZILLES verstanden wird: „Programming with Abstract Data Types“. Klassen implementieren aber nicht nur das Konzept des abstrakten Datentyps, sie überwinden zugleich auch einen negativen Aspekt des Kapselungsprinzips: Sie vergeben Nutzungsprivilegien an ihre Anwender und erfüllen so eine zentrale Forderung des ökonomischen Software-Entwurfs: die Wiederverwendung oder das Teilen der Ressourcen. *Vererbung* (fehlt im ADT-Konzept!), *Exemplarbildung* („Instanziierung“*), *Delegation* und *Prototyp* stehen hier für das Konzept-Repertoire an objektorientierten Teilungsmechanismen, auf die wir nun näher eingehen.

4.1.2 Teilen

Mechanismen, die es den Objekten erlauben, passive Eigenschaften (Strukturen) und aktive (Verhalten) untereinander zu teilen, gehören zu den nützlichsten und am meisten debattierten Merkmalen objektorientierter Sprachen. Die Debatte setzte ein, als die Schöpfer und Verfechter neuer objektbasierter Sprachen scheinbar konträre Ansätze für eine Ressourcenteilung vertraten. Zwei Lager waren bald mit Schlagwörtern ausgemacht: *Klassen* und *Vererbung* auf der einen Seite, *Prototypen* und *Delegation* auf der anderen. Stellvertretend für diese Begriffe stehen Simula [Dahl & Nygaard, 1966] und Smalltalk [Goldberg, 1984] bzw. Actors [Agha, 1987] und Self [Ungar & Smith, 1987]. Das Trennende der beiden Lager liegt im Zeitpunkt der Wiederverwendung: Da ist zum einen die *erwartete Teilhabe* an Struktur und Verhalten. Hier dienen vor allem Klassen als Mechanismus, um die Teilhabe der Objekte an den gemeinsamen Klasseneigenschaften zu codieren. Zum anderen gibt es den Fall der *unerwarteten Teilhabe*, der folglich auch nicht im voraus programmiert werden kann und der von den traditionellen Vererbungsmechanismen à la Smalltalk unzureichend unterstützt wird.

Die traditionelle Vererbungslinie Oberklasse-Unterklasse-Objekt verlangt die textuelle, das heißt *statische* Unterscheidung zwischen „Erblasser“ und „Erben“: also zwischen den Klassen, die das Erbgut bilden, und den Objekten, die erben sollen. In prototypischen Entwurfssituationen, wo der Dialog zwischen Anwender und Entwerfer noch andauert, die Anforderungen an das zu entwerfende System für eine Spezifikation noch vage und im Fluß sind, wird eine größere Flexibilität des Teilens gefordert: Die *dynamische* Vererbung (David LIEBERMAN hat sie unter der Bezeichnung „Delegation“ in die Diskussion eingebracht [Lieberman, 1986]) erlaubt die unerwartete Teilhabe an den dynamisch vorhandenen Ressourcen. Neue Objekte können zur *Laufzeit* des Programms das Verhalten existierender Objekte nutzen, ohne daß zur Übersetzungszeit die exakten Pfade der Vererbung oder der Delegation bekannt sein müssen.

Auf den ersten internationalen ACM-Konferenzen über *Object-Oriented Programming, Systems, Languages and Applications* (OOPSLA), 1986 und 1987, wurde die Debatte weitergeführt und endete 1988 mit einem Konsens: *The Treaty of Orlando* [Stein *et al.*, 1989]. Wegen seiner Bedeutung für eine allgemeine Sprachenkritik geben wir den Vertragstext im Anhang A.4 wieder.

Lynn STEIN, Henry LIEBERMAN und David UNGAR kommen dort zu der Überzeugung, daß der Entwurfsraum objektorientierter Sprachen nicht zweigeteilt ist. Die in der Debatte über statische und dynamische Vererbung aufgekommene Zweiteilung wurde überwunden: Die „Unterzeichner des Vertrags von Orlando“ erkennen zwei grundlegende Mechanismen des Teilens, die den Rahmen für einen Sprachenvergleich bilden: *Schablonen* und *Empathie*. Sie sind in ihren Definitionen unabhängig und in der Kombination ein Kriterium für Objektorientierung. Objektorientierte Sprachen unterstützen *beide* Mechanismen, wenn auch im unterschiedlichen Maße. Jeder Teilungsmechanismus für sich hat mehrere Freiheitsgrade, die wir skizzieren wollen.

Schablonen

Schablonen (im Englischen heißen sie *templates*) erzeugen Objekte gleicher Form und bieten somit Garantien für die Objekt*ähnlichkeit*. Eine Schablone enthält alle Festlegungen, die für die Definition neuer Objekte notwendig sind, also Deklarationen der Datenstrukturen (Objektvariablen), Zugriffsoperationen (Objektoperationen) und Verweise auf Elternklassen. Können keine weiteren Eigenschaften hinzugefügt oder alte entfernt werden, heißt die Schablone starr, andernfalls flexibel. Es gibt Sprachen, die keine Schablonen unterstützen, wie Actors und DELEGATION. In anderen Sprachen wie Self ist die Schablone ein Laufzeitobjekt. Gewöhnlich aber sind Schablonen in *Generator*objekten eingebettet, sie heißen *Klassen*. Dinge, die mit Klassenschablonen ausgestanzt werden, heißen Objekte oder Exemplare. Eine Klasse garantiert die Einheitlichkeit und Unabhängigkeit ihrer „schablonierten“ Objekte.

Empathie

Mit Empathie („Sich-Hineinversetzen-Können", „Einfühlungsvermögen") kann ein Objekt so agieren, als wäre es ein anderes. Empathie schafft somit die Möglichkeit, Struktur- und Verhaltensmuster zu *teilen*. Die Empathie unterliegt beiden Konzepten: sowohl der Vererbung als auch der Delegation. Sie kann wie folgt definiert werden: „Man sagt, Objekt A versetzt sich in Objekt B bezüglich der Nachricht M, wenn A über kein eigenes Protokoll verfügt, um auf M zu antworten. A antwortet auf M, als ob es sich das Antwortprotokoll von B ausliehe." Vererbung und Delegation, beides Formen der Empathie, unterscheiden sich im „Wann und Wie" ihrer Festlegung. Empathie kann explizit sein: „Execute `thisObject:thisRoutine` in my environment" oder implizit: „Anything I can't handle locally, look up in `myParent` (and execute in my environment) with `SELF`[9] = `me`" [Stein *et al.*, 1989, S. 37]. Empathie kann dynamisch zur Laufzeit oder statisch zum Zeitpunkt der Übersetzung festgelegt werden, für ein einzelnes Objekt oder für eine Gruppe von Objekten. Die Vielfalt der Optionen — Variationen der Paare explizit/implizit, dynamisch/statisch und Einzelobjekt/Objektgruppe — haben die heutige Fülle objektorientierter Sprachen hervorgebracht.

Bei der Vererbung im Stil von Simula und Smalltalk liegt der Verteilungspfad im voraus fest. Die Verteilung bezieht sich stets auf Gruppen von Objekten. Der Smalltalk-Stil der Vererbung trennt teibare Komponenten von unteilbaren. Was teilbar ist, bestimmt global für eine Gruppe von Objekten die Klassendefinition (Definition der Klassenvariablen und Klassenoperationen). Was unteilbar ist, bestimmt individuell die Objektdefinition (Definition der Objektvariablen). Dagegen ist Vererbung im Stil der Sprachen Actors und DELEGATION nicht an statisch vorgegebenen Verteilungspfaden gebunden. Was und wie teilbar ist, entscheidet sich dynamisch auf der Objektebene: Objekte haben keine Eltern (Klassen). Objekte werden erzeugt, indem ein vorhandenes Objekt — der Prototyp — „geklont" und um individuelle Eigenschaften erweitert wird.

Abschließend zur Diskussion der objektorientierten Teilungsmechanismen zeigt die Tabelle 4.1 eine entsprechende Spracheneinteilung mit den jeweiligen Freiheitsgraden. Danach sind Actors und DELEGATION dynamische Empathie-Sprachen und offerieren die größte Entscheidungsfreiheit, was das Teilen betrifft. Die Sprache Self fügt das Schablonenkonzept in Form von *templates* hinzu, bleibt aber flexibel, da sie hierfür keine starren Klassen voraussetzt. Die traditionellen objektorientierten Sprachen, Simula und Smalltalk, sind in ihren Empathie- und Schablonen-

[9] Pronomen wie „self", „me" und „this" werden in objektorientierten Sprachen als formale Parameter einer Operation benutzt. Sie beziehen sich auf das Objekt, auf dem die Operation ausgeführt wird.

Sprache	*Bestimmung der Empathie*			*Schablonenmechanismus*	
	Wann	*Wie*	*Wer*	*Was*	*Wie*
Actors	Laufzeit	explizit	Objekt	fehlt	
DELEGATION	Laufzeit	beides	Objekt	fehlt	
Self	Laufzeit	implizit	Objekt	templates	flexibel
Simula	Übersetzung	implizit	Gruppe	Klassen	starr
Smalltalk	Objekterzeugung	implizit	Gruppe	Klassen	starr
HYBRID	Laufzeit	beides	beides	beliebig	flexibel

Tabelle 4.1: Schablonen und Empathie als Sprachkriterien

mechanismen statisch und starr. HYBRID schließlich vereint die Synergie beider Sprachlager: uneingeschränkte Flexibilität der Schablonen — Klassen oder Prototypen — und dynamische Vererbung durch Delegation.

4.1.3 Kommunizieren

Die Informationstechnik durchdringt zunehmend die gesamte Organisation eines Unternehmens: elektronische Datenbestände in Form von Textdokumenten (Geschäftskorrespondenz, Tabellen, Datenarchive) und Programmen (Quellen und Code) liegen verteilt in heterogenen inkompatiblen Umgebungen. Zu vernetzen sind nicht nur Daten, sondern auch Prozesse. Das DV-Management steht vor entsprechenden Problemen: Erhalt der Datenintegrität*, Synchronisation der Datenzugriffe, Verfügbarkeit und Transparenz der Informationsdienste und so weiter. Die Probleme sind sowohl technischer als auch konzeptioneller Art. Lokale Netze sollen Soft- und Hardware-Inseln untereinander verbinden. Datenschemata sollen die insularen Datenbestände konzeptionell vereinheitlichen. Kurzum: Das eigentliche Problem liegt in der Kommunikation der Beteiligten — und beteiligt sind technische Objekte und deren Anwender.

Da die verschiedenen Ressorts eines Unternehmens, wie Entwicklung, Konstruktion und Verwaltung, aus der Sicht der Datenverarbeitung keine gemeinsame Sprache sprechen, ist eine Annäherung nur auf einer konzeptionell hohen Ebene möglich. Diese Annäherung setzt „angemessene“ Schnittstellen der Kommunikation voraus. Bisweilen dominiert das prozedurale Kommunikationsmodell die Schnittstellen: Operatoren versus Operanden. Die Zukunft aber gehört dem objektorientierten *Client-Server*-Modell [Rösch, 1992]. Schon 1984 wies Brad COX auf den notwendigen „evolutionären Wandel“ hin [Cox, 1984]. Zwar hatte er primär die neue Technik des *Message passing* à la Smalltalk im Sinn, das Objekt-Paradigma zieht aber bereits größere Kreise, die Unternehmensmodellierung mit eingeschlossen. Wir wollen zunächst das prozedurale Kommunikationsmodell rekapitulieren und dann die Client-Server-Perspektive eröffnen.

Operator-Operanden-Modell

Vor rund 50 Jahren setzte die prozedurale Abstraktion den Anfang der wissenschaftlichen Auseinandersetzung mit der Rechnerprogrammierung. Bis in die Gegenwart hinein hat sie die Informatikmethoden geprägt (siehe Abschnitt 1.2.1). COX spannt den zeitlichen Bogen des Operator-Operanden-Modells wie folgt:

> „We are taught very early that computers do *operations* on *operands*, and this computational model is preserved through everything we learn subsequently. Once we know that larger operators can be built out of stored sequences of operators, our progress as programmers becomes a matter of increasing the number of different operators we know — text editors, command languages, machine languages, linkers, debuggers, high-level languages, subroutine libraries, application packages, and so forth. We think of the computer as two disjoint compartments, one containing operators and the other operands, and we express our intentions by selecting what operators are to be applied and to what operands in what order." [Cox, 1984, S. 152]

Das prozedurale Modell findet seine Anwendung auf allen Ebenen: Auf der Maschinenebene haben wir die Trennung zwischen Prozessorbefehlen und binären Daten, auf der Sprachebene zwischen Ausdrücken und Variablen, auf der Bibliotheksebene zwischen Funktionen und Argumenten und auf der Ebene des Betriebssystems zwischen Programmen und Dateien. Die Implementierung ist jeweils eine andere, aber die Konzepte sind gleich: Operatoren sind aktiv und manipulieren in vorbestimmter Weise bestimmte Operanden. Operanden sind passiv und ändern ihren Zustand nur unter dem Einfluß bestimmter Operatoren. Es ist die *Umgebung*, die bestimmt, welche Operatoren auf welche Operanden in welcher Reihenfolge angewandt werden. Drei Aufgaben leiten sich daraus für die Umgebung ab: (a) Koordinierung der Ereignisfolge, (b) Verschiebungen im Adreßraum der beteiligten Komponenten und (c) Typ-Prüfung der Operanden. Letztes ist bezeichnend für das prozedurale Modell: Operatoren sind *monomorph**, das heißt, ihre korrekte Anwendung ist streng mit dem Datentyp des Operanden gekoppelt und läßt keine Typ-Variationen zu (andernfalls wären sie *polymorph**).[10] Texteditoren zum Beispiel können nur Textdateien lesen und scheitern in der Regel an binären

[10] Das Thema „Typen, Datenabstraktion und Polymorphie" wird von Luca CARDELLI und Peter WEGNER in [Cardelli & Wegner, 1985] erschöpfend behandelt.

Eingaben. Bild 4.8 symbolisiert die enge Zuordnung zwischen Operatoren (O) und Operanden (D wie Daten) und ihre lokale Zufälligkeit.

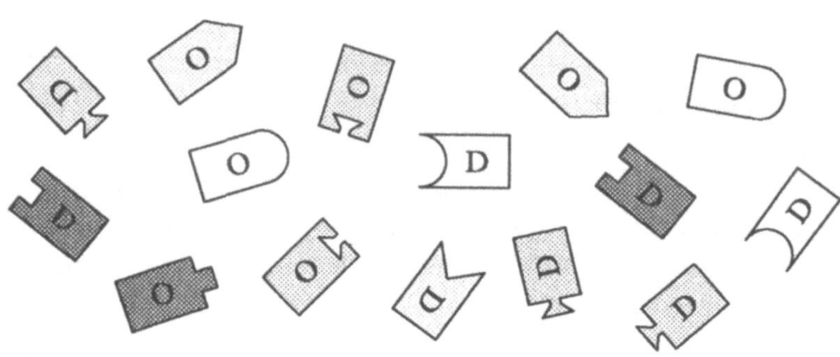

Bild 4.8: Das prozedurale Modell: seine Komponenten und deren Verteilung

Die Konzeption eines *Remote Procedure Call* (RPC) lehnt sich gleichfalls an das Operator-Operanden-Modell, erweitert dieses aber über die Prozeß- und Hardwaregrenzen hinweg: Wird eine Prozedur auf dem Zielrechner aufgerufen, geht die Kontrolle der aufrufenden auf die aufgerufene Umgebung über. Die Parameter werden über das Netz in die Zielumgebung weitergereicht. Dort wird die Prozedur ausgeführt und die Kontrolle mit den Ergebnisparameter in die Quellumgebung zurückgegeben. Auch hier muß die Umgebung sicherstellen, daß der Prozeduraufruf (*call*) typmäßig an die richtige Operation gebunden wird. Dazu muß sie die Zielmaschine identifizieren und gewährleisten, daß die zu übertragenden Parameter an der aufrufenden Stelle die gleiche Semantik haben wie an der aufgerufenen, da wegen der räumlich getrennten Arbeitsspeicher eine Typ-Prüfung durch den Übersetzer ausscheidet. Weiterhin muß die aktive Umgebung die Datenrepräsentation der Quell- oder der Zielmaschine in die Repräsentation der Protokollebene konvertieren. Die Maschinenschnittstellen konsistent zu halten, ist entsprechend aufwendig [Frank, 1992].

Dem Operator-Operanden-Modell stellt COX das objektorientierte Smalltalk-Modell gegenüber. Die Umgebung dieses Modells ist lediglich für die Koordinierung der Ereignisse verantwortlich. Das Objekt, verstanden als „some private memory and the set of operations provided by its class“ [Cox, 1984, S. 153], trägt die Verantwortung für die Ausführung der geeigneten Operationen. Seine Klassendefinition lokalisiert die Typ-Vereinbarungen. Polymorphe Nachrichten werden durch die Vererbungshierarchie an die entprechende Implementierung der zugehörigen Operation dynamisch gebunden.

Ein Beispiel soll den Unterschied klären zwischen dem prozeduralen und dem objektorientierten Modell: Auszuführen sei die Addition zweier Summanden: $A+B$. Im Operator-Operanden-Modell werden der +-Operator und die Operanden A und B so behandelt, als seien sie unabhängig voneinander. Die Umgebung, in der die Operation $A+B$ ausgeführt werden soll, Modul genannt, wird durch die Implementierung bestimmt. In der Umgebung sind die Datentypen von A und B deklariert. Die Typ-Deklaration wiederum impliziert den Typ der Addition: Integer-Addition für Integer-Operanden, Matrizen-Addition für Matrizen-Operanden oder eine Verkettung bei Zeichen-Operanden. Im Gegensatz dazu steht das Smalltalk-Modell: Die Nachricht „addiere A", an das Objekt B gerichtet, kann zum Aufruf verschiedener Operationen führen, in Smalltalk *methods* genannt. Nachrichten in Smalltalk sind Prozeduraufrufe, die erst zur Laufzeit des Programms gebunden werden. Die dynamische (späte) Bindung wird durch die Klassenzugehörigkeit des Objekts A bestimmt. In der Umgebung, in der das Paar „Nachricht-Empfänger" auftritt, muß keine Typ-Deklaration von A und B vorliegen.

Der Unterschied liegt im Grad der Durchdringung eines Programms mit zahlreichen und redundanten Typ-Deklarationen. Jedes Mal, wenn der +-Operator angewandt wird, müssen die Typen der Operanden zuvor vereinbart werden. Im Smalltalk-Modell dagegen sind die Abhängigkeiten zwischen Operatoren und Operanden in den Objekten verborgen, und breiten sich nicht im System aus. Mit anderen Worten: die Integration neuer Objekte in ein bestehendes System ist prinzipiell ohne Code-Änderung möglich. Weiterhin öffnet der Austausch von Objekten anstelle von getrennten Verweisen auf Daten und Funktionen die Perspektive auf eine komfortable und mit Blick auf Sicherheit und Wartbarkeit effektive Kommunikation. Die Kapselung der Abhängigkeiten zwischen Operatoren und Operanden gewährt eine größere Unabhängigkeit des Systems von den Objekten, die es enthält. Die Vielgestaltigkeit der Operatoren, die Polymorphie, gewährleistet somit „schlanke" und redundanzarme Programme. Auch wenn der Nachrichtenaustausch zur Laufzeit auf einen mittelbaren Prozeduraufruf reduziert wird, hebt diese Metapher die Objekt-Interaktion auf eine kommunikative Ebene, auf der komplexe Protokolle gefahren werden können. Die Abstraktionsprinzipien und Teilungsmechanismen der vorigen Abschnitte können hier konsequent angewandt werden.

Client-Server-Vertrag

Ausgehend von der BROOKSschen Erkenntnis, daß die Produktivität einer Entwicklungsabteilung im wesentlichen ein Problem der Koordination ist [Brooks, 1975], fordert COX ein objektorientiertes Kommunikationsmodell, das die Bedürfnisse koordinierender Werkzeuge befriedigt: Zum einen gilt es, Definition und Austausch beliebiger Objekte zu ermöglichen, zum anderen sollen diese benutzerdefinierten Objekte auch über den eigenen Adreßraum hinweg zwischen verschiedenen organisatorischen Einheiten bewegt werden können. Die Technik, die das vermag, geht auf den Interaktionsmechanismus in objektorientierten Sprachen zurück: Nachrichtenaustausch in Objektwelten.[11]

Die anthropomorphe Metapher „Nachrichtenaustausch“ ist in zwei Punkten irreführend und soll im folgenden durch die Client-Server-Metapher ersetzt werden. Erstens assoziiert die Kommunikation durch Nachrichten einen nebenläufigen Prozeß, was zwar wünschenswert ist, auf VON-NEUMANN-Rechnern aber nur mit zusätzlichem Aufwand an Soft- und Hardware realisierbar wäre. Zweitens suggeriert das Senden einer Nachricht einen einzelnen Empfänger an einem festen Ort, was die arbeitsteilige und räumlich verteilte Beantwortung der Nachricht ohne Not einschränkt. Die Client-Server-Metapher dagegen vermeidet weitgehend sprachliche Einengungen und etabliert die Kommunikation zwischen Objekten auf einer semantisch hohen Ebene. Bild 4.9 zeigt die Client-Server-Konstellation [Wilkerson & Wirfs-Brock, 1989].

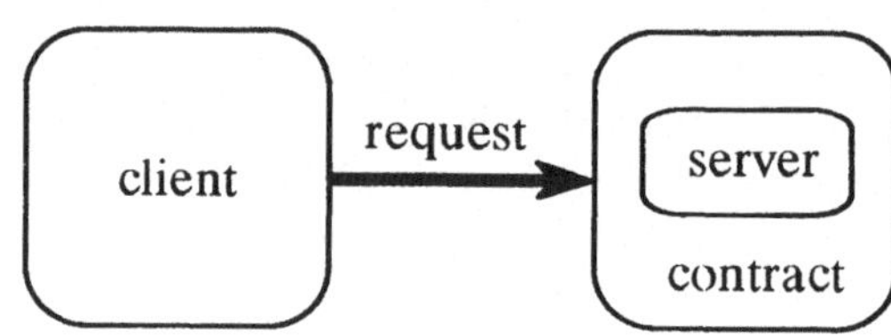

Bild 4.9: Die Metapher des Client-Server-Vertrags

Objekte können eine von zwei Rollen in der Kommunikation einnehmen, wobei synonyme Rollennamen in der Literatur auftreten:

1. Kunden-Objekt (*client*, *customer*, Auftraggeber, Sender)
2. Anbieter-Objekt (*server*, *supplier*, Auftragnehmer, Empfänger)

[11] Dennis TSICHRITZIS, zitiert in [Frank, 1992, S. 34] versteht unter einer Objektwelt (*object world*) die Vision, daß anstelle von Daten, die der Sender in vorbestimmter Weise an den Empfänger verschickt, Objekte durch das Informationssystem *migrieren*. Sie suchen sich ihre Zielobjekte selbst und kommunizieren mit diesen eigenständig.

Die Client-Server-Beziehung zwischen Objekten ist grundlegend, weil sich das Systemverhalten objektorientierter Anwendungen in den Objekt-Interaktionen äußert. Die interaktive Kommunikation hat zwei Elemente: 1. den ein- oder beidseitig gerichteten Datenfluß und 2. die Synchronisation. Das Grundmodell objektorientierter Kommunikation bezieht sich auf ein Objektpaar, das in einem Dienstleistungsverhältnis steht: ein Objekt fordert einen Dienst an („Dienst" ist Platzhalter für ein Programmodul mit Datenzugriff) und das aufgeforderte Objekt führt den Dienst aus oder delegiert ihn auf andere Objekte. Das anfordernde Objekt nennt stets den Adressaten; umgekehrt weiß der Adressat nicht unbedingt, von wem die Anforderung stammt.

Um eine Dienstleistung anfordern zu können, muß der Anbieter für den Kunden „sichtbar" sein. In der Regel ist die Sichtbarkeit in einer Aggregation gegegeben: aggregierte Objekte haben die gleiche Lebensdauer wie das Aggregat und sind für dieses sichtbar. Objekte können aber auch Objekte außerhalb ihres Aggregats benutzen, man spricht dann von einer globalen Sichtbarkeit entlang von assoziativen Objektbeziehungen. Weiterhin kann zwischen statischer und dynamischer Sichtbarkeit unterschieden werden: dynamische Sichtbarkeit liegt zum Beispiel vor, wenn ein Anbieter-Objekt erst zur Laufzeit dem Kunden-Objekt durch einen Parameteraustausch bekannt wird. Die Sprache C++ bietet hier eine Palette von Sichtbarkeitsoptionen an: *public*, *protected*, *private* und *friend* (siehe Anhang A.3).

Das zweite Element einer Kommunikation ist deren Synchronisation. Eine *synchrone* Kommunikation verlangt vom Client-Objekt, daß es seinen Prozeß solange anhält, bis seine Anfrage an das Server-Objekt beantwortet wurde. Dagegen erlaubt eine *asynchrone* Kommunikation die Fortsetzung des Prozesses unabhängig vom Bearbeitungszustand der Anfrage. Der synchrone Fall kann weiter differenziert werden: (a) *balking*: der Client zieht seine Anfrage zurück, wenn der Server nicht zum Zeitpunkt der Anfrage dienstbereit ist; (b) *time-out*: dito, aber erst nach Ablauf einer festgelegten Zeitspanne; und (c) *reliable*: die Anfrage bleibt bestehen, bis der Server dienstbereit ist.

Analog zur RPC-Erweiterung des prozeduralen Kommunikationsmodells lassen sich auch im objektorientierten Client-Server-Modell die Maschinengrenzen überwinden: *Object Request Broker* (ORB) koordinieren die Kommunikation in verteilten heterogenen Netzen. Im Gegensatz zum RPC-Ansatz sind die Maschinengrenzen aber für den Entwickler transparent: Mit einem ORB muß er den genauen Speicherort der Datenbestände im Netz, ob eigene oder entfernte Maschine, nicht mehr kennen. Daraus folgt: ein Wechsel des Speicherorts im Netz ist ohne Programmänderung möglich. Der Wartungsaufwand bei organisatorischen Maßnahmen, wie zum Beispiel einem *Downsizing* der Rechnerwelt, bleibt somit minimal.

Für ORB-Architekturen wurde von der OMG ein Standard formuliert und veröffentlicht: CORBA, *Common Object Request Broker Architecture* [Soley (Hrsg.), 1992]. Alle im Netz verfügbaren Server-Objekte sind beim „Makler“ registriert. Anfragen werden über den Makler abgewickelt, das heißt, sie werden an die geeigneten Server-Objekte weitergeleitet. Deren Antwort leitet der Makler wieder an das Client-Objekt zurück. Die Größe der durchgängig verfügbaren Objektwelt bestimmt den Nutzen der Client-Server-Programmierung: C++ beschränkt die Objektwelt auf die Laufzeit eines einzelnen Lademoduls, Smalltalk auf einen einzelnen Arbeitsplatz; im OMG-Modell aber ist die Größe der Objektwelt beliebig: Für jeden Maschinentyp muß lediglich ein einfacher Object-Request-Broker geschrieben werden [Rösch, 1993].

Pflichten, Zusammenarbeit und Verträge

Rebecca WIRFS-BROCK hat das Client-Server-Modell konzeptionell erweitert: Um die Kommunikation zwischen Objekten verläßlich zu halten, führt sie das Pflichtenkonzept ein [Johnson & Wirfs-Brock, 1990]. Die Pflichten (*responsibilities*) eines Objekts umfassen alle öffentlich zugänglichen Dienste, über die es verfügt. Das Objekt erfüllt seine Pflicht, indem es die angeforderten Dienste entweder selbst oder in Zusammenarbeit mit anderen Objekten ausführt. Pflichten und Kooperationen werden in einem „Geschäftsvertrag“ fixiert. Er beschreibt die möglichen „Geschäftsvorfälle“ zwischen Client- und Server-Objekten. Beide sind verpflichtet, den Vertrag einzuhalten: Das Client-Objekt darf nur Dienste anfordern, die auch im Klassenvertrag vereinbart wurden, das Server-Objekt muß die Anfragen durch geeignete Dienstleistungen beantworten.

Ein Vertrag legt also Pflichten und Kooperationen fest, auf die sich ein Client-Objekt ohne Kenntnis der konkreten Vertragserfüllung verlassen kann. Mit der Metapher des Vertrags wird das Prinzip des *Information hiding* (siehe Abschnitt 2.2.3) und der objektorientierten Datenkapselung (beides wiederum Metaphern) nicht mehr allein als ein Belang der Implementierung begriffen, sondern als ein wichtiger Aspekt im Klassenentwurf: *responsibility-driven design* [Wilkerson & Wirfs-Brock, 1989]. Der Vertrag enthält nur Aussagen darüber, welche Handlungen unter welchen Bedingungen durch welche Objekte ausgeführt werden. Das *Wie* einer Handlung tritt nach außen nicht in Erscheinung, bleibt in der Klasse lokalisiert. Die Realisierung wird auf die Phase der Implementierung verschoben.

MEYER hat das Vertragskonzept bereits durch entsprechende Ausdrucksmittel in seiner objektorientierten Sprache Eiffel verankert: Zusicherungen* (*assertions*). Seine Programmiermethode bezeichnet er als *Programming by Contract* [Meyer,

1988]. Die Klassenoperationen werden in (optionalen) Vor- und Nachbedingungen sowie invarianten Bedingungen eingebettet: Vorbedingungen binden das Client-Objekt. Sie legen fest, ob die Anforderung eines Dienstes im Sinne des Vertrags legal ist. Nachbedingungen binden die Klasse und damit alle Server-Objekte dieser Klasse. Sie legen fest, in welchem legalen Zustand sich das Server-Objekt nach der Dienstleistung befindet. Invariante Bedingungen müssen für die Dauer der Anfrage bis zu ihrer Beantwortung ständig erfüllt sein. Die Prüfung der Korrektheitsbedingungen einer Operation, oder allgemeiner des Objektzustands, ist somit im Objekt fixiert und wird mit jeder Service-Anforderung veranlaßt. Tabelle 4.2 zeigt am Beispiel der *push*-Operation der *stack*-Klasse die Matrix aus Verpflichtung und Nutzen für beide Vertragspartner.

	Pflichten	*Rechte*
Kunde	Vorbedingungen garantieren (Aufruf von *push(x)*, nur wenn der Stack dabei nicht überläuft)	garantierte Nachbedingungen (*x* ist oberes Stack-Element)
Anbieter	Nachbedingungen garantieren (sicherstellen, daß *x* oberes Stack-Element wird)	garantierte Vorbedingungen (keine eigene Prüfung, ob Stack überläuft)

Tabelle 4.2: Matrix eines Klassenvertrags

Das „Vertragskonzept im kleinen", also auf der Klassenebene, fördert den einfachen und effektiven Programmierstil. Die systematische Formulierung von Vorbedingungen reduziert die vorbereitenden Maßnahmen der Programmierung. Es entfällt die ständige Prüfung, ob die zu verarbeitenden Daten die Voraussetzungen für eine korrekte Verarbeitung erfüllen. Fehlen formal vereinbarte Pflichten zwischen dem Kunden eines Programmoduls und dessen Programmierer, wird entweder gar nicht (scheinbare Sicherheit) oder aber mehrere Male geprüft (beiderseitige Unsicherheit). MEYER beschreibt die Risiken:

> „The distribution of redundant checks all over a software system destroys the conceptual simplicity of the system, increases the risk of errors, and hampers such qualities as extendability, understandability and maintainability." [Meyer, 1988, S. 117]

Das Vertragskonzept zwischen Client- und Server-Objekten ist also methodisch und pragmatisch zugleich. Es unterstreicht den Anspruch objektorientierter Konzepte, alle Phasen des Systementwurfs durchgängig zu unterstützen. Die konzeptionelle und begriffliche Durchgängigkeit indes wurde in der Vergangenheit zunehmend verschleiert: Die zahlreichen Analyse- und Designmethoden werden von immer neuen grafischen Notationen begleitet, da die Forschung auf diesem Gebiet unkoordiniert und in der Regel auf einzelne Personen bezogen ist. Ein weiteres zur Verschleierung der gemeinsamen Konzepte und Begriffe trägt die Vielfalt objektorientierter Programmiersprachen und Datenbanken bei, die in den letzten Jahren entwickelt wurden und die unter dem ständigen Marketingdruck der Abgrenzung stehen. Im Anhang A.5 erläutern wir eine sprach- und firmenneutrale Terminologie der Objektorientierung. Die dort definierten Konzepte und Begriffe orientieren sich ausnahmslos an der Client-Server-Metapher — am Tripel „Kunde-Anfrage-Dienst“.

4.2 Objektorientierte Anwendungen

Theorie und Praxis der Objektorientierung sind keineswegs konträre Welten; der nahtlose Übergang kennzeichnet geradezu die neue Weltsicht. Abgesehen von Akzentuierungen ist die Terminologie in allen objektorientierten Anwendungen nahezu gleich. Der im Anhang A.5 skizzierte Begriffsrahmen der Objektorientierung deckt den gesamten Software-Lebenszyklus ab: Ob Analyse (OOA), Design (OOD), Programmierung (OOP) oder Datenhaltung (OODBMS), der gemeinsame Aspekt liegt in der objektorientierten Modellierung eines Weltausschnitts. Die relevanten Objekte in diesem Ausschnitt, der Miniwelt, gilt es zu erkennen und ohne Strukturbruch auf Rechnerobjekte abzubilden.

4.2.1 Analyse und Design

In der funktionalen Dekomposition* — die abstrakte Systemfunktion wird schrittweise verfeinert bis zu implementierbaren Teilfunktionen — sind die Entwurfsphasen Analyse und Design klar getrennt. Die Zäsur ist nicht nur methodischer, sondern im allgemeinen auch personeller Art: Das Ziel des Problem*analytikers* ist die formale Modellierung der *Kunden*vorstellungen; die Implementierung dieser Vorstellungen obliegt dem *Designer*. Das *dialogische* Bindeglied zwischen Kunden und Designer ist also das Analysemodell.

Die Analyse versteht sich als ein *problem*-zentrierter Prozeß des Entdeckens: Zu entdecken sind die Schlüsselabstraktionen in der Systembeschreibung des Kunden; sie beschreiben das konzeptionelle Gerüst für die Designphase. Analytischer Sachverstand ist erforderlich, um die Spreu der verbalen Kundenformulierung vom Weizen der essentiellen Systemeigenschaften zu trennen. Es geht um das *Was* in der Beschreibung: Was soll das System leisten? Das *Wie* der Konstruktion wird zurückgestellt auf die späteren Entwurfsphasen.

Design hingegen ist ein *lösungs*-zentrierter Prozeß des Erfindens: Zu erfinden sind Datenstrukturen und Operationen; sie konkretisieren die Schlüsselabstraktionen auf ein technisches Maß, mit dem die Konstruktion der Programme beginnen kann. Zusätzliche Information ist erforderlich, um das *Wie* der Konstruktion zu gestalten. Die Zusatzinformation umfaßt eine Palette von Entscheidungen: Detaillierung der Lösungsschritte, Arbeitsteilung, Auswahl der Ressourcen und ihre Anpassung an das Analysemodell (Benutzungsschnittstellen, Bibliotheken), effizienzsteigernde Maßnahmen und so fort. Die Designphase ist somit auf die *Technik* des Entwerfens ausgerichtet: Sie bildet das Kettenglied zwischen der konzeptionellen Analyse und der Spezifikation der Programme.

Das also ist die klassische Zweiteilung zwischen Problem und Lösung, zwischen Was und Wie, zwischen Analyse und Design — „klassisch" meint die funktionale Dekomposition. Die objektorientierte setzt neue Maßstäbe: Die Grenzen zwischen Analyse, Design und Implementierung verwischen immer mehr. Zum einen sind die relevanten Gegenstände (Objekte und deren Beziehungen untereinander) in allen Phasen gleich. Zum anderen verläuft der objektorientierte Entwurfsprozeß iterativ: Die zahlreichen Durchläufe verschmelzen zunehmend die Phasenübergänge. „The blurring of the traditional boundaries", umschreiben dies Tim KORSON und John MCGREGOR in ihrer Studie [Korson & McGregor, 1990, S. 41], und Brian HENDERSON-SELLERS nennt es „a seamless transition" [Henderson-Sellers, 1992, S. 30]. In der objektorientierten Analyse abstrahieren wir von den verbalen Wünschen des Kunden auf die konzeptionellen Einheiten, die mit den Dingen und Vorstellungen im betrachteten Weltausschnitt korrespondieren. Im fließenden Übergang von der Analyse zum Design werden diese Abstraktionen in Klassen und Objekte umgewandelt. Struktur und Organisation bleiben dabei erhalten. Methode und formale Beschreibung sind gleich.

Mengentheoretisch betrachtet ergibt sich das Bild 4.10, das David MONARCHI und Gretchen PUHR als Bezug für ihre OOAD-Studie gewählt haben [Monarchi & Puhr, 1992]. OOA zielt auf die Objekte des *Problems* und OOD auf die Objekte der *Lösung*. Problem und Lösung sind Teilmengen des betrachteten Weltausschnitts. Die Lösung umschließt das Problem, was bedeutet: sie enthält zusätzliche, problemfremde Objekte, bedingt durch die technischen Randbedingungen der Lösung. So ist zum Beispiel die Benutzungsoberfläche typischerweise ein Ele-

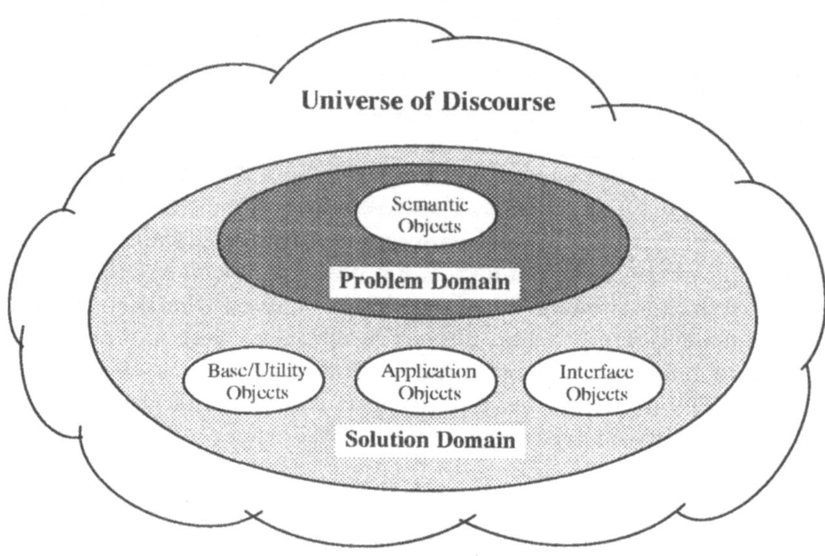

Bild 4.10: Übergang von der Analyse zum Design

ment der Lösung und nicht des Problems. Die Objekte des Problems verkörpern die Schlüsselabstraktionen aus der realen Welt. Da sie das Problem darstellen, heißen sie *semantische* Objekte. Die *Schnittstellenobjekte* der Lösung sind im BROOKSschen Sinne Akzidenzien, bedingt durch die Interaktionen zwischen Mensch und Maschine. Sie sind nicht essentiell für das Problem: sie repräsentieren lediglich die Sicht(en) des Menschen auf die semantischen Objekte. *Anwendungsobjekte* zählen gleichfalls zu dieser Kategorie: Sie treiben und steuern die Mechanismen des Softwaresystems, starten zum Beispiel die Anwendung, steuern die Menüs oder initialisieren den Nachrichtenaustausch. Schließlich lassen sich noch die *Basisobjekte* unterscheiden: sie sind unabhängig von der jeweiligen Anwendung. Beispiele hierfür wären *Container*-Objekte, wie Listen und Mengen, oder elementare Datentypen, wie Boolean, Integer und Real.

Die Analyse, verstanden als Abbildung zwischen dem Weltausschnitt und dem Problem, sollte *partiell* und *injektiv* sein: nur bedeutsame Urbildelemente werden eindeutig in Bildelemente abgebildet (keine redundanten Strukturen im Problem). Das Design, verstanden als Abbildung zwischen dem Problem und der Lösung, sollte dagegen *total* sein. Es ist sicherlich nicht *surjektiv*, da nicht jedes Lösungselement das Bild eines Problemelements ist.[12]

Im objektorientierten Entwurf ist die Grenze fließend zwischen Analyse und Design. Wir wollen deshalb unsere Übersicht über die objektorientierten Entwurfsmethoden nicht am vermeintlichen Gegensatz ausrichten, OOA versus OOD, sondern wählen hierfür ein übergreifendes Kriterium, das Sally SHLAER und Stephen MELLOR vorschlagen [Mellor & Shlaer, 1993]:

design by elaboration[13] versus *design by transformation*

Entwurf durch Elaboration

Die objektorientierte Programmiermethode kann bereits auf ein Vierteljahrhundert verweisen: Simula-67 setzte den Anfang, und Smalltalk, in den 80er Jahren kommerziell gereift, gab den Anstoß für zahlreiche Nachahmungen, die Ende der 80er Jahre die Sprachenlandschaft prägten. Die kommerziellen Objektsprachen zusammen mit der Hardwareschwemme der letzten Jahre schufen den Nährboden für zahlreiche Methoden: Die Tabelle 4.3 nennt die OOA/OOD-Methdoden, die auf Monographien verweisen können und Gegenstand aktueller Vergleichsstudien sind [Arnold *et al.*, 1991; Champeaux & Faure, 1992; Monarchi & Puhr, 1992; Stein, 1993; Walker, 1992]. Mit Ausnahme der SHLAER/MELLOR-Methode haben sie eines gemeinsam: ihre Vorgehensmodelle zielen auf die Kontinuität durch schrittweise Verfeinerung.

Objektorientierte Analysemodelle gehen im allgemeinen nahtlos in Designmodelle über. Wo kein direkter Übergang mit beidseitig gleichen Sprachmitteln möglich ist, werden die objektorientierten Konzepte mit geeigneten Sprachmitteln überladen: So werden die Strukturarten der Analyse — Assoziation und Aggregation — durch das Client-Server-Konzept auf der Designebene nachgebildet Die heutigen Programmiersprachen verfügen über keine entsprechenden Mittel: Tabelle 4.4.[14]

[12] Zum Begriff der mengentheoretischen Abbildung siehe [Bronstein, 1981]

[13] Wir werden „Elaboration" direkt aus dem Englischen übernehmen, wohlwissend, daß sich hier ein weiterer Anglizismus einschleicht. Elaboration steht für „Ausarbeitung durch Differenzierung".

[14] Die Analysemethoden befreien sich erst seit den 90er Jahren von ihrer historisch bedingten Sprachabhängigkeit, während die Designmethoden bis heute ihre sprachliche Herkunft nicht leugnen können. Die BOOCH-Methode zum Beispiel zeigt ihre Ada-Herkunft besonders deutlich in der Modulhierarchie, die auf das Ada-Engagement von BOOCH zurückgeht: Ada-*Packages* standen hier Pate [Booch, 1983].

Methode	*Monographie*
WIRFS-BROCK et al.	***Designing Object-Oriented Software*** [Wiener *et al.*, 1990]
COAD/YOURDON	***Object-Orieted Analysis*** [Coad & Yourdon, 1991a] ***Object-Oriented Design*** [Coad & Yourdon, 1991b]
BOOCH	***Object-Oriented Design with Applications*** [Booch, 1991]
RUMBAUGH et al.	***Object-Oriented Modeling and Design*** [Blaha *et al.*, 1991]
SHLAER/MELLOR	***Object Lifecycles: Modeling the World in States*** [Mellor & Shlaer, 1992]

Tabelle 4.3: Repräsentative OOA/OOD-Methoden

Analyse	⇒	*Design*
Generalisierung	⇒	Vererbungshierarchien
Assoziation	⇒	Client-Server-Konzept
Aggregation	⇒	Client-Server-Konzept

Tabelle 4.4: Konzeptübergänge

Ein weiterer wichtiger Aspekt des Übergangs zwischen Analyse und Design ist die *Iteration*. Die funktionale Dekomposition ging von dem fragwürdigen Konzept der „Systemfunktion" aus, die es galt, in der WIRTHschen *Top-down*-Manier schrittweise zu verfeinern [Wirth, 1971]. Dadurch wurden die Systemanforderungen zu einem sehr frühen Zeitpunkt der Systementwicklung in einer einzigen Funktion eingefroren. Das sequentielle Wasserfall-Modell von BOEHM (siehe Bild 3.3 auf Seite 68) hat hier seine Quelle. Eine starre Systemfunktion und das von ihr abgeleitete sequentielle Phasenmodell widersprechen aber dem evolutionären Charakter der Software-Entwicklung: Die Systemfunktion ist keineswegs eine Konstante, die im ersten Anlauf ermittelt werden könnte; die Kundenanforderungen sind in aller Regel vage und wechselhaft. Die Software-Entwicklung ist ein kommunikativer Prozeß zwischen mehreren Beteiligten, so daß Rückkopplungen zwingend erforderlich sind. Objektorientierte Analyse- und Designmethoden tragen dem Rechnung:

Sie sind ohne Ausnahme iterativ und in der Vorgehensweise evolutionär und erforschend. BOOCH umschreibt seine Designmethode deshalb auch mit „round-trip gestalt design“:

> **„A style of design that emphasizes the incremental and iterative development of a system, through the refinement of different yet consistent logical and physical views of the system as a whole; the process of object-oriented design is guided by the concepts of round-trip gestalt design; round-trip gestalt design is a recognition of that fact that the big picture of a design affects its details, and that the details often affect the big picture.“ [Booch, 1991, S. 517]**

Und Edward BERARD verdeutlicht die rekursive/parallele Eigenschaft objektorientierter Phasenmodelle mit den Worten: „analyse a little, design a little, implement a little, and test a little“ [Berard, 1991, S. 150]. Stellvertretend für das *design by elaboration* wollen wir die Methode von WIRFS-BROCK et al. skizieren.[15]

Der vertragsgebundene Entwurf

Grundlegend für die WIRFS-BROCK-Methode ist das Client-Server-Modell der Kommunikation, wie es im Abschnitt 4.1.3 vorgestellt wurde. Die Methode favorisiert „walkthroughs of scenarios“ mit Hilfe von *Karten*, auf denen die Spezifikation der Pflichten und Kooperationen einer Klasse entwickelt werden. Bild 4.11 zeigt das Schema einer *Class-Responsibility-Collaboration*-Karte (CRC). Ein Szenariendurchlauf bietet zwei Vorteile: Zum ersten unterstützt er die Erforschung der Anwendung und vertieft das Verständnis. Zum zweiten hilft er früh zu prüfen, ob die Systemanforderungen vollständig berücksichtigt wurden. Durchläufe sind in jeder Phase des Entwurfs möglich. Die CRC-Karten dokumentieren fortlaufend den Entwicklungsstand.

Als primäre Eingabe wird von einer Anforderungsbeschreibung in natürlicher Sprache, in der Sprache des Kunden, ausgegangen. Die Ausgaben sind Graphen und ausgefüllte Spezifikationskarten, und zwar:

- ein Graph für jede Klassenhierarchie mit Einfach- und Mehrfachvererbung, konkreten und abstrakten Klassen;
- ein Graph für die Kooperationspfade eines jeden Teilsystems;

[15] Ein vollständiges Beispiel für den elaborierenden objektorientierten Entwurf findet sich im Anhang B.

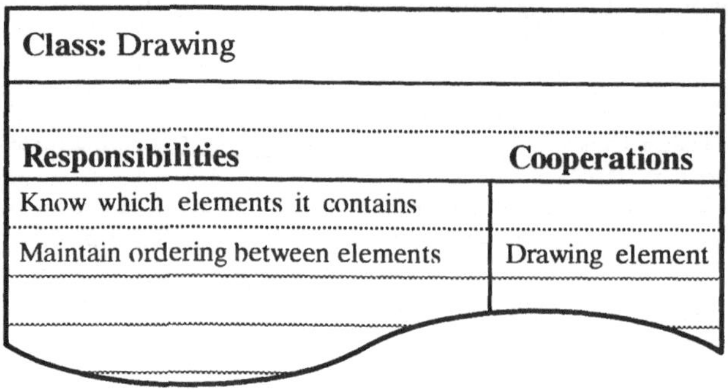

Class: Drawing	
Responsibilities	**Cooperations**
Know which elements it contains	
Maintain ordering between elements	Drawing element

Bild 4.11: Schema eines Klassenvertrags nach der WIRFS-BROCK-Methode

- die Spezifikation der Klassen;
- die Spezifikation der Teilsysteme;
- die Spezifikation der Client-Server-Verträge der Klassen und Teilsysteme.

Der Entwurfsprozeß ist zweiphasig: 1. eine erforschende (exploratorische) Phase und 2. eine Phase der Entwurfsverfeinerung. Arbeitsgrundlage der exploratorischen Phase sind die verbalen Anforderungen an das zu entwerfende System. Die Grobbeschreibung der Klassen ist das Ergebnis. Dieses wiederum bildet die Arbeitsgrundlage der Verfeinerungsphase. An ihrem Ende liegt die Systemspezifikation vor.

1. Exploratorische Phase:

   „Finde Klassen, verteile Aufgaben, finde Kooperationen!“

   (a) Identifiziere die Klassen durch die grammatische Analyse der Anforderungsbeschreibung.[16]

[16]Die grammatische Analyse geht auf Russel ABBOTT zurück [Abbott, 1983]: Satzsubjekte, -prädikate und -objekte identifizieren die Client- und Server-Objekte sowie die Dienstleistungen. Das Verfahren bleibt primitiv und fehleranfällig (besonders bei Passiv-Formulierungen ohne handelndes Subjekt). Formal und wissenschaftlich präzise wäre eine „radikale Sprachkritik“ am Pflichtenheft, wie sie Hartmut WEDEKIND in [Wedekind, 1992] entwickelt. Ihre praktische Umsetzbarkeit ist aber zweifelhaft.

(b) Identifiziere die Pflichten durch eine Klassenkritik und durch die Analyse der informationstragenden Verben in der Anforderung.

(c) Identifiziere die Kooperationen durch eine Analyse der Kommunikationspfade zwischen den Klassen, die für eine Dienstleistung erforderlich sind. (Kooperationsnetze beschreiben den Informationsfluß auf den hierarchischen Klassenbeziehungen.)

2. Verfeinerung des Entwurfs:

   „Ordne die Klassen, die Aufgaben, die Kooperationen!"

   (a) Stelle die Klassenhierarchien auf. (VENN-Diagramme beschreiben die Überschneidungen der verteilten Aufgaben.) Identifiziere die abstrakten und die konkreten Klassen.

   (b) Identifiziere die Teilsysteme. (Teilsysteme sind Mengen von Klassen, die eng zusammenarbeiten, um die Verträge mit externen Auftraggebern zu erfüllen.)

   (c) Schreibe die Protokolle für die Kooperationen zwischen den Klassen und den Teilsystemen.

Die Methode bietet einfache Heuristiken, um die Analyse zu beschleunigen. Sie ist leicht zugänglich, denn ihre Vorgehensweise beruht auf Metaphern des alltäglichen Geschäftslebens: Verträge zwischen Auftraggeber und Auftragnehmer mit Festlegung der Pflichten, Rechte und Kooperationen. Der Lernaufwand für die Methode ist zwar minimal, das Erkennen der semantischen Objekte und der Wechselbeziehungen im Problem aber unsicher. Die CRC-Karten sind hier ein wichtiges Unterstützungswerkzeug: „a ‚low-tech' in a high-tech arena", wie es HENDERSON-SELLERS formuliert [Henderson-Sellers, 1992, S. 79]. Für den besonderen Reiz des flexiblen „Kartenlegens" auf Planungstischen oder gar auf dem Boden sollen gerade Problemanalytiker und Designer empfänglich sein:

> „The use of CRC cards is seen as an early exploration tool in which key objects, key collaborations, and key subsystems can be identified in a highly interactive atmosphere, perhaps somewhat akin to ‚brainstorming'." [Henderson-Sellers, 1992, S. 79]

Mit einer Hypertext-Unterstützung* [Cordes *et al.*, 1989] könnte auf die Pappkarten verzichtet werden, deren Menge in einem großen Projekt schnell unhandlich wird.

Entwurf durch Transformation

Traditionelle elaborierende Entwurfsmethoden stellen das globale Gegensatzpaar, Problem versus Lösung, in den Mittelpunkt der Betrachtung: Die Anforderungen an das zu entwerfende System werden in Form von Analysemodellen global spezifiziert. Diese werden iterativ überarbeitet, verfeinert, mit technischen Strukturen angereichert und so in Designmodelle überführt. Die Designmodelle schließlich liefern die Vorgaben für die konkrete Implementierung. Dergestalt verläuft die Entwicklung durchgängig kausal und zielorientiert in einem homogenen Kontext, der durch das globale Problem und dessen schrittweise Lösung bestimmt wird. Gegen diese Betrachtungsweise führen SHLAER und MELLOR drei Einwände an:

1. Die Ergebnisse der Analyse lassen sich nicht effizient wiederverwenden: Die elaborierende Methode verfeinert, paßt an und optimiert die Analysemodelle, um allen Belangen des Problems gerecht zu werden. Da Analyse und Design eng verwoben sind und das Problem als Ganzes zum Gegenstand haben, lassen sich Teilergebnisse nur indirekt wiederverwenden. Kleine Variationen in den Anforderungen breiten sich über die Analyse- und Designmodelle aus. Mit anderen Worten: Sie sind nur schwer in ihren Wirkungen lokalisierbar und schmälern dadurch ihren Wiederverwendungswert.

2. Die elaborierende Methode erlaubt kein einfaches Wiederaufsetzen auf einen früheren Zeitpunkt im Entwurf: Stellt der Entwerfer fest, daß ihn seine Entwurfsentscheidung in eine technische Sackgasse geführt hat, so will er diese Entscheidung revidieren und den Entwurf zurücksetzen. Aufgrund der elaborierenden Natur der Methode — jede lokale Änderung in einem kausalen Medium wirkt global auf die Umgebung — kann es äußerst schwierig sein, die Wirkungen einer Fehlentscheidung rückgängig zu machen: Da die Analysemodelle in der Regel miteinander vernetzt sind, kann eine singuläre Fehlentscheidung im Entwurfsprozeß einen kompletten Neuentwurf nach sich ziehen.

3. Die elaborierende Methode ist wenig wartungsfreundlich: Kleine Änderungen in den Systemanforderungen haben direkten Einfluß auf große Teile der Implementierung, obwohl die meisten dieser Änderungen eigentlich nur Teilaspekte betreffen: zum Beispiel eine andere Benutzungsoberfläche oder einen Hardwarewechsel. Da die elaborierende Methode Problem und Lösung und damit auch Analyse und Implementierung verzahnt, wirken kleine Änderungen im Analysemodell auch auf Implementierungsteile, die aus der Sicht der Anwendung eigentlich unkorreliert sind.

Der *Kontinuität* einer elaborierenden Methode stellen SHLAER und MELLOR die *Transformation zwischen Entwurfsdomänen* entgegen: Nicht die globale Zweiteilung des Entwurfs in Analyse und Design ist Gegenstand ihres Ansatzes, sondern eine Schichtenfolge vieler kleiner Problem-Lösungs-Paare. Jede Anwendung hat unterscheidbare Anforderungen, die einzeln analysiert und entworfen werden können. Eine Strategie, um diese Entwurfsinseln zu organisieren und durch Transformationen zu verbinden, baut auf dem zentralen Konzept der *Domäne*[17] auf.

Begriff der Domäne

Die SHLAER/MELLOR-Methode definiert eine Domäne wie folgt:

> „A *domain* is a separate real, hypothetical, or abstract world inhabited by a distinct set of objects that behave according to rules and policies characteristic of the domain." [Mellor & Shlaer, 1993, S. 16]

Eine Domäne wird also als ein abgesondertes kohäsives Ganzes verstanden. Es umfaßt die eng gekoppelten semantischen Objekte eines Teilproblems (siehe Bild 4.10) und kann unabhängig von anderen Domänen verstanden werden. Das allgemeine Prinzip der Kohäsion fördert in dieser Ausprägung die „Trennung der Belange" (*separation of concerns*, Abschnitt 2.2.3) und erlaubt so den isolierten Teilentwurf. In der Projektentwicklung ist folglich der erste Schritt nach der SHLAER/MELLOR-Methode die Unterscheidung der Domänen. Als visuelles Hilfsmittel dient hierfür das Domänendiagramm (*domain chart*): eine grafische Darstellung der Domänen im zu entwerfenden System. Bild 4.12 zeigt die Hauptdomänen, die sich pragmatisch unterscheiden lassen.

Die breiten Pfeile symbolisieren Brücken: *bridges*. Während der Analyse stehen die Brücken für Annahmen und Anforderungen, je nach Sicht der „überbrückten" Domänen: Die im Diagramm höherstehende Domäne betrachtet die Brücke als einen Satz von Diensten, angeboten von der unteren Domäne. Komplementär dazu sieht die untere Domäne die Brücke als einen Satz von Anforderungen, deren Herkunft sie aber nicht interessiert. Also wieder einmal kommt das Client-Server-Modell zum Tragen! Vier typische Hauptdomänen können unterschieden werden:

[17] Wir werden den Anglizismus *Domäne* als Terminus technicus behandeln und nicht ins Deutsche übertragen. „Bereich" oder ähnliche Übertragungen sagen noch weniger aus als ihr englisches Vorbild. Man assoziiere *Domäne* stets mit der Analyse von Weltausschnitten.

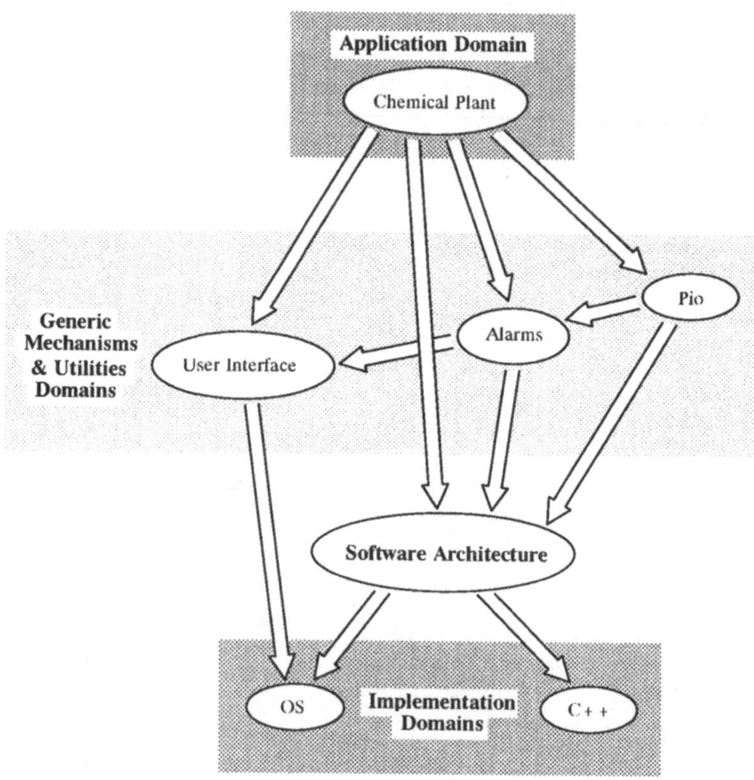

Bild 4.12: Hauptdomänen nach der SHLAER/MELLOR-Methode

- *Anwendungsdomäne*: Sie ist der thematische Gegenstand des zu entwerfenden Systems aus der Sicht des Anwenders. Sie umfaßt also die semantischen Objekte der Anwendung. Das Anliegen der klassischen Analyse kann dieser Domäne zugeordnet werden.
- *Domänen mit generischen Mechanismen und Hilfsdiensten*: Sie unterstützen die Anwendungsdomäne mit anwendungsneutralen Diensten. Typisches Beispiel: grafische Benutzungsschnittstellen. Im allgemeinen sind diese Domänen ohne eigenen Entwicklungsaufwand verfügbar, das heißt, sie werden als *Utility*-Software gekauft und eingesetzt.
- *Software-Architekturdomäne*: Sie spielt die zentrale Rolle im Systementwurf und bedarf einer detaillierten Darstellung, die wir gleich nachholen werden.

- *Implementierungsdomänen*: Sie bieten die konfektionierten Software-Ressourcen für die Implementierung, wie zum Beispiel Betriebssysteme und Übersetzer.

Die Software-Architekturdomäne dient zahlreichen Zwecken: Primär sichert sie den Zusammenhalt und die Einheitlichkeit des Systems, indem sie die Daten- und Steuerflüsse zwischen den Domänen organisiert. Weiterhin tritt sie als isolierende Barriere auf, um die Portabilität des Systems zu erleichtern: Externe Anwendungen und interne Dienste des Systems teilen nur Schnittstellen mit der Architekturdomäne, nicht aber Schnittstellen mit dem Betriebssystem. Änderungen in den Implementierungsdomänen, *Upgrades* des Betriebssystems oder ein Hardwarewechsel, sind von den höheren Domänen abgeschottet; nur der Code in der Architekturdomäne sollte von Änderungen betroffen sein. Der thematische Gegenstand der Software-Architekturdomäne kann folglich mit dem konventionellen Anliegen des Softwaredesigns gleichgesetzt werden. Zu beachten ist aber, daß es sich um eine Domäne wie jede andere handelt: Sie kann getrennt analysiert und entworfen werden.

Die SHLAER/MELLOR-Methode grenzt sich von den Nachteilen der elaborierenden Methoden ab: Sie unterstützt die *Transformation* zwischen den OOA-Modellen der Domänen. Zunächst wird das zu entwerfende System in Domänen eingeteilt, die dann vollkommen unabhängig voneinander analysiert werden. Die Analyse beginnt mit der Anwendungsdomäne. Das Ergebnis wird durch mehere Analysemodelle wiedergegeben:

1. Ein *Informationsmodell* definiert die semantischen Objekte der Anwendung und die Beziehungen zwischen den Objekten.

2. *Zustandsdiagramme* schreiben den Lebenszyklus eines jeden Objekts und einer jeden Beziehung vor.

3. *Datenflußdiagramme* bestimmen das Procedere in den Zustandsdiagrammen.

Ist die Analyse soweit fortgeschritten, daß die Anforderungen für eine tiefergelegene Domäne vorliegen, beginnt die Analyse für diese Domäne. Die Strategie setzt sich entlang der Brücken im Domänendiagramm fort. Sie endet vor den Domänen, die bereits implementiert wurden. Die Architekturdomäne ist typischerweise die letzte in der Folge. Nach ihrer Analyse gilt es, die Transformationen zwischen den Domänen zu definieren. Der *transformation engine*, wie ihn SHLAER und MELLOR nennen, ist teils automatisiert, teils besteht er aus einer Folge manueller Prozeduren: „somewhat like a giant ‚make' utility" [Mellor & Shlaer, 1992, S. 20]. Hauptziel ist die Transformation der Elemente einer höheren Domäne in die entsprechenden Elemente der nächsttieferen, wobei die Regeln hierfür vom Systementwerfer vorgegeben werden: Die Regeln müssen Aussagen darüber machen, wie die Muster in der Anwendungsanalyse erkannt und in was sie nach ihrer Erkennung umgewandelt werden sollen. Beispiel: Für jedes Objekt mit einem Zustandsdiagramm in der Anwendungsanalyse soll eine aktive Klasse mit demselben Objektnamen in der Software-Architekturdomäne erzeugt werden.

Die Vorteile der Transformationsmethode liegen auf der Hand: Da nur zusammenhängende Informationen in den einzelnen Domänen lokalisiert sind, lassen sich die formalen Analysemodelle wesentlich einfacher wiederverwenden als die elaborierten Modelle der traditionellen Methoden. Ein weiterer Vorteil liegt in der leichten Iteration: Durch einfaches Aufrufen des Transformationsmoduls können Änderungen in der Anwendungsanalyse an die anderen Domänen durchgereicht werden. Der Übergang von der Analyse zum Design rückt damit in die Nähe der Automatisierbarkeit.

Die beiden Ansätze der objektorientierten Analyse — Elaboration und Transformation — müssen aber durchaus kein getrenntes Dasein fristen: Ein synergetisches Vorgehen könnte die Vorteile beider Ansätze vereinen. Das Domänenkonzept bildet dabei die äußere Schale, den ersten Schritt in der Analyse einer Anwendung. Innerhalb der Domänen können dann die elaborierenden Schritte ausgeführt werden, die bis auf die Eingangselemente einer Domänentransformation reichen. Es bleibt festzuhalten: Das Transformationskonzept kompensiert die Wiederverwendungsdefizite der elaborierenden Analysemethoden. Es hilft zugleich dem Projektmanagement, die geleistete und, was wichtiger ist, die verbleibende Arbeit zu überblicken.

4.2.2 Programmiersprachen

Am Ende der Analysephase liegt das *Lastenheft* vor, darin sind die Systemanforderungen beschrieben, und am Ende der Designphase das *Pflichtenheft*, darin sind die Konstruktionsvorgaben für die Implementierung formuliert. Implementiert wird durch Programmieren. Werden persistente Objekte verlangt, also solche, die dauerhaft auch nach der Laufzeit ihrer Anwendung bestehen sollen, so sprechen wir vom Programmieren einer Datenbank. Der andere Fall ist derzeit noch der allgemeine: das Programmieren flüchtiger Objekte. Objektorientierte Datenbanken sind eine Forderung komplexer Anwendungen, CAx-Techniken wie

VLSI und Maschinenbau. Wir wollen uns im folgenden auf die Implementierung mit Hilfe objektorientierter Programmiersprachen beschränken. Dabei geht es uns nicht so sehr um die Spezifika der Sprachen, diese sind immer nur Untermengen der im Abschnitt 4.1 erläuterten Konzepte. Vielmehr interessieren uns die Gemeinsamkeiten: Wann ist eine Programmiersprache objektorientiert? Welche Mindestkriterien müssen erfüllt sein? Wie sieht der objektorientierte Sprachraum aus?

Der objektorientierte Sprachraum nach Wegner

Das Klassifikationsschema nach Peter WEGNER [Wegner, 1987] beschreibt den Minimalkonsens in der objektorientierten Programmiermethodik [Blair *et al.*, 1989; Henderson-Sellers, 1992]. WEGNER definiert einen Satz notwendiger und hinreichender Kriterien für Objektorientiertheit. Bild 4.13 zeigt sein Klassifikationsschema.[18]

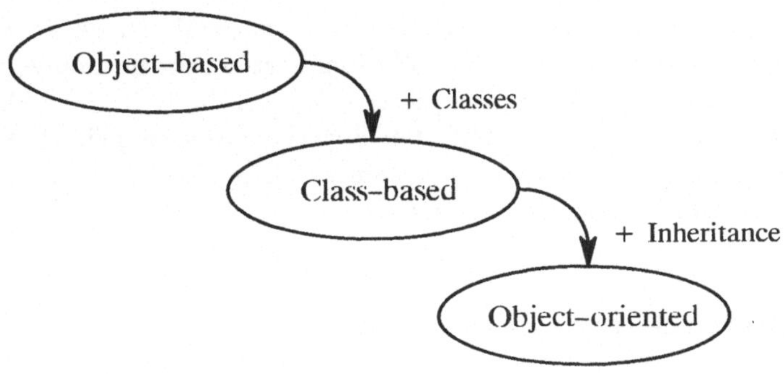

Bild 4.13: WEGNERs Klassifikation objektbasierter Sprachen

Das Hauptkriterium ist der Objektbegriff: Eine Sprache, die Objekte direkt unterstützt, ist *objektbasiert*. Unter dem Begriff des Objekts versteht WEGNER eine Menge von Operationen und einen Zustand, der die Wirkungen der Operationen verzeichnet. Das zweite Kriterium verlangt, daß alle Objekte einer Klasse angehören. Die Klasse dient dabei als Schablonenmechanismus, um gleichartige

[18]Die Darstellung versteht sich als Selbstanwendung objektorientierter Konzepte: Die tieferstehenden Begriffe erben die Eigenschaften der höherstehenden und spezialisieren diese um weitere Eigenschaften.

Objekte zu erzeugen. Kennzeichnend für die Klasse ist ihre Zweiteilung in Schnittstelle und Implementierung. Die Kapselung der Daten ist aber nicht zwingend. Sprachen, die sowohl Objekte als auch Klassen unterstützen, heißen *klassenbasiert*. Das dritte Kriterium schließlich bezieht sich auf den Mechanismus der Vererbung: Klassenhierarchien lassen sich inkrementell über „Erblinien“ zwischen Ober- und Unterklassen definieren. Mit dem dritten Kriterium kann die Gesamtdefinition übersichtlich als Gleichung wiedergegeben werden:

OBJEKTORIENTIERTHEIT = OBJEKTE + KLASSEN + VERERBUNG

WEGNERs Definition gibt den Minimalkonsens wieder: sie ist einfach und präzise zugleich. Ihre Präzision wurde vielerorts als zu restriktiv empfunden, da sie sich ausschließlich auf *Mechanismen* für eine Implementierung der Sprache stützt statt auf *Eigenschaften*, die dem Programmierer zur Verfügung stehen. In der stürmischen Zeit der objektbasierten Sprachenentwicklung (seit Anfang der 80er Jahre) wurde eine Reihe neuer Techniken vorgestellt, die auf unterschiedlichen Teilungsmechanismen beruhen — Schablonen und Empathie, wie im Abschnitt 4.1.2 diskutiert. Legte man das Vererbungs-Kriterium nach WEGNER an diese Sprachschöpfungen, so wären sie aus dem objektorientierten Sprachraum verbannt. Nicht zuletzt die Schöpfer und Verfechter dieser dann auf die Kriterien „klassenbasiert“ oder gar „objektbasiert“ herabgestuften Sprachen wehren sich: WEGNERs Gleichung sollte eher als eine Arbeitsdefinition gesehen werden, die der Verfeinerung bedarf [Henderson-Sellers, 1992, S. 226].

Der objektorientierte Sprachraum nach Blair et al.

Die Definition von Gordon BLAIR et al. vermeidet Direktiven für eine objektorientierte Sprachimplementierung. An deren Stelle werden *abstrakte* Kriterien gesetzt, die mehr die *Eigenschaften* objektorientierter Systeme (nicht nur Sprachen) betonen. Drei Kriterien werden genannt: Datenkapselung, mengenbezogene Abstraktion und Polymorphie*. Wir wollen die drei Eigenschaften nur soweit skizzieren, wie sie sich von dem zuvor Gesagten unterscheiden.

Die Bedeutung der ersten beiden Kriterien ist konform mit den Inhalten der Abschnitte 4.1.1 und A.5. Das Kriterium der Polymorphie aber bedarf der Erläuterung: Allgemein meint Polymorphie (= Vielgestaltigkeit), daß Prozeduren und Funktionen auf mehr als einem Datentyp ihrer Operanden (Parameter oder Argumente) arbeiten können [Cardelli & Wegner, 1985]. Polymorphie und Vererbung (oder andere Formen der Empathie) sind eng verwoben. BLAIR et al. unterscheiden nun zwei Arten:

1. *Einschließende Polymorphie*: Klassen sind Mengen von Objekten. Objekte können mehreren Klassen angehören, wenn ihre Klassen geschnitten werden. Durch die Bildung von Schnittmengen gehen die gemeinsamen Klasseneigenschaften — Datenstrukturen und Operationen — auf alle Objekte der Schnittmenge über. Auf diese Art kann das Vererbungskonzept auf Mengenoperationen verallgemeinert werden. Die Schnittbildung impliziert Polymorphie: Der Typ eines Schnittmengenobjekts ist polymorph.

2. *Operationale Polymorphie*: Sollen Operationen mit einem gemeinsamen Bezeichner auch auf Objekte angewandt werden, die keiner gemeinsamen Schnittmenge angehören, so sprechen BLAIR et al. von einer operationalen Polymorphie. Das *Überladen** einer Prozedur oder Funktion ist hier zu nennen.[19]

Die Definition nach BLAIR et al. hat einige Vorzüge. Diese liegen auch im Ungesagten: Zum ersten wird der Mechanismus der Vererbung nicht ausdrücklich gefordert. Er ist, wie wir im Abschnitt über Empathie gesehen haben, nur eine von mehreren Möglichkeiten, um einen Teilungsmechanismus zu implementieren. Zum zweiten wird Message passing nicht gefordert, obwohl objektorientierte Systeme vielerorts über den „Austausch von Nachrichten" definiert werden. Und zum dritten wird auch nicht das Kriterium des dynamischen Bindens gefordert, ein sonst weitverbreiteter Bestandteil einer Definition für objektorientierte Sprachen. Das zentrale Kriterium ist der *Grad der Polymorphie*. Monomorphe Sprachen sind klar ausgegrenzt, Pascal und Modula beispielsweise, Ada und Simula sind eingeschlossen, auch wenn sie kein Vererbungskonzept haben. Die Geschichte der Programmiermethodik kann als das kontinuierliche Bestreben verstanden werden, Sprachen mit einem höheren Grad der Polymorphie zu entwickeln.

Der objektorientierte Sprachraum nach Meyer

Als letzte Definition für Objektorientiertheit sei auf Bertrand MEYERs „Seven Steps towards Object-Based Happiness" verwiesen [Meyer, 1988, S. 60ff.]. Die

[19] CARDELLI und WEGNER bezeichen das „Überladen" als *Ad-hoc*-Polymorphie [Cardelli & Wegner, 1985], andere wiederum reduzieren es auf eine syntaktische Erleichterung für den Programmierer.

dritte Stufe in Bild 4.14 entlarvt den pragmatischen Sprachenentwerfer: MEYER hat die Kriterien seiner Definition in der Reihenfolge ihrer Wichtigkeit angegeben. Die automatische Speicherbereinigung (*garbage collection*) in ihrer Wichtigkeit vor Klassen, Vererbung und Polymorphie zu setzen, ist gewagt und würde einer so etablierten Sprache wie C++ ihre objektorientierte Erweiterung absprechen. MEYERs Sprachschöpfung, namens Eiffel, erklimmt alle Ebenen und gilt heute als *die* Lehrsprache der Objektorientierung [Switzer, 1994].

1. *Object-based modular structure*:
   Systems are modularized on the basis of their data structures.
2. *Data abstraction*:
   Objects should be described as implementations of abstract data types.
3. *Automatic memory management*:
   Unused objects should be deallocated by the underlying language system, without a programmer intervention.
4. *Classes*:
   Every non simple type is a module, and every high-level module is a type.
5. *Inheritance*:
   A class may be defined as an extension or restriction of another.
6. *Polymorphism and dynamic binding*:
   Program entities should be permitted to refer to objects of more than one class, and operations should be permitted to have different realizations in different classes.
7. *Multiple and repeated inheritance*:
   It should be possible to declare a class as heir to more than one class, and more than once to the same class.

Bild 4.14: MEYERs „Seven Steps towards Object-Based Happiness“

Hybride kontra homogene Sprachen

Bild 4.15 gibt einen Überblick über die Abstammung der objektorientierten Sprachen [Winblad *et al.*, 1990, S. 60]. Die Kanten sind als „hat beeinflußt“ zu lesen. Die Tabelle 4.5 auf Seite 122 stellt die syntaktischen Unterschiede der wichtigsten Sprachen heraus.

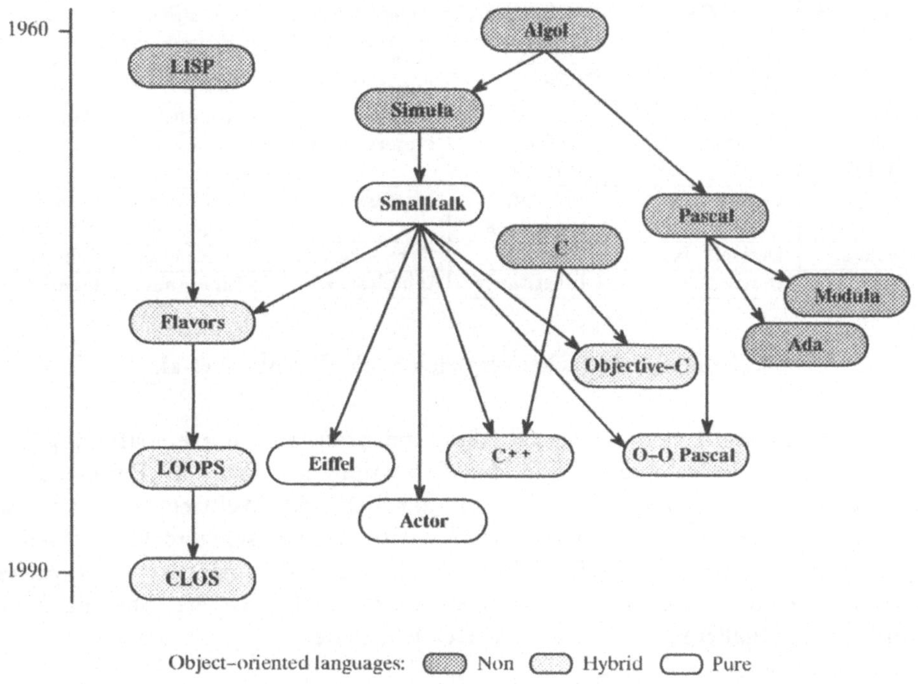

Bild 4.15: Genealogie objektorientierter Sprachen

Hybride Sprachen verfolgen eine evolutionäre Strategie bei der Einführung objektorientierter Konzepte in die Industriepraxis: Konventionelle prozedurale Sprachen, wie Pascal und C, bilden das Substrat oder im Einzelfall eine echte Teilmenge der Hybridsprache, wie Clascal (Pascal with Classes), Objective-C oder C++. Der hybride Ansatz erlaubt das objektorientierte Programmieren, erzwingt es aber nicht. So toleriert der Übersetzer zum Beispiel die Verletzung des Kapselungsprinzips. Die Vorteile der evolutionären Strategie sind zweifach: Zum einen können Programmierer der alten Schule weiter verfahren wie zuvor. Die Investitionen in prozedurale Software — *legacy software* nach einem Methodenwechsel — bleiben erhalten. Zum anderen weisen Hybridsprachen wegen der ausschaltbaren „Überlast", verursacht durch Nachrichtenaustausch und dynamisches Binden, ein besseres Laufzeitverhalten auf.

Der entscheidende Vorteil einer rein objektorientierten Sprache, wie Smalltalk oder Eiffel, liegt in der konzeptionellen Konsistenz: Der Rückgriff auf prozedurale Pro-

Smalltalk	*C++*	*Objective-C*	*Object-Pascal*	*Eiffel*	*CLOS*
Object	Object	Object	Object	Object	Instance
Class	Class	Factory	Object type	Class	Class
Method	Member function	Method	Method	Routine	Method
Instance variable	Member	Instance variable	Object variable	Attribute	Slots
Message	Function call	Message expression	Message	Applying a routine	Generic function
Subclass	Derived class	Subclass	Descendant type	Descendant	Subclass
Inheritance	Derivation	Inheritance	Inheritance	Inheritance	Inheritance

Tabelle 4.5: Sprachenvergleich nach WINBLAD et al.

grammiertechniken außerhalb der Objektspezifikation und -implementierung wird vom Übersetzer unterbunden. Für den Programmierer hat der „Purismus" allerdings ein revolutionäres Element: eine gänzlich neue Weltsicht auf Soft- und Hardware, die er sich erst aneignen muß. Alte Denkweisen und Gewohnheiten aufzugeben, verlangt bekanntlich Willenskraft. Der objektorientierte Lernprozeß verläuft aber steil: viel Wissen in kurzen Zeitintervallen ist erlernbar dank der intuitiven Zugänglichkeit objektorientierter Konzepte.

Fazit

Konzepte, Methoden, Sprachen, Werkzeuge — das Rüstzeug liegt vor für den objektorientierten ingenieurgerechten Entwurf. Wie ist es mit der Akzeptanz durch den Anwender bestellt? Was leistet die Objektorientierung zur Überbrückung der Schnittstelle Mensch-Maschine? Wir werden die menschlichen Aspekte der Objektorientierung im nächsten Kapitel behandeln.

5

ETHOS: H wie „human“

Psychologische und philosophische Erkenntnisse bilden den geisteswissenschaftlichen Hintergrund des Objekt-Paradigmas. Hier sei zum einen auf die von George MILLER und Howard GARDNER inspirierte Kognitionswissenschaft verwiesen: *The Mind's New Science* [Gardner, 1985]. Die menschliche Wahrnehmung stützt sich auf die Klassifikation der Objekte in der realen Welt. Zum anderen schlägt Marvin MINSKY in *The Society of Mind* [Minsky, 1986] ein objektorientiertes Modell der menschlichen Intelligenz vor: Verstand ist Ausdruck einer „society of mindless agents“. Erst durch deren mechanisches Wechselspiel finden wir den Zugang zum Phänomen der Intelligenz. Weiterhin sei auf den Objektbegriff in der psychologischen Entwicklung eines Kindes hingewiesen. Jean PIAGET beobachtet, daß ein Kind mit dem ersten Lebensjahr die Vorstellung von Objekt-Permanenz entwickelt und Objekte zunehmend hierarchisch klassifiziert: *The Child's Conception of the World* [Piaget, 1964]. Schließlich führen Joseph D. NOVAK und D. Bob GOVIN die objektorientierte Begriffsbildung in den Schulunterricht ein: *Learning How to Learn* [Novak & Gowin, 1984]. Mit Hilfe gerichteter Graphen (*concept maps*) lernen Schulkinder, sich auf die Lerninhalte und ihre Querbezüge zu konzentrieren und logisch vernetzt zu denken. Die gleichen Prinzipien von Kommunikation und Verstehen werden auch im objektorientierten Requirements-Engineering erfolgreich angewandt [March & Umphress, 1991].

Wir wollen im folgenden die Fragen beantworten: Warum sind objektorientierte Konzepte und Methoden intuitiv? Warum erfahren sie derzeit eine so breite Akzeptanz in der Informatik? Zum einen argumentieren wir mit denkpsychologischen Erkenntnissen und Hypothesen, zum anderen skizzieren wir eine ontologische Analogie zum Objekt-Paradigma.

5.1 Zur Psychologie der Objektorientierung

Während der Begriff des „Problemlösens" wissenschaftlich längst besetzt ist — die Denkpsychologie und Kognitionsforschung haben ihn zum Thema [Dörner, 1976; Gardner, 1985] — fehlt es bislang an einer allgemeinen „Theorie des Entwerfens". Die Enzyklopädien schweigen sich aus über das Gemeinsame zwischen der Architektur, dem Ingenieurwesen und der Kunst. Wie wir in Kapitel 7 zeigen werden, ist es die Informatik, die hier auf den Plan tritt mit Curriculum-Vorschlägen für eine „Science of Design" [Simon, 1982], mit „architektonischen Leitideen für Systeme" [Zemanek, 1992] oder mit einer „künstlerischen" Einstellung zum Software-Entwurf [Knuth, 1974]. Das nimmt nicht wunder, da gerade in der Informatik die fachübergreifenden Themen zwischen der Softwaretechnik, der Datenbanktechnik und der Künstlichen Intelligenz immer deutlicher werden und der *hybride* Systementwurf die informationstechnischen Ansätze zu vereinen sucht.

Als das Gemeinsame zwischen der Anforderungsanalyse in der Softwaretechnik [Wedekind, 1992], der Modellierung von „Miniwelten" in der Datenbanktechnik [Encarnação & Lockemann, 1990] und der Wissensrepräsentation in der Künstlichen Intelligenz [Brachman & Levesque (Hrsg.), 1985] gilt die Methode des *konzeptionellen Modellierens* [Brodie *et al.* (Hrsg.), 1984]. In jüngster Zeit stellt man der Methode das Attribut „objektorientiert" bei — in der Hoffnung, im Objekt-Paradigma die Synergie der Ansätze zu finden [Dillon & Tan, 1993; Fiadeiro & Sernadas, 1991; Quibeldey-Cirkel, 1994a]. Im folgenden soll der allgemeine Entwurf technischer Objekte als psychologisches, besonders als *kognitives* Problem untersucht werden. Wir wollen ermessen, was das Objekt-Paradigma zum Problemlösen beitragen kann.

5.1.1 Entwerfen als Problemlösen

Umgangssprachlich sind die Parallelen offenkundig: „Probleme tauchen auf, stellen sich ein — Lösungen werden *entworfen*" [Duden, 1970]. Entwerfen ist also ein schöpferischer und planvoller Akt des Problemlösens, der neben der Intelligenz des Entwerfers vor allem seine Kreativität voraussetzt. Im Gegensatz zum schöpferischen *Problem*lösen steht das unschöpferische *Aufgaben*lösen, das sich beschränkt auf ein *reproduktives* Konstruieren mit Hilfe von Algorithmen, Regelwerken oder Rezepten. Lösungsweg und Lösungsmittel sind vorgegeben und müssen lediglich aus dem Gedächtnis abgerufen werden. Wie beides — Aufgaben- und Problemlösen — als *kognitive Operationen* in der mentalen Informationsverarbeitung begriffen wird, lehrt die Denkpsychologie unserer Tage. Wir werden ihre

Erkenntnisse und Hypothesen skizzieren und die kognitiven Parallelen zum ingenieurmäßigen Entwerfen ziehen (im Sinne von Donald NORMANs *Cognitive Engineering* [Norman, 1986]). Wir grenzen unsere Überlegungen und Beispiele auf den Software- und VLSI-Entwurf ein, was nicht zwingend ist, unser Fach und die Kürze der Darstellung aber gebieten. Im übrigen ist die Reduktion des Problembegriffs auf *technische* Probleme nicht nur in den Systemtheorien verbreitet [Athey, 1982], sondern auch in der Intelligenzforschung [Lindsay & Norman, 1972; Newell & Simon, 1972].

Zielentfernung

Angelehnt an die Entwurfstheorie nach Dieter HERRIG können wir den Entwurf technischer Objekte als die prozedural-instrumentelle Überwindung einer „Zielentfernung" auffassen [Herrig, 1982]. Danach besteht das Ziel jeder ingenieurmäßigen Handlung in der technischen Einwirkung auf die natürliche oder künstliche Umgebung. Die Zielentfernung e, die Mittelbarkeit der Einwirkung, läßt sich skalieren:

$\star$	$e = 0$:	unmittelbarer technischer Einfluß auf Mensch und Umgebung (Erfahrungsebene)
$\uparrow$	$e = 1$:	strategischer Entwurf (Verfahrenstechniken, um die Erfahrungsebene zu beeinflussen)
$\uparrow$	$e = 2$:	instrumenteller Entwurf (Werkzeuge, um die Verfahrenstechniken zu unterstützen)
$\uparrow$	$e = 3$:	konstruktiver Entwurf (Verfahrenstechniken, um Werkzeuge herzustellen)
$\vdots$		
$\uparrow$	$e \rightarrow \infty$:	Problemerkenntnis (Gesamtentfernung zwischen Wunsch und Wirklichkeit)

Ein technisches Problem wird seiner Lösung näher gebracht, indem man von einer Ebene des Entwerfens auf die nächsthöhere wechselt. Dabei lösen sich der Entwurf von Operationen (Verfahren) und der Entwurf von Operatoren (Werkzeugen) ab. Das Umsetzen eines Sandhaufens zum Beispiel setzt eine Strategie des Transportierens voraus (Einsatz von Transportmitteln, Festlegung des Weges). Um die Strategie auszuführen, müssen Werkzeuge verfügbar sein (Schubkarre und Schaufel). Sind diese nicht verfügbar, müssen sie entworfen werden. Dazu sind wiederum Strategien erforderlich (Einsatz von Konstruktionswerkzeugen und Materialien zur Herstellung von Schubkarren und Schaufeln) und so weiter. Ganz zu Beginn steht natürlich der Wunsch oder das Bedürfnis, den Ort des Sandhaufens zu wechseln.

Problemlösen umfaßt also *intentionale* (zielgerichtete, zweckgebundene), *selektive* (auf einzelne Aspekte beschränkte) und *prozessuale* (mehrere Schritte umfassende) Denk- und Handlungsmuster für die aktive Suche nach Lösungen [Spinner, 1987]. An der erkenntnistheoretischen Stelle — den kognitiven Denkmustern — wollen wir ansetzen. Die Handlungsmuster des praktischen Software- und VLSI-Entwurfs sind hinlänglich bekannt [Rammig, 1989; Sommerville, 1990].

Auf den zeitgenössischen Ingenieur wirkt es im allgemeinen befremdend, die Erkenntnisse und Hypothesen der Denkpsychologie auf das Problemlösen in seinem Metier zu übertragen; sind es doch die technischen Möglichkeiten, die ihn vornehmlich interessieren. Sein Blick ist auf die technische Verkürzung der Zielentfernung gerichtet: $e \rightarrow 0$. Im Idealfall ist dies der *automatisierte Entwurf*. Über seinen namengebenden *Genius* zerbricht er sich seltener den Kopf. Auch sind ihm die „weichen" Methoden der Denkpsychologen nicht unbedingt vertraut, mitunter sogar suspekt: „Selbstbeobachtung" und „lautes Denken" gelten ihm als vorwissenschaftlich. Zumindest zielen sie in die entgegengesetzte Richtung: $e \rightarrow \infty$. Vertrauter ist ihm da schon die statistische *Metrik* zur Auswertung empirischer Versuchs- und Kontrollreihen, eine Metrik, die auf George MILLER zurückgeht.

Es war der Psychologe MILLER, der die *informationstheoretische* Metrik des Mathematikers Claude SHANNON in die statistische Psychologie einführte [Miller, 1956; Shannon & Weaver, 1949]. Seiner „Magischen Zahl Sieben" fügte MILLER das *Bit* bei, das SHANNON-Maß für den Informationsgehalt. Das dimensionsbehaftete und somit unvergleichbare Maß der *Varianz* ist seitdem aus dem psychologischen Fachjargon verschwunden (siehe Abschnitt 2.2.1). Dadurch wurde der Weg frei für eine gegenseitige Befruchtung zwischen Psychologie und Informatik [Schauber & Tauber (Hrsg.), 1982], vor allem zwischen der Denkpsychologie (*Problemlösen als Informationsverarbeitung* [Dörner, 1976]) und der Künstlichen Intelligenz (*The Society of Mind* [Minsky, 1986]). Die Geschichte der Wissenschaften kennt viele Fälle interdisziplinärer Impulse. Dieser hier findet seinen Ausdruck in der modernen Kognitionswissenschaft (*The Mind's New Science: A History of the Cognitive Revolution* [Gardner, 1985]).[1]

[1]Wir berufen uns hier auf den Erkenntnisstand der 70er Jahre aus zwei Gründen: 1. Das ist die Zeit, in der die Parallelen zwischen Informatik und Kognitionspsychologie beginnen. Und 2. haben seit dieser Zeit die Grundlagen und Lehrmeinungen der Kognitionspsychologie eine *Diversifikation* erfahren; sie zu bündeln, fühlen wir uns nicht berufen.

Was ist ein Problem?

Der Denkpsychologe Dietrich DÖRNER hat ein einfaches Konzept vorgeschlagen, das sich für die Klassifikation von Problemen eignet. Auch die Aspekte des Soft- und Hardware-Entwurfs fügen sich zwanglos in sein Konzept. Wir stellen es unserer erkenntnistheoretischen Betrachtung des Entwerfens voran. Bild 5.1 zeigt eine PETRI-Notation.

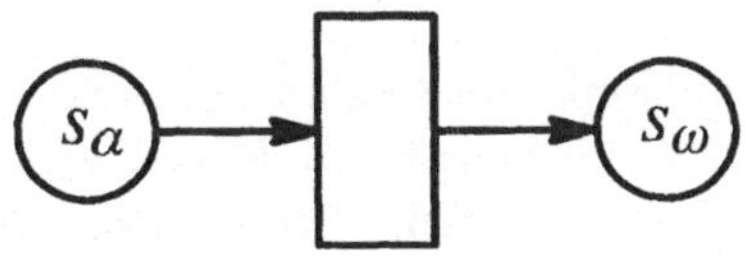

Bild 5.1: Problemkomponenten

Nach DÖRNER ist ein Problem gekennzeichnet durch drei Komponenten:

- unerwünschter Anfangszustand s_α
- erwünschter Endzustand s_ω
- Barriere in der Überführung von s_α in s_ω
  (kognitive und technische Hindernisse)

Eine *Aufgabe* unterscheidet sich von einem *Problem* durch das Fehlen der Barriere: Für die Bewältigung einer Aufgabe ist die Lösungsmethode bekannt; nur reproduktives Denken ist gefordert. Ob es sich also um ein Problem oder um eine Aufgabe handelt, hängt von der subjektiven Vorerfahrung des Entwerfers ab. Für einen erfahrenen CAD-Konstrukteur ist der räumliche Entwurf kein Problem, sondern eine Aufgabe. Für den Laien indes ist die 3D-Darstellung ein äußerst schwieriges Problem. An der Art der Barriere, die eine unmittelbare Transformation des Anfangs- in den Zielzustand im Moment verhindert, lassen sich die Probleme und deren Überwindung typisieren. DÖRNER nennt drei Problemtypen:

Interpolationsprobleme: Man weiß, was man will, und kennt die Mittel, um den wünschenswerten Zustand zu erreichen. Das Problem liegt in der richtigen *Kombination der Mittel*, in der Interpolation zwischen Anfangs- und Zielzustand. Die Anzahl der möglichen und jeweils zu prüfenden Transformationsketten ist im allgemeinen aber sehr groß: Bei anspruchsvollen Problemen, wie dem Schachspiel oder der kürzesten Rundreise des Handlungsreisenden, ist die Interpolationsbarriere selbst mit massivem Rechnereinsatz unüberwindbar (NP-vollständiges Problem, kombinatorische Explosion). Maschinelles Kombinieren und Ausprobieren der verfügbaren Mittel ist nur für eingeschränkte und wohlstrukturierte Anwendungen wirtschaftlich. Das gilt zum Beispiel für den *Silicon-Compiler*, eingeschränkt auf den automatischen Digitalfilter-Entwurf, oder den von NEWELL, SHAW und SIMON programmierten *General Problem Solver** (GPS), eingeschränkt auf die Simulation mentaler Suchoperationen [Newell & Simon, 1972].

Syntheseprobleme: Man weiß von Beginn an, oder vermutet nach vergeblichen Lösungsanstrengungen, daß die bekannten Mittel nicht oder nicht allein hinreichend sind, um das Problem zu lösen. Problem des Alchimisten: Wie gewinne ich Gold aus Blei? Anfangs- und Endzustand sind bekannt, unbekannt oder unbewußt sind wichtige Einzeloperationen, kombiniert mit den bekannten. Das Problem liegt in der Zusammenstellung — der Synthese — eines geeigneten Inventars an Operatoren. Gelernte Einstellungen und Denkgewohnheiten können ursächlich für Synthesebarrieren sein. Denksportaufgaben enthalten in der Regel derartige Barrieren. Bild 5.2 zeigt ein Beispiel.

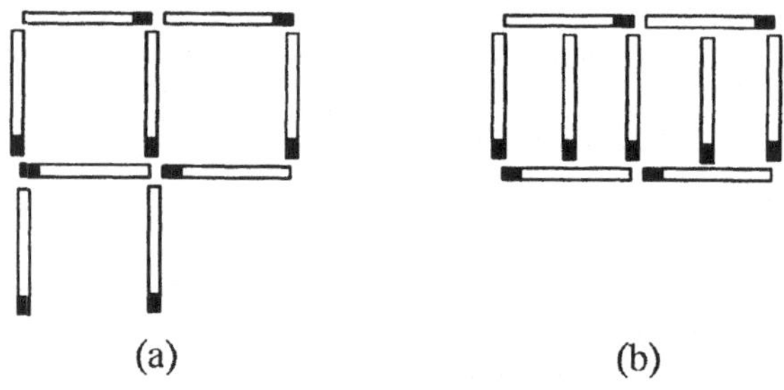

Bild 5.2: Beispiel eines Syntheseproblems

Die Streichholzkonfiguration (a) soll durch eine Lageveränderung zweier Hölzer in eine Konfguration aus drei gleich großen Quadraten überführt werden. Viele Versuchspersonen scheitern, weil sie die Möglichkeit überlappender Quadrate (b) von vornherein außer acht lassen. Die Synthesebarriere liegt hier in der mentalen Voreinstellung der Versuchsperson: Sie sucht die Lösung ausschließlich in der „überlappungsfreien“ planaren Geometrie. Der allgemeine VLSI-Entwurf, der sich nicht in einer technischen Umsetzung erschöpft (zum Beispiel die Umsetzung einer diskreten Schaltung in eine integrierte), ist hauptsächlich ein Syntheseproblem.

Das Operatorinventar ist offen: für eine synthetische Lösung muß es um weitere Operatoren ergänzt werden.

Dialektische Probleme: Man weiß, daß die gegebene Situation verändert werden muß, kennt aber den Zielzustand nur vage oder gar nicht. Allenfalls sind globale Kriterien für den wünschenswerten Endzustand bekannt, im allgemeinen Komparative wie „schneller" oder „benutzungsfreundlicher". Die Lösung kann nur *dialektisch* erreicht werden: Der Entwurf wird auf Widersprüche geprüft. Je offener das Problem im Hinblick auf seinen Zielzustand ist, desto mehr muß man versuchen, durch zyklisches Erzeugen und Prüfen von Alternativen die Zielvorstellung zu präzisieren. So werden in der Softwaretechnik die dialektischen Barrieren beispielsweise durch *exploratorisches Prototyping* überwunden.

Der Bekanntheitsgrad der Mittel und die Klarheit der Zielkriterien erlauben eine Kreuztabellierung der drei Barrieretypen. Tabelle 5.1 zeigt die Ausprägungen in beiden Dimensionen [Dörner, 1976, S. 14].

		Klarheit der Zielkriterien	
		hoch	*gering*
Bekanntheitsgrad der Mittel	*hoch*	Interpolationsbarriere	dialektische Barriere
	gering	Synthesebarriere	dialektische und Synthesebarrieren

Tabelle 5.1: Klassifikation der Barrieretypen

In der Praxis des Soft- und Hardware-Entwurfs treffen wir auf komplexe Probleme mit *heterogenen* Barrieren. Auch ist die Art der Barriere abhängig vom Erfahrungs- und Wissensstand des Problemlösers: Was für den Laien ein Syntheseproblem darstellt, wegen seiner geringen Kenntnis der Lösungsmittel, ist für den Experten möglicherweiser ein Problem der Interpolation, also der Kombination bekannter Mittel. Im kreativen und rationalen Prozeß des Problemlösens nimmt das verfügbare Wissen des Problemlösers die Schlüsselrolle ein. Die geistige Lösungskompetenz ist ausschlaggebend für die Überwindung der dialektischen, Interpolations- und Synthesebarrieren. Auf die kognitiven, das heißt erkenntnis- oder wissensmäßigen Aspekte gehen wir nun näher ein.

5.1.2 Kognitive Strukturen

Die Arbeitshypothese der Kognitionsforschung lautet: „Menschliches Denken ist Informationsverarbeitung." Daraus wurde die These der *Homomorphie** zwischen Mensch und Maschine abgeleitet, das heißt der strukturellen Ähnlichkeit zwischen den elementaren kognitiven Prozessen, die der menschlichen Informationsverarbeitung zugrunde liegen, und den elementaren Lese-, Schreib-, Lösch-, Erzeuge-, Vergleichs- und Übertragungsprozessen in Rechnersystemen [Fischer, 1983]. Diese These findet ihre logische Konsequenz in den Arbeiten von Allen NEWELL und Herbert SIMON:

> „*The Physical Symbol System Hypothesis.* A physical symbol system has the necessary and sufficient means for general intelligent action."
>
> „*Heuristic Search Hypothesis.* The solutions to problems are represented as symbol structures. A physical symbol system exercises its intelligence in problem solving by search — that is, by generating and progressively modifying symbol structures until it produces a solution structure." [Newell & Simon, 1975]

Wir lassen hier den strittigen KI-Aspekt der Simulation menschlicher Intelligenz unbewertet und greifen nur den Strukturaspekt auf. DÖRNER faßt ihn als Konsens der kognitiven Psychologie zusammen. Danach sind zwei Gedächtnisstrukturen die Voraussetzung für das Lösen eines Problems:

> „Der Problemlöser braucht erstens ein Abbild des Realitätsbereichs, in dem das Problem lokalisiert ist, und zweitens muß er über heuristische Strategien verfügen. Er benötigt eine *epistemische* und eine *heuristische* Struktur." [Dörner, 1976, S. 116]

Es handelt sich um Wissensstrukturen, also um kognitive Strukturen, die miteinander interagieren: eine Wissensbasis (Fakten und Methoden) und eine Instanz zur Wissensverarbeitung. Die *epistemische* Struktur (griechisch episteme = Wissen) besteht aus einem *Afferenzteil*, dem Gedächtnis für Sachverhalte eines Realitätsbereichs, und einem *Efferenzteil*, dem Gedächtnis für Operatoren und Handlungen, mit deren Hilfe sich die Sachverhalte umwandeln lassen. Die *heuristische* Struktur der Wissensverarbeitung tritt als Verfahrensbibliothek auf, die problem- und situationsabhängig Konstruktionsverfahren zur Verfügung stellt. Ihre Komponenten sind also Heuristiken (= Findeverfahren[2]). Ohne sie stünde dem Menschen

[2]Man assoziiere den Ausspruch ARCHIMEDES' im Badezuber, als ihm beim Überschwappen des Badewassers die Idee kam, über die Wasserverdrängung einer Goldkrone ihren Goldgehalt zu bestimmen: „*Heureka!*"

als Konstruktionsverfahren nur das *ungeleitete* Probieren über der epistemischen Struktur zur Verfügung: Das Problemlösen reduzierte sich auf ein kombinatorisches Aufgabenlösen. „Träumen" und „Phantasieren" sind gleichsam ungeleitete Prozesse über der epistemischen Struktur (sie können aber heuristisch bedeutsam sein!).

Zwei Aspekte wollen wir für unsere Diskussion der psychologischen Parallelen zum Objekt-Paradigma hervorheben: zum einen den in der epistemischen Struktur abgebildeten *Realitätsbereich* eines Problems und zum anderen die elementaren *kognitiven Operationen*, aus denen sich alle Heuristiken zusammensetzen.

Kognitive Abbildungen

Ein Realitätsbereich ist durch zwei Mengen charakterisiert: *Sachverhalte* und *Operatoren* zur Umwandlung von Sachverhalten. Formal bilden sie die Komponenten eines *Netzes*. Die Sachverhalte bilden die Knoten im Netz, die Operatoren die Übergänge. Am Realitätsbereich „Schachspiel" erläutert, bilden die regelhaften Züge die Menge der Operatoren und die möglichen Konstellationen der Schachfiguren auf dem Feld die Menge der Sachverhalte. Problemlösen innerhalb eines so definierten Realitätsbereichs ist das Suchen nach dem optimalen oder im Sinne von SIMON „zufriedenstellenden" Weg im Labyrinth der möglichen Wege (die Logik des Suchens wird in Abschnitt 7.1.2 vertieft). Die Suchstrategie richtet sich dabei nach den Eigenschaften des Realitätsbereichs. Diese werden wiederum durch die Eigenschaften seiner Sachverhalte und Operatoren bestimmt. Bei statischen Realitätsbereichen, also solchen, die sich nur durch den Eingriff des Problemlösers verändern, ist die kombinatorische Komplexität die bestimmende Größe, zum Beispiel 10^{120} mögliche Partien beim Schachspiel [Simon, 1982, S. 137].

Nehmen wir den Realitätsbereich der technischen Entwurfsdatenbanken, um das Gesagte weiter zu verdeutlichen. Er wird im allgemeinen „Miniwelt" oder „Weltausschnitt" genannt [Encarnação & Lockemann, 1990]. Die möglichen Sachverhalte der Miniwelt werden durch das konzeptionelle Datenbankschema formal beschrieben (Entity-Relationship-Modelle*). Die Menge der Operatoren, um einen Sachverhalt umzuwandeln, ist durch die erlaubten Datenbanktransaktionen bestimmt. Handelt es sich beispielsweise um eine VLSI-Entwurfsdatenbank, so besteht das Problemlösen, also das Entwerfen, in der Suche nach geeigneten Transaktionsfolgen, um die Spezifikationsdaten des zu entwerfenden Chips letztlich in geometrische Layoutdaten zu transformieren.

Sachverhalte können dabei CAD-Daten auf verschiedenen VLSI-Abstraktionsebenen und unter verschiedenen Sichten umfassen (siehe Tabelle 2.5 auf Seite 41). Als Operatoren zur Umwandlung der Sachverhalte steht dem Entwerfer ein umfangreiches Instrumentarium zur Verfügung: generierende und verifizierende Werkzeuge, wie Layoutrouter und Layoutextraktoren. Elementare Datenbanktransaktionen wären zum einen das Erzeugen und Modifizieren von Datenbankobjekten, beispielsweise von Simulationsmodellen für Register-Transfer- (RT) oder Logikzellen, und zum anderen das Etablieren von Objektbeziehungen, den Netzlisten der RT- und Logikzellen. Komplexe Transaktionen (Makro-Operationen im Sinne von DÖRNER) wären zum Beispiel die grafische Darstellung des Datenbankinhalts durch Schaltungs- und Layouteditoren oder die Simulation des Datenbankinhalts auf bestimmten Abstraktionsebenen durch Schaltkreis-, Logik- und RT-Simulatoren.

Soviel zum Begriff des Realitätsbereichs. Die Informationsverarbeitung beim Problemlösen ist untrennbar mit dem Gedächtnis verknüpft, denn die erforderliche kognitive Abbildung des Realitätsbereichs ist eine Leistung unseres Gedächtnisses. Interessant am Zusammenhang zwischen Problemlösen und Gedächtnis ist besonders die Frage nach der Strukturähnlichkeit: Findet die Struktur eines Realitätsbereichs, zum Beipiel die datenbanktechnische Abbildung der VLSI-Miniwelt als netzartiges konzeptionelles Schema, ihr Pendant im kognitiven Bereich? In der Tat zeigen die Ergebnisse der Gedächtnisforschung eine frappante Ähnlichkeit: Nach Donald NORMAN ist die Grundstruktur unseres Langzeitgedächtnisses das „aktive semantische Netz“ (zitiert in [Dörner, 1976, S. 29]).

An dieser Stelle tritt eine Erkenntnis zu Tage, die in der Informatik in Vergessenheit geraten ist: Es war die kognitive Psychologie, vor allem die Gedächtnisforschung, die erstmals den Begriff des „semantischen Netzes“ formulierte und ihn zur Arbeitshypothese über die Struktur unseres „kognitiven Apparats“ erhob. Die Brauchbarkeit dieser Hypothese wurde bald in der Künstlichen Intelligenz und der Datenbankforschung erkannt, wo das semantische Netz als universelles (technisches) Schema übernommen wurde.

Das Gedächtnisbild eines Realitätsbereichs besteht aus verknüpften Gedächtnisinhalten. Drei allgemeine Formen der Verknüpfung lassen sich nach DÖRNER unterscheiden: die *Konkret-Abstrakt*-Relation (das Flipflop *ist ein* Speicherelement), die *Ganzes-Teil*-Relation (der Zentralprozessor *besteht aus* Rechen- und Leitwerk) und *raum-zeitliche* Relationen (die Simulation auf Transistorebene *folgt auf* die Extraktion des Layouts).

Ein Denkprozeß kann nun als „interpretativer Prozeß" modelliert werden [Lindsay & Norman, 1972]. Das semantische Netz der Gedächtnisinhalte bildet die Datenbasis. Der interpretative Prozeß besteht darin, daß bestimmte Knoten im Netz ausgewählt und für die Informationsverarbeitung verfügbar gehalten werden. Die Knoten wirken dabei als „Ösen", in die sogenannte „Informationshaken" greifen können. Die Zahl der Haken ist durch die Kapazität unseres Kurzzeitgedächtnisses auf die MILLERsche Größenordnung von „7 ± 2" begrenzt. Die an diesen Haken festgemachten Netzknoten bilden den Inhalt des Kurzzeitgedächtnisses. Der interpretative Prozeß sucht die Umfelder der ausgewählten Knoten ab und verarbeitet sie. Beispiele für einen interpretativen Prozeß sind die Prüfung, ob ein bestimmter Knoten im Umfeld eines anderen liegt, oder das Aufgreifen eines Knotens, der durch eine bestimmte Relation mit einem anderen verknüpft ist.

Heuristische Suchprozesse im netzartigen Labyrinth des Langzeitgedächtnisses laufen über die Informationshaken des Kurzzeitgedächtnisses ab, und zwar komplex und parallel. DÖRNER zeichnet für die Art der Verknüpfung zwischen der epistemischen (ES) und der heuristischen Struktur (HS) ein einprägsames Bild:

> „Die Beziehungen zwischen HS und ES sehen ungefähr so aus, wie die Beziehungen zwischen einem Tintenfisch und einem Fischernetz, welches dieser in seinen Tentakeln hält. Das Fischernetz entspricht der ES, und die Knoten des Netzes, die gerade von den Tentakeln gehalten werden, sind die Inhalte des Kurzzeitgedächtnisses (der Tintenfisch hat gerade acht Tentakeln, was der Kapazität des Kurzzeitgedächtnisses ganz gut entspricht). Wenn der Tintenfisch sich an dem Netz mit seinen Tentakeln entlangtastet, indem er jeweils von den Knotenpunkten ausgehend, die er festhält, andere Knotenpunkte aufnimmt, dann entspricht dieser Vorgang den heuristischen Prozessen." [Dörner, 1976, S. 37]

DÖRNER hat seine „Tintenfischhypothese" auch mathematisch formuliert. Wir wollen an dieser Stelle nur die zwei Grundannahmen der Gedächtnisforschung herausstellen, an die wir später wieder anknüpfen werden:

1. Die kognitive Struktur des Langzeitgedächtnisses ist das semantische Netz.

2. Die semantischen Relationen lassen sich klassifizieren in Konkret-Abstrakt-, Ganzes-Teil- und raum-zeitliche Relationen.

Kognitive Operationen

Welche Elementarprozesse konstituieren die Informationsverarbeitung beim Problemlösen? Bestehen Denkakte in der Verkettung bestimmter kognitiver Operationen? Die Beantwortung der Fragen zeigt Möglichkeiten auf, wie die Fähigkeit des Individuums, Probleme zu lösen, verbessert werden kann und welche Lösungshilfen hierfür geeignet sind.

Der Versuch, das Denken auf seine Grundelemente zurückzuführen, ist nicht neu: Auf ARISTOTELES geht der *Assoziationismus* zurück. Aus dessen Sicht bestehen kognitive Prozesse darin, daß Gedächtnisinhalte sich wechselseitig aufgrund ihrer Verknüpfungen aufrufen. Dabei unterscheidet man zwischen Assoziationen aufgrund der Gleichzeitigkeit kognitiver Vorgänge, der Ähnlichkeit (Ratte-Maus), des Kontrastes (heiß-kalt) und des räumlichen Zusammenseins (Stuhl-Tisch). Assoziationen breiten sich nach den genannten Prinzipien nicht ziellos aus, sondern unterliegen gewissen aktivierenden und hemmenden Konstellationen. Im Kontext „Das moderne Eingabemedium eines Rechners ist die Maus“ gehen die Assoziationen zu „Maus“ in eine andere Richtung als in jedem tierbezogenen Kontext.

Wenn es um die operativen Grundelemente des Problemlösens geht, erweist sich der undifferenzierte Standpunkt des Assoziationismus als wenig fruchtbar. Die Suche nach einer Grundmenge kognitiver Elementaroperationen, erschöpfend und disjunkt zugleich, ist bislang, wie DÖRNER eingesteht, erfolglos. Die bisher gewonnenen Erkenntnisse der kognitiven Informationsverarbeitung, die sich mehr phänomenologisch orientieren, sind dennoch für unsere Diskussion von großer Bedeutung. Sie machen uns die vielbeschworene *Intuitivität* der objektorientierten Konzepte plausibel. Nach H. LOMPSCHER können unsere geistigen Fähigkeiten zurückgeführt werden auf wenige elementare Operationen (zitiert in [Dörner, 1976, S. 112]):

1. *Zergliedern* eines Sachverhalts in seine Teile

2. *Erfassen der Eigenschaften* eines Sachverhalts

3. *Vergleichen* von Sachverhalten hinsichtlich der Unterschiede und Gemeinsamkeiten

4. *Ordnen* einer Reihe von Sachverhalten hinsichtlich eines oder mehrerer Merkmale

5. *Abstrahieren* als Erfassen der in einem bestimmten Kontext wesentlichen Merkmale eines Sachverhalts und Vernachlässigen der unwesentlichen Merkmale

6. *Verallgemeinern* als Erfassen der einer Reihe von Sachverhalten *gemeinsamen* und *wesentlichen* Eigenschaften

7. *Klassifizieren* als Einordnen eines Sachverhalts in eine Klasse

8. *Konkretisieren* als Übergang vom Allgemeinen zum Besonderen

Nach der Auffassung von LOMPSCHER sind diese Operationen grundlegend für jede geistige Tätigkeit. Sie treten aber nur selten isoliert auf, im allgemeinen sind sie die Komponenten komplexer Prozesse, die einander bedingen und durchdringen. Als Beispiel nennt LOMPSCHER das *Definieren*. Oberbegriff und wesentliches Unterscheidungsmerkmal — die klassischen Elemente einer Definition: „Eine Straßenbahn ist ein motorgetriebenes, schienengebundenes Verkehrsmittel". — gehen hervor aus den Teilprozessen des Abstrahierens, Klassifizierens, Verallgemeinerns und weiterer Operationen. Allen gemeinsam ist das Erfassen von Eigenschaften und das Ausgliedern von Teilen. Unsere Umgangssprache kennt eine Vielzahl komplexer geistiger Operationen höherer Ordnung, wie „sich besinnen" oder „eine Idee haben". Sie lassen sich mehr oder weniger eindeutig auf eine Verknüpfung der LOMPSCHERschen Operationen zurückführen.

Heuristiken, verstanden als geistige Programme zur Lösungsfindung, setzen sich gleichsam aus Verknüpfungen kognitiver Operationen zusammen. Hier lassen sich zwei Prozeßgruppen unterscheiden: Veränderungs- und Prüfprozesse. Die Grundeinheit ihrer Organisation ist von zentraler Bedeutung, spiegelt sie sich doch auch außerhalb unseres „kognitiven Apparats" in den Handlungsmustern des Entwerfens wider: *TOTE* (*Test-Operate-Test-Exit*). Das Flußdiagramm in Bild 5.3 beschreibt das Prinzip.

Die simple Heuristik für das Einschlagen eines Nagels zum Beispiel folgt dem TOTE-Bauplan. *Test*: Ist der Nagel tief genug eingeschlagen? Wenn nein, *Operate*: Erneuter Hammerschlag und *Test*. Wenn ja, *Exit*: Einschlagen beenden. Dieses Grundprinzip der Organisation von Denk- und Handlungseinheiten wurde bereits von Norbert WIENER als kybernetisches Universalschema erkannt [Wiener, 1948]. In den Wissenschaften hat es zahlreiche Namen erfahren, wir wollen es für unsere Diskussion des Entwerfens allgemein formulieren.

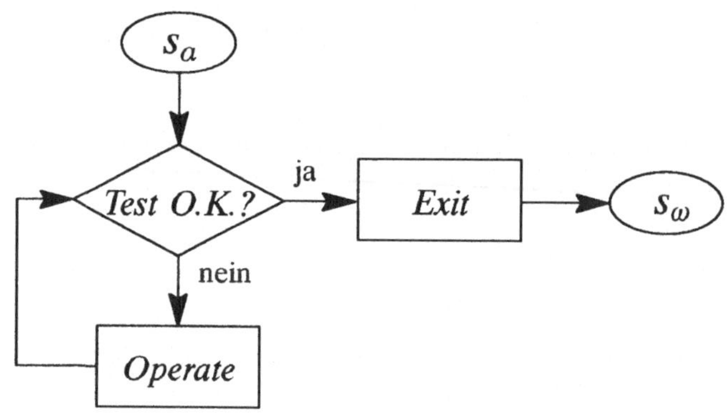

Bild 5.3: Grundeinheit einer Heuristik

5.1.3 Schema & Korrektur

In der Wissenschaftstheorie heißt das kybernetische Prinzip nach Karl POPPER „Vermutungen und Widerlegungen" [Popper, 1963], in der Künstlichen Intelligenz nach Herbert SIMON „Generator-Test-Zyklus" [Simon, 1982] oder im Software- und VLSI-Entwurf nach Karl KLINGSHEIM „ASE-Paradigma" (Analyse-Synthese-Evaluation) [Klingsheim, 1990]. Weitere Begriffspaare lassen sich zwanglos anfügen, wie „Theorie und Kritik", „Hypothese und Verwerfung" oder „Versuch und Irrtum". Allen kybernetischen Annäherungsschemata gemeinsam ist die TOTE-Heuristik: Ausgangsschema → erster Lösungsversuch → Kritik und Korrektur → korrigiertes Schema → zweiter Lösungsversuch und so fort bis zur akzeptierten Lösung. Im Zusammenspiel von „Schema & Korrektur" wechselt das Problemlösen zwischen der Ebene der mentalen Operatoren und der pragmatischen Ebene der Entwurfswerkzeuge.

Was ist ein Schema?

Im allgemeinen handelt es sich um eine geistige, das heißt kognitive Vorlage, um die Information über ein Problem zu gestalten und zu gliedern. Ein Schema kann somit als *Raster* mit bestimmten Ordnungsmustern aufgefaßt werden. In dieses Raster wird die Information nebenordnend (parataktisch) oder über- und unterordnend (hypotaktisch) eingefügt. „Die wissenschaftliche Denk- und Darstellungsform ist ausgeprägt hypotaktisch" [Spinner, 1987, S. xi]. Verglichen mit der Hypotaxe*

(Systeme und Hierarchien*) stellt die Parataxe* eine schwache Ordnungsform dar (Listen- und Mengen). Fehlt jegliches Schema, so liegt ein *Gemenge* vor, eine unstrukturierte zufällige Anhäufung aus Vermutungen, Fakten und Methoden aller Art. Eine solche Informations*ballung* wirkt auf den Menschen diffus und komplex. Für die Informationsverarbeitung ist sie ausgesprochen kontraproduktiv.

Der Schemabegriff ist zum Beispiel in der Datenbanktechnik allgegenwärtig: Hier hat man sich auf ein Drei-Schema-Konzept für den Datenbankentwurf geeinigt: konzeptionelles, externes und internes Schema [Schlageter & Stucky, 1983]. Der Entwurf reduziert sich so auf die Transformationen zwischen den verschiedenen Schemata.

„Schema & Fixierung" wäre das zu „Schema & Korrektur" gegenteilige Organisationsprinzip für Denk- und Handlungsmuster. Eine Fixierung auf vorgefertigte Entwurfsschemata unterdrückt jede Kreativität. Aber auch aus pragmatischer Sicht gilt es, Fixierungen zu vermeiden: Denn der erste Lösungsversuch ist mit Sicherheit falsch, sonst wäre er schon die vorweggenommene Lösung, und es läge kein Problem, sondern eine reproduktive Aufgabe vor. Die „tierische Prägung" im Sinne der Verhaltensforschung nach Konrad LORENZ oder die menschliche „Dogmatisierung" im Sinne autoritärer Ideologien sind Beispiele für Schemata *ohne* nachfolgende Korrektur: *Schablonen*. Eine Anpassung an abweichende Erfahrungen oder Erkenntnisse findet nicht statt.

„Making-Matching-Remaking"

Das Argumentationsverfahren von „Vermutungen und Widerlegungen" wurde vom Kunsthistoriker Ernst GOMBRICH auf das Problem des bildlichen Entwerfens übertragen [Gombrich, 1978]. Jede Art, die Wirklichkeit darzustellen, ist ein aktiver rückgekoppelter Prozeß, der durch einen Zyklus aufeinanderfolgender Phasen gekennzeichnet ist (in Klammern stehen Beispiele für technische Bezüge):

1. *Making*: Vorkonstruktion eines kognitiven Schemas (fachliches Grobkonzept, konzeptionelles Modell, Blockschaltbild)

2. *Matching*: Interpretation der Wirklichkeit durch Einordnung der Information in das Schema (Prototyping, Simulation)

3. *Remaking*: Nachkonstruktion des Ausgangsschemas unter korrigierender Anpassung an die Wirklichkeit (Feinkonzept, Blockauflösung) oder, wenn eine

Korrektur wirtschaftlich untragbar scheint, alternatives Ausgangsschema durch Ansatzwechsel

Zwei Akzente trägt dieses Phasenmodell: (a) Es betont die Priorität: *making* kommt vor *matching*. Erst in einem kognitiven Ordnungsschema, durch dessen Raster die Wirklichkeit (Weltinformation) aufgenommen und strukturiert wird, so grob und fehlerhaft dies auch im ersten Ansatz geschehen mag, entwickelt sich die Erkenntnis. (b) Es betont den „*aktiven* Charakter aller Erkenntnis, die wir demnach immer ‚machen‘ und beständig ‚neumachen‘ müssen“ [Spinner, 1987, S. xii].

Bild 5.4: „Wie man eine Katze zeichnet“

Der Annäherungsprozeß fortgesetzter Rekonstruktion (durch Variieren des Ausgangsschemas) dauert so lange, bis Darstellung und Dargestelltes in den artbildenden Eigenschaften übereinstimmen. Bild 5.4 zeigt den bildlichen Darstellungsvorgang im Zusammenspiel von „Schema & Korrektur“ an einem Beispiel von GOMBRICH. Im Wechsel der Deutungen aufgrund neuer (Gegen-)Information zu den bisherigen Auslegungen entwickelt sich die beabsichtigte Darstellung als Folge zunehmend komplexerer Schemata, bis schließlich die Lösung, die eindeutige Erkennbarkeit des Objekts, erreicht ist.

Das *exploratorische Prototyping* folgt in gleicher Weise dem Vorgehensmodell *making-matching-remaking*, wie es GOMBRICH für den bildlichen Darstellungsvorgang analysiert hat. Das Wechselspiel von „Schema & Korrektur“ bestimmt die Interaktion zwischen Kunden und Entwerfer. Das beabsichtigte Objekt ist hier die Benutzungsoberfläche für die gewünschte Anwendung. In der dialogischen Rückkopplung zwischen Entwerfer und Kunden werden die zuvor unscharfen Anforderungen des fachlichen Konzepts differenziert und zugleich am Prototypen erprobt.

Die Entstehung dieses Unterkapitels zum psychologischen Aspekt der Objektorientierung kann als ein weiteres Beispiel für das Wechselspiel von „Schema & Korrektur“ betrachtet werden: Der Text ist das Ergebnis eines iterativen Zyklus von *Textproduktion* (*making*: Formulierung der Gedanken: „Entwerfen = Problemlösen?“ „Die Objektorientierung setzt bei $e \to \infty$ an und reicht bis $e \to 0$“), *Textrezeption* (*matching*: Literaturauswertung, Kenntnisse und Erfahrungen aus Soft- und Hardwareprojekten) und *Textrevison* (*remaking*: erweitern, eingrenzen, korrigieren).

Die bis hier zusammengetragenen und im Lichte des Entwerfens geordneten Erkenntnisse und Hypothesen sollen die Intuitivität des Objekt-Paradigmas verdeutlichen. Viel ist bereits veröffentlicht worden zu den methodischen und pragmatischen Vorteilen objektorientierter Konzepte. Die Zahl der Publikationen steigt exponentiell (siehe Bild 1.3 auf Seite 12). Wenig wurde bisher geschrieben über die *missing link* zwischen den kognitiven Prozessen während des Entwerfens und dem konzeptionellen Modellieren als Einstieg in die OO-Linie. Deren Kettenglieder scheinen vollzählig zu sein: Analyse (OOA) → Design (OOD) → Programmierung (OOP) → Datenverwaltung (OODBMS). Die Frage „Warum wird die Objektorientierung als intuitive Leitidee des Entwerfens empfunden?“ läßt sich nun plausibel beantworten.

5.1.4 Der Beitrag des Objekt-Paradigmas

Seit Thomas KUHN wissen wir, daß sich Wissenschaften *revolutionär* entwickeln: Der Erkenntnisgewinn an Fakten und Methoden verläuft nicht kumulativ, sondern sprunghaft; die Sprungstellen sind durch *Paradigmenwechsel* ausgewiesen (siehe Abschnitt 1.1.1). Auch die Methodenentwicklung in der Informatik folgt langfristig einer Pendelbewegung: Mit leistungsfähigeren Methoden werden auch komplexere Probleme angegangen. Gelöste Probleme wecken neue Bedürfnisse. Und die wiederum spannen die Erwartung an das Potential der aktuellen Methode. Die Ausschläge des Pendels gehen also abwechselnd einher mit überzogenen Erwartungen und allgemein empfundenen Fortschrittskrisen K_i. Bild 5.5 zeigt den wellenförmigen Verlauf, den auch der Informatik-Duden konstatiert [Claus & Schwill, 1993].

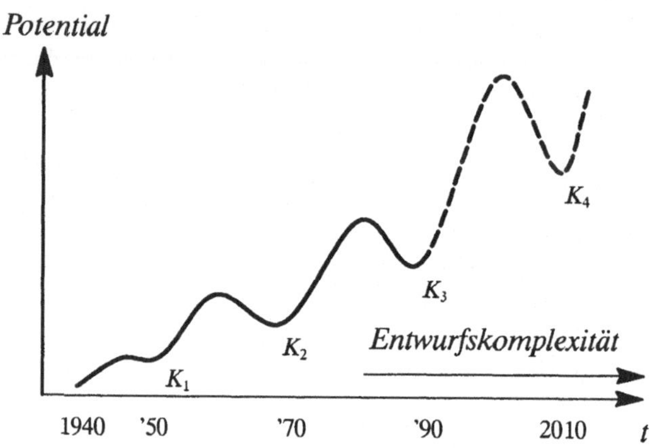

Bild 5.5: Methodenentwicklung in der Informatik

Die Frage sei gestellt: Geht die Pendelschwingung tendentiell in Richtung einer *kognitiven* Unterstützung des Software-Entwerfens? Der mit den Paradigmenwechseln einhergehende Strukturwandel in der Programmiermethodik scheint die Frage zu bejahen:

1. strukturlose Programmierung (methodenlose Zeit bis etwa 1950)

   Die *Methodenkrise* K_1 führt zur Entwicklung von Assemblern und Übersetzern für höhere Programmiersprachen.

2. künstlerische Strukturen (*Computer Programming as an Art* [Knuth, 1974]: 1950–1970)

   Die *Softwarekrise* K_2 führt zur Entwicklung strukturierter Programmiersprachen.

3. prozedurale Strukturen (strukturierte Programmierung: 1970–1990)

   Die *Wiederverwendungskrise* K_3 führt zur Entwicklung objektorientierter Programmiersprachen.

4. objektorientierte Strukturen (1990 -?)

   Die *Parallelitätskrise* K_4 führt ...

Mit der gegenwärtigen Loslösung von den prozeduralen VON-NEUMANN-Rechnerstrukturen durch die Konzepte objektorientierter Sprachen hat sich der Entwerfer weitestgehend von der Maschine entfernt. Mit der Unterstützung kognitiver Prozesse wird nun auch der Entwurfsprozeß über die gesamte Zielentfernung unterstützt: von $e \to \infty$ bis $e \to 0$ (siehe Seite 125). Die Durchgängigkeit der objektorientierten Methode — von der Idee zum Produkt — ist somit maximal. Im folgenden erläutern wir die These der „vollständigen Durchgängigkeit". Wir ziehen dazu die Objekt-Parallelen zu den eingangs skizzierten Erkenntnissen und Hypothesen einer Psychologie des Problemlösens.

Objektbegriff

Das Objekt-Paradigma vereint in sich die drei positiv besetzten Technikattribute nach Kurt HÜBNER: Exaktheit, Rationalität und Fortschritt [Hübner, 1978].

Exaktheit ist durch die Formalisierbarkeit der Objektkonzepte gegeben: zum Beispiel ontologisch* formal durch Yair WAND (siehe Abschnitt 5.2) oder mathematisch formal durch David TOURETZKY [Touretzky, 1986]. Erst exakte Formen schaffen die technischen Voraussetzungen für eine Massenproduktion. Für die industrielle Softwareproduktion hat dies erstmals Doug MCILROY 1968 gefordert [McIlroy, 1969]. Im Wiederverwendungspotential der Klassenbibliotheken scheint die ökonomische Lösung zu liegen [Biggerstaff & Richter, 1989]. Klassen treten hier als exakte Schablonen auf, mit deren Hilfe struktur- und verhaltenskonforme Objekte beliebig oft „ausgestanzt" werden können.

Das Technikattribut *Fortschritt* ist durch die Allgegenwärtigkeit objektorientierter Konzepte und Anwendungen in der Software- und VLSI-Technik offensichtlich. Das Objekt-Paradigma gilt als favorisierter Theorie-Anwärter für den derzeitigen Paradigmenwechsel [Claus & Schwill, 1993]. Zum methodischen und pragmatischen Wert des Objekt-Paradigmas sei auf die neueren Themenhefte einschlägiger Informatikzeitschriften verwiesen [CACM, 1990; Computer, 1992; Software, 1993; Informatik-Spektrum, 1992; Informatik-Spektrum, 1993].

Das dritte Attribut, die *Rationalität*, äußert sich sich in der Unterstützung kognitiver Prozesse während des objektorientierten Entwerfens. Den Rationalisierungsaspekt des Objektbegriffs erläutern wir hier an zwei Komponenten: (a) an der Modellbildung und (b) am analytischen Ansatz.

Modellbildung: In der darstellenden Kunst und auch in der Technik orientiert sich die Modellbildung seit eh und je am Objekt: Wir sprechen hier von konkreten *Gebilde-Modellen*, die ein Objekt ganzheitlich und im allgemeinen skaliert darstellen. Sie sind angefertigte Gegenstände, die dem Original strukturell oder funktional ähneln. Anders die abstrakten *Beschreibungsmodelle*: Diese sollen einen Realitätsbereich oder ein theoretisches System unter bestimmten Aspekten vereinfachend und idealisierend erklären. Die sprachliche und theoretische Erschließung eines wenig oder unbekannten Realitätsbereichs A geschieht hier über Begriffe und Aussagen eines sprachlich und theoretisch bereits erschlossenen Realitätsbereichs B. So geschehen zwischen der NEWTONschen Himmelsmechanik und dem BOHRschen Atommodell.

In der Informatik sind ausnahmslos Beschreibungsmodelle bedeutsam, zumal der zu modellierende Rohstoff „Information“ *per se* gestaltlos ist. Der Informations*gehalt* dagegen besitzt vielfache und vielfältige Strukturen, die es gilt, für die technische Darstellung und Verarbeitung formal zu erfassen. Die *Informationsmodellierung* für datenintensive CAD-Anwendungen, wie den VLSI-Entwurf, hat derzeit eine große Bedeutung (Stichwort: objektorientierte Informationsmodellierung in der Sprache Express* [Quibeldey-Cirkel, 1993b]). Man hofft, durch den Entwurf von Informationsmodellen die Syntaxflut der Datenaustauschformate einzudämmen und deren Standardisierung voranzutreiben.

Angelehnt an HÜBNER bilden Beschreibungsmodelle auf drei Stufen die Grundlage einer theoretischen Betrachtung mit zunehmender Abstraktion [Hübner, 1978, S. 368]:

1. Auf der ersten Stufe abstrahiert man von den „unmittelbaren Zwecken und besonderen Erscheinungen technischer Gegenstände“, um „Einzelphänomene ableitbar und durch Einordnung in einen größeren Zusammenhang sowie durch Klassifizierung übersehbar zu machen”.

2. Auf der zweiten abstrakteren Stufe werden die Modelle als kybernetische *Übertragungssysteme* betrachtet. Die Frage nach der Struktur steht im Vordergrund: „Wenn man beispielsweise zwischen einem technischen und einem natürlichen Übertragungssystem Isomorphie oder Homomorphie — also vollständig oder teilweise strukturelle Übereinstimmung — feststellt, dann wird, was das natürliche Übertragungssystem leistet, auch das technische vollständig oder teilweise hervorbringen.“

3. Ausgehend vom gegebenen Übertragungssystem, konstruiert man schließlich auf der dritten Stufe der Modellbildung andere Übertragungssysteme durch

„Kombination, Variation usw. nach mannigfaltigen Gesichtspunkten" und untersucht deren praktische Anwendbarkeit.

Die drei Stufen der Modellbildung finden wir nach Kurt HÜBNER und Alfred LUFT „nicht nur in der Schaltkreis- und Automatentheorie, sondern auch bei den Theoriebildungen der Künstlichen Intelligenz und der Kognitionswissenschaft" [Luft, 1988, S. 240]. Diese Stufen fortschreitender Abstraktion und Theoretisierung finden wir aber auch anderorts in der Informatik wieder: Das *semantische Netz*, in dem Knoten die Objekte und Kanten die Objektbeziehungen repräsentieren, ist die vorherrschende Graphenstruktur. Homomorphie herrscht unter den Analysemodellen des objektorientierten Requirements-Engineering, den Informationsmodellen in CAD-Frameworks, den konzeptionellen Schemata der Datenbanktechnik und der Wissensrepräsentation in der Künstlichen Intelligenz. Die strukturelle Übereinstimmung dieser Modelle wird heute als *object-oriented conceptual modeling* bezeichnet [Dillon & Tan, 1993; Fiadeiro & Sernadas, 1991; Quibeldey-Cirkel, 1994a].

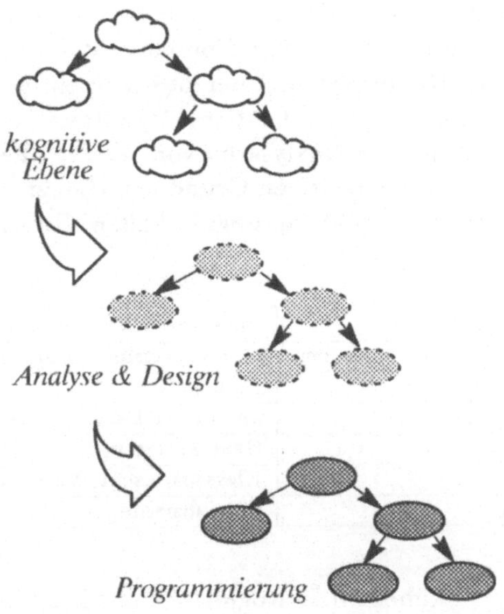

Bild 5.6: Homomorphie zwischen Idee und Produkt

Im gesamten Abbildungsprozeß während des objektorientierten Entwerfens ist die Homomorphie in Form semantischer Netze das Verbindende. Strukturell sind

1-zu-1-Abbildungen zwischen der kognitiven Ebene der Ideenfindung über die konzeptionelle Ebene der Problemanalyse zu den Entwurfs- und Implementierungsmodellen möglich. Bild 5.6 verdeutlich die Strukturähnlichkeit zwischen den Abbildungsebenen: Während die ursprünglichen Gedächtnisinhalte zunehmend konkretisiert und schließlich in Rechnerobjekte überführt werden, bleibt die Verknüpfungsstruktur erhalten.

Mit der bisherigen Diskussion über die Struktur unseres „kognitiven Apparats“ können wir nun also auf eine weitere Übereinstimmung verweisen: auf die Homomorphie zwischen den kognitiven Gedächtnisstrukturen und dem Objekt-Paradigma schlechthin. Danach findet unser epistemisches Wissen sein Struktur-Pendant in den Informationsmodellen, Datenbankschemata und Wissensrepräsentationen — in Form der *Klassenhierarchien*. Unser heuristisches Wissen spiegelt sich wider in den *Vererbungsstrategien* (einfache, multiple oder selektive Vererbung), in den *Kommunikationsprotokollen* auf der Objektebene (*Message passing*) und in der Integritätssicherung durch objektorientierte *Constraints**.

Analytischer Ansatz: Die zweite Komponente der Rationalität des Objektbegriffs trägt entscheidend zur kognitiven Komplexitätsbewältigung bei. Der analytische Ansatz ist ein Hauptmerkmal der objektorientierten Denk- und Handlungsschemata: Abstraktion, Klassifikation, Hypotaxe, Parataxe und rationale Beschränkungen gehen aus der Analyse hervor. Es ist offensichtlich, daß die im Abschnitt 5.1.2 eingeführten kognitiven Grundoperationen nach LOMPSCHER ihre Makro-Entsprechungen im Objekt-Paradigma haben: Tabelle 5.2.

LOMPSCHER-*Operatoren*	*objektorientierte Konzepte*
Zergliedern, Erfassen, Vergleichen	Objekt-Attribut-Beziehung
Ordnen	Aggregation
Abstrahieren	abstrakter Datentyp, virtuelle Operation
Verallgemeinern	Generalisierung
Klassifizieren	Klassenkonzept, Vererbung
Konkretisieren	Spezialisierung

Tabelle 5.2: Kognitive Parallelen

Die objektorientierten Konzepte bauen auf den kognitiven Operatoren auf. Sie erschließen somit das Potential der elementaren analytischen Denkleistungen — des Differenzierens, Strukturierens und Integrierens von Gedächtnisinhalten — für die entwurfstechnischen Ebenen. Mehr noch: Sie begünstigen das Modulkonzept der Informatik bereits in der für den Menschen denkbar frühesten Phase, der kognitiven Wahrnehmung. Aus der analytischen Sicht ist es dieser Zusammenhang zwischen den kognitiven Operatoren und den objektorientierten Konzepten, der die Intuitivität der Objektorientierung ausmacht. Die klassische ingenieurmäßige Entwurfsleistung, nämlich

1. Dekomposition der Wirklichkeit in Einzelheiten (Modularisierung) und
2. Rekonstruktion der Wirklichkeit in technischen Zusammenhängen (modularer Entwurf),

geht beim objektorientierten Entwerfen aus einem eng verzahnten Analyseprozeß hervor: aus dem Zusammenspiel kognitiver und pragmatischer Operationen, aus Denk- und Handlungsmustern also. Aus diesem Prozeß fallen die modularen Entwurfsleistungen, wie Klassen- und Objekthierarchien, „wie von selbst" ab, weil sie eben auf denkpsychologischen Strukturen beruhen. Der analytische Ansatz des Objektbegriffs wird somit dem alten Modularisierungs-Postulat der Informatik, heute als Wiederverwendungs-Postulat neu formuliert, bereits auf einer Ebene gerecht, die der Softwaretechnik zeitlich und logisch vorgelagert ist.

Vermeidung früher Fixierung

Kreatives Problemlösen, und als solches verstehen wir das Entwerfen, verlangt *variierende* Schemata statt Fixierung. Die Denkpsychologie kennt seit langem die kognitiven Operationen, mit der man dem schablonierten Denken begegnen kann: DÖRNER bezeichnet das Prinzip als „Hypothesenumbau". Die generelle Intention liegt im Aufbau von *Klassifikationssystemen.* Wir wollen auch hier die Parallelen ziehen.

Hypothesenumbau: Zunächst ist der Begriff der Hypothese in den technischen Kontext zu setzen. Nach Karl POPPER sind alle erfahrungswissenschaftlichen Aussagen, also auch die naturwissenschaftlichen oder technischen Gesetze und Theorien, nur Hypothesen über die Wirklichkeit. Der Wahrheitswert einer Hypothese ist grundsätzlich nicht beweisbar, er kann durch empirische Befunde nur widerlegt (*falsifiziert*) werden [Popper, 1963]. Die *Falsifikationsthese* von POPPER hat die Konsequenz, „daß auch wahre Gesetze und Theorien nur Hypothesencharakter haben und auf Dauer behalten" [Spinner, 1987, S. xi]. Demnach sind auch alle

Aussagen über einen Realitätsbereich, wie wir ihn beispielsweise für den VLSI-Entwurf skizziert haben, hypothetisch: konzeptionelle Schemata und andere Wissensrepräsentationen sind Hypothesen. Diese Sichtweise hilft uns den Bezug zu den denkpsychologischen Fragestellungen herzustellen.

Fixierung verhindert die kognitive Variation. Ohne die Möglichkeit der kognitiven Variation legt jede Entwurfsmethode dem Entwerfer schablonenhafte Zwänge auf.[3] Die Möglichkeiten der objektorientierten Klassendifferenzierung[4] decken sich mit den von DÖRNER diskutierten kognitiven Operatoren für den Hypothesenumbau [Dörner, 1976, S. 127ff.]:

- *Abstrahieren* (Ersetzen eines Merkmals durch eine Unschärfestelle)

  Klasseneigenschaften (Attribute und Operationen) werden verallgemeinert, indem von den unbedeutenden Unterscheidungsmerkmalen abstrahiert und auf das Gemeinsame abgehoben wird. Dies führt auf Oberklassen, die sich von ihren Unterklassen durch eine größere „Unschärfe“ auszeichnen.

- *Spezifizieren* (Ersetzen einer Unschärfestelle durch ein festes Merkmal)

  Unterklassen werden durch „artbildende“ Eigenschaften von ihren Oberklassen differenziert.

- *Ersetzen* eines Merkmals durch ein anderes

  Für die konkrete Anwendung unbedeutende Klasseneigenschaften werden entweder ignoriert oder überschrieben (*overloading**).

Angenommen, unsere Hypothese über das Inventar eines Realitätsbereichs sei die Objektmenge:

$$\{\clubsuit, \heartsuit, \diamondsuit, \spadesuit, \heartsuit, \diamondsuit, \spadesuit, \clubsuit\}.$$

Durch Abstrahieren, Spezifizieren und Ersetzen können wir für die Objekte ein Ordnungsschema konstruieren. Wir abstrahieren zum Beispiel von den konkreten

[3]Das Zwanghafte unserer kognitiven Analyseschemata wird schon in Bild 5.4 deutlich: Man versuche einmal, im Schema „Katze“ die „Geldbörse“ wiederzuerkennen!

[4]Objektorientiertes Programmieren wird vielerorts als „programming the difference“ bezeichnet, was heißen soll: Vordefinierte allgemeine Klassen, entnommen aus kommerziellen Klassenbibliotheken, werden soweit „differenziert“, bis sie die spezielle Anwendung modellieren.

Objekten, indem wir ihre gemeinsamen Merkmale herausziehen und als Tupel darstellen: <*Größe*, *Form*>. Das führt uns auf das Schema (in der objektorientierten Terminologie Klasse genannt) der „kleinen und großen Kartensymbole".

Interessieren wir uns nur für die Symbolformen, wollen wir also unsere ursprüngliche Hypothese verallgemeinern, indem wir von allen anderen Merkmalen absehen, so fügen wir anstelle des Merkmals *Größe* eine Unschärfestelle *U* ein. Unsere so definierte Oberklasse ist durch das Tupel <*U*, *Form*> charakterisiert und heiße nun allgemeiner „Kartensymbole". Die Klasse „kleine und große Kartensymbole" ist dann deren Unterklasse, die durch den Ersatz der Unschärfestelle *U* durch das Merkmal *Größe* spezifiziert ist.

Wollten wir unsere Hypothese über die Welt der Kartensymbole revidieren, um anstelle eines früheren Aspekts einen neuen einzubringen, steht uns das Mittel des Merkmalersatzes zur Verfügung. Zum Beispiel könnten wir die erste Stelle im Tupel <*Größe*, *Form*> durch das Merkmal *Farbe* ersetzen. Wir hätten dann als revidierte Unterklasse „rote und schwarze Kartensymbole". Diese Modifikation unseres Ausgangsschemas entspricht in der objektorientierten Datenbankterminologie der Schema-Evolution.

Der kognitive Hypothesenumbau wird also auch vom Objekt-Paradigma konsequent unterstützt. Der Grad der Schemavariation bestimmt den Freiheitsgrad des Entwerfens. Die Variationsvielfalt objektorientierter Schemata reicht dabei von linearen Strukturen durch parataktisches Ordnen (aggregierte Objekte als Listen- oder Mengen) bis zu hierarchischen Strukturen durch hypotaktisches Ordnen (Mehrebenen-Analyse, Klassenhierarchien). Das Paradigma der strukturierten Programmierung dagegen unterstützt die Schemavariation nur in der *prozeduralen* Analyse. Hier dominieren die Ablaufstrukturen (Sequenz, Auswahl und Schleife) die Analyseschemata.

Das Repertoire des Objekt-Paradigmas umfaßt beides: analytische Schemata für Struktur *und* Verhalten. Mit ihnen lassen sich die von DÖRNER herausgestellten Relationen im semantischen Netz unserer epistemischen Gedächtnisstruktur hinreichend modellieren. Neben den globalen Analyseschemata — wie „Außen-Innen", modelliert durch *Objektkapseln*, „Abstrakt-Konkret", modelliert durch den Mechanismus der *Objektausprägung*, und „Ganzes-Teil", modelliert durch die *Aggregation* von Objekten — kann letztlich jedes anwendungsspezifische Schema modelliert werden. So geschehen im DASSY-Projekt für den Realitätsbereich „VLSI-Entwurf", wo dedizierte Beziehungstypen und objektinterne Constraints VLSI-spezifische Relationen beschreiben [Quibeldey-Cirkel, 1993c].

Analogieschluß

Ein weiterer, in der Informatikliteratur kaum untersuchter psychologischer Wirkfaktor des kreativen Entwerfens ist die *Metaphorik*.[5] Objektorientierte Metaphern, wie *Vererbung* und *Nachrichtenaustausch*, fördern den Analogieschluß. Abstrakt formuliert besteht ein Analogieschluß darin, „daß angenommen wird, die Relationen zwischen den Sachverhalten eines Bereichs A bestünden in gleicher oder ähnlicher Form auch zwischen den Sachverhalten eines Bereichs B“ [Dörner, 1976, S. 81]. Der Analogieschluß hat sich in der Wissenschaftsgeschichte als „Königsweg“ der Suchraumerweiterung erwiesen, als ein wichtiges Verfahren der Hypothesenbildung:

> „KÉKULÉ soll die ringförmige Kopplung der Kohlenstoffatome im Benzolmolekül dadurch gefunden haben, daß die aus dem Kaminfeuer in bogenförmigen Bahnen geschleuderten Funken in ihm das Bild einer sich in den Schwanz beißenden Schlange aufriefen.“ [Dörner, 1976, S. 81]

Auch MENDELEJEW soll ein Analogiesprung auf das Periodensystem der Elemente gebracht haben: Die zweidimensionale Ordnung der Karten im Kartenspiel diente ihm als Analogon. *Gruppen* und *Perioden* chemischer Elemente entsprechen der Einteilung eines Kartenspiels nach Bild (As, König usw.) und Farbe (Kreuz, Pik, Herz, Karo). ARCHIMEDES, um ein letztes Beispiel zu zitieren, analogisierte sich selbst mit der Goldkrone und fand durch diesen Schluß die Lösung (siehe Fußnote 2 auf Seite 130). Die Beispiele belegen die wichtige Rolle des Analogieschlusses als Mittel zur hypothetischen Vervollständigung eines nur teilweise bekannten Realitätsbereichs. Denken in Analogien erweist sich als überaus kreativ. Metaphern beflügeln die Phantasie. Als *symbolische Analogien* (im Sinne der *Synektik*-Lehre [Gordon, 1961]) stellen sie ein sehr wirkungsvolles Mittel für ein produktives Problemlösen und somit auch produktives Entwerfen dar.

Auf eine Leitmetapher der Objektorientierung wurde schon im Abschnitt 4.2.1 näher eingegangen: das vertragsgebundene Entwerfen. Sie symbolisiert den Analogieschluß zwischen den marktwirtschaftlichen Regeln des Dienstleistungsgewerbes und der methodischen „Disziplinierung“ des Software-Entwerfens. Als symbolische Analogie erschließt die Metapher vom „Vertrag zwischen Kunden und Dienstleister“ einen traditionell gut verstandenen Realitätsbereich. Die dort bewährten Regeln lassen sich methodisch und pragmatisch auf den Realitätsbereich des Programmentwurfs übertragen.

---

[5] Im Anhang A.1 werden die objektorientierten Metaphern herausgestellt und ihre Bedeutung und Funktion erläutert.

Unsere Alltagssprache lebt von den Metaphern, ohne daß wir diese immer bewußt als solche empfinden. Wir sind es gewohnt, in Analogien zu denken, um Probleme zu lösen. Deshalb erscheint uns das Entwerfen und Programmieren mit und in Metaphern als besonders intuitiv. Bedeutung und Funktion der objektorientierten Metaphorik sind bislang wenig beachtet worden. Hier steht sicherlich Untersuchungsbedarf an. Denn im systematischen Einsatz metaphorischer Methoden und Sprachen liegt ein ungeahntes Kreativpotential. „Kreativitätstechniken" in der Softwaretechnik werden in Zukunft an Bedeutung gewinnen, wenn die dialektischen und synthetischen Problembarrieren immer höher werden.

Didaktik

Die moderne Didaktik verfolgt ehrgeizige Ziele: die Lernbereitschaft motivieren, das Lernverhalten optimieren und Lehrinhalte nachhaltig vermitteln. Wissen läßt sich übertragen, Verständnis aber nicht. Verständnis kann bestensfalls geweckt und gefördert werden. Die didaktische Praxis in der Schulung neuer Techniken geht von einem „realen" Problem handhabbarer Größe aus und zeigt, wie die neuen technischen Konzepte greifen. Das ist der typische Fall einer *Outside-in*-Lehrmethode: Der Trainer formuliert ein Problem und demonstriert *seine* Soll-Lösung. Der Lernprozeß ist aber von innen nach außen gerichtet: Die Disposition zum Verstehen neuer Zusammenhänge ist psycholinguistisch; in ihr sollte sich die Lösung im wörtlichen Sinne *ent-wickeln*. Idealerweise bewegt sich das zu lösende Problem im kreativen Spannungsbereich zwischen dem Gerade-noch-Verstehen-Können und der naheliegenden Erkenntnis. Was dies mit objektorientierten Konzepten und Techniken zu tun hat? Niranjan RAMAKRISHNAN nennt den didaktischen Bezug:

> „Its potential lies not in its particular features but in its essential naturalness to our processes of knowledge representation and reasoning. Thus, the best results are realized by making the student aware of this consonance. Since the first step towards a solution is to articulate the problem, the appositeness of object-oriented methodology is best illustrated by showing its ready amenability to problem articulation. This is quite easily accomplished by an allusion to human language. Indeed, we can find most of the concepts of object technology within the familiar realm of human language. This is no surprise, for it is the bridging of the cognitive gap dividing the problem from its articulation that gives object technology its power." [Ramakrishnan, 1992, S. 56]

„The Personalized Paradigm": Das Potential des Objekt-Paradigmas liegt also — und das ist nicht nur die Meinung von RAMAKRISHNAN — in der *lingui-*

stischen Parallele. Nach der Hypothese von Benjamin WHORF prägt die Sprache unser Denken [Whorf, 1974] (radikaler formuliert: nur das Ausdrückbare ist auch denkbar). Wenn nun die technische Sprache des Systemanalytikers und des Programmierers auch eine konzeptionelle (und nicht nur syntaktische) Teilmenge der natürlichen ist, dann trägt diese Einschließung auch zur Verinnerlichung des Objekt-Paradigmas bei. RAMAKRISHNAN nennt dies: „The Personalized Paradigm“. Vernetztes Lernen ist dem isolierten weit überlegen. Die Lerndisposition für objektorientierte Konzepte ist durch die natürliche Sprachfähigkeit mitgegeben. Wir wollen dies an wenigen Beispielen plausibel machen:

- *Datenabstraktion* und *Vererbung* versus sprachliche Kategorien

  Kraftfahrzeuge haben einen Motor. Ein Auto *ist ein* Kraftfahrzeug (generalisierte Abstraktion: Kfz ist Oberklasse von Auto). Somit hat ein Auto auch einen Motor (abgeleitete Eigenschaft durch Vererbung).

- *Overloading** versus Wortanalogien

  Wir können Gegenstände „ziehen“, eine Parallele oder einen Schlußstrich „ziehen“ oder die Aufmerksamkeit auf uns „ziehen“: Wörter können wie Operatoren in Programmiersprachen „überladen“ sein.

- *Polymorphie* versus Mehrdeutigkeit

  Wir können unseren Gästen stereotyp das gleiche sagen: „Das Buffet ist eröffnet, bedient euch!“ Jeder Gast wird individuell reagieren: Die „polymorphen“ Verhaltensmuster reichen vom Abstinenzler über den Gourmet bis zum Gourmand.

- *Datenkapselung* versus Metaphern

  Piktogramme (= symbolische Metaphern) stehen für komplexe Objekte und Operationen. Sie „kapseln“ umfängliche Aufrufprozeduren, deren Vor- und Nachbedingungen, einschließlich aller Prozeßdaten. Man kann Piktogramme nur metaphorisch aktivieren: per *Maus*klick auswählen, öffnen oder schließen.

Die objektorientierten Begriffe verlieren ihre Mystik: Sie sind der natürlichen Sprache vertraut. Anders die prozeduralen Programmiersprachen: Sie schleppen den Ballast technischer Besonderheiten in die sprachliche Formulierung des Problems (VON-NEUMANN-Prinzipien*: Trennung zwischen Daten und Operationen, streng sequentielle Verarbeitung). In der objektorientierten Softwaretechnik dagegen unterliegen gewöhnliche Dinge und Ereignisse des sprachlichen Alltags der gleichen kognitiven wie technischen Ordnung und Verarbeitung.

„Inheritance, data hiding and polymorphism cease to be forbidding concepts and become identifiable with one's own thought processes. Students can then go from being recipients of ‚object-oriented wisdom' to generators of object-oriented experience. The basis for their knowledge and experience is no longer just a week-long peroration of an instructor (however gifted): in addition, they can draw upon a lifetime of their own psycholingual experience." [Ramakrishnan, 1992, S. 57]

Die anthropomorphe Sicht der Objekte: Der Kern der objektorientierten Metaphorik ist die anthropomorphe Sicht der Akteure: Ein objektorientiertes Programm assoziiert die Vorstellung von Objekten mit *menschlichem* Verhalten: Objekte werden erschaffen (*create object*). Sie erben und vererben. Sie haben eine Identität, die mit einem persönlichen Fürwort, wie *self* oder *me*, angesprochen wird. Diese Identität überdauert alle Zustandsänderungen. Objekte besitzen intelligente Verhaltensmuster: Sie reagieren auf Anfragen mit Dienstleistungen oder delegieren diese per Nachrichtenaustausch an kompetentere Objekte. Ralph JOHNSON und Brian FOOTE geben ein Beispiel für den anthropomorphen Programmierstil und grenzen ihn zugleich vom prozeduralen ab:

„Operations on an object are always thought about from the object's point of view. Thus, instead of displaying an object, an object is asked to display itself. Methods are receiver-centric — many of the comments in the standard Smalltalk-80 image use the word ‚I' to refer to the receiver. This is in stark contrast to other ways of programming, where ‚the use of anthropomorphic terminology when dealing with computer systems is a sign of professional immaturity' [Dijkstra]." (zitiert in [Johnson & Wirfs-Brock, 1990, S. 128])

Der Einsatz von CRC-Cards (Karten, auf denen die Pflichten, Rechte und Kooperationen der Klassen fixiert werden, siehe Abschnitt 4.2.1) verstärkt die anthropomorphe Auffassung: „the cards give a physical reality to the objects that aids the learner in dealing with the design from the perspective of the object." [Scharenberg & Dunsmore, 1991, S. 17]

Die anthropomorphe Sicht, vor allem das Vertragswesen zwischen Kunden- und Anbieter-Objekten, erleichtert das Aufstellen von Klassenhierarchien, den ersten Schritt im objektorientierten Entwurf. Die Analyse ist ein evolutionärer Prozeß. Klassenhierarchien verändern sich evolutionär. Eine Projektstudie von SCHARENBERG und DUNSMORE kommt zu dieser Erkenntnis [Scharenberg & Dunsmore, 1991]. Ihr Vorgehensmodell umfaßt fünf Schritte:

1. Bestimme Klassen für die konkreten (physikalischen) Objekte eines Problems: sie sollen sie beschreiben, selbst aber nicht agieren.

2. Gruppiere die Klassen gemäß ihrem Verhalten in abstrakte Klassen, also in solche, die Verhaltensmuster vereinen, aber selbst keine Objekte hervorbringen und nicht agieren.

3. Bestimme Klassen als „intelligente Akteure“, die nicht unbedingt ihr Analogon im ursprünglichen Problem haben.

4. Passe die Klassen so an, daß sie aktiv die Objekte ordnen und steuern.

5. Bestimme Klassen (die wiederum kein Analogon im ursprünglichen Problem haben müssen), um die Interaktionen zwischen den Klassen einfach zu gestalten.

Die Evolution der Klassenhierarchie folgt somit keiner streng eindeutigen Abbildung des Problems in seine Lösung: Die anthropomorphe Freiheit „vermenschlicht“ die physikalischen Objekte mit ihren Operationen und vereinfacht so die Entwurfsaufgabe als kreativen Prozeß.

5.2 Zur Philosophie der Objektorientierung

Der Objektbegriff ließe sich bis in die griechische Philosophie der Antike zurückverfolgen, zum Beispiel auf DEMOKRITs atomistische Weltsicht, in der unteilbare *Dinge* im Mittelpunkt des Interesses stehen. Einen neuzeitlichen philosophischen Bezug gibt Yair WAND:

> „Is the emergence of the object paradigm an *empirical indication* that humans find it easier to describe perceptions of the world through the notion of objects?“ [Wand, 1989a, S. 538]

WAND leitet ein Objektmodell aus den formalen Aussagen der Ontologie ab, der Wissenschaftsphilosophie von der Begriffs- und Ordnungsbestimmung der Dinge in der realen Welt[6]. Er stützt sein Objektmodell auf den philosophischen Formalismus von Mario BUNGE [Bunge, 1979]. Wir werden sein formales Objektmodell wegen dessen Anschaulichkeit und mengentheoretischer Strenge im Detail vorstellen. Eine formale ontologische Auslegung des Objekt-Paradigmas hat zweifachen Nutzen: Zum einen kann die Implementierung von der Konzeption klar

[6] *Konzeptionelle Dinge*, also solche, die sich nach der Perzeption der realen Dinge bilden, das heißt im kognitiven Prozeß der Apperzeption*, sind in der weiteren Betrachtung ausgeschlossen.

getrennt werden, was zur Klärung der Begriffe beiträgt: Softwaretechnische Randbedingungen bleiben außen vor [Wand, 1989b]. Zum anderen unterstützt das so gewonnene Verständnis die Bewertung objektorientierter Analyse- und Designmethoden [Wand & Weber, 1989]. Quasi als Nebenprodukt begründet die philosophische Analogie den Anspruch des Objekt-Paradigmas: Begriffe und Konzepte der realen Welt sind auf die softwaretechnische Konstruktion direkt abbildbar, und zwar natürlich, schlüssig und der menschlichen Denkweise konform.

5.2.1 Die Begriffswelt der Ontologie

Vorangestellt seien die wichtigsten ontologischen Prinzipien nach BUNGE, gefiltert durch die Absicht, aus ihnen ein formales Objektmodell abzuleiten:[7]

- Die Welt besteht aus Dingen.
- Form und Gestalt sind Eigenschaften der Dinge.
- Dinge stehen in Wechselwirkung mit anderen Dingen.
- Jedes Ding verändert sich.
- Nichts entsteht aus dem Nichts und kein Ding wird zu Nichts.
- Jedes Ding richtet sich nach Gesetzen.

Strukturbegriffe

Die Grundstruktur in der ontologischen Weltsicht ist das *Ding* (*thing* oder *entity*). Ein Ding ist entweder elementar oder es setzt sich aus anderen Dingen zusammen. Man unterscheidet zwischen den *Eigenschaften* und den *Attributen* eines Dings: Nicht alle Eigenschaften sind für uns erkennbar. Wir nehmen nur solche wahr, denen wir zuvor mindestens ein Attribut zugeordnet haben. Eigenschaften existieren nicht für sich allein. Sie haften den Dingen an. Umgekehrt ist ein Ding

[7] Zwei Anmerkungen: 1. Die Ontologie nach BUNGE versteht sich als formale Wissenschaft. Um die Darstellung nicht zu erschweren, verzichten wir auf die mengentheoretische Argumentation, die BUNGE in seinen Postulaten, Definitionen, Theoremen und Lemmata betreibt. WANDS Objektmodell werden wir allerdings mit der erforderlichen mathematischen Strenge beschreiben. 2. Natürlich findet man in erster Linie nur das, was man auch sucht. So auch WAND, der selbstredend nur jene ontologischen Konzepte aufgreift, die auch eine tragfähige Analogie zur Objektorientierung versprechen.

keine Anhäufung von Eigenschaften. Die Eigenschaften zusammengesetzter Dinge werden entweder auf die Komponenten *vererbt*, das heißt, es gibt mindestens eine Komponente mit diesen Eigenschaften, oder sie beziehen sich ausschließlich auf die Zusammensetzung, das heißt, es gibt keine isolierbaren Komponenten mit diesen Eigenschaften. Dinge sind *eindeutig*, im Sinne von *einzigartig*. Wenn wir dennoch zwei Dinge als identisch wahrnehmen, dann nur deshalb, weil wir nicht allen Eigenschaften wahrnehmbare Attribute zugeordnet haben. Dinge mit „ähnlichen“ Eigenschaften können zusammengefaßt werden zu *Klassen*.

Dinge werden als *Begriff* oder als *Modell* wahrgenommen und in einem *konzeptionellen Schema* formalisiert. Die Perspektive des Betrachters — sein Bezugsrahmen (zum Beispiel als Hersteller, Vertreiber oder Käufer eines Produkts) — und ein Funktionensatz prägen dieses Schema. Der Funktionensatz selbst heißt *funktionales Schema*: $\underline{F} = < F_1, \ldots, F_n >$. Es umfaßt solche Funktionen, die sich auf die relevanten Eigenschaften eines Dings beziehen, indem jede Funktion F_i den Wert einer Eigenschaft zu einem gegebenen Zeitpunkt bestimmt. Jedes Ding kann als funktionales Schema modelliert werden. Weiterhin gilt, daß sich jedes Ding zu einem gegebenen Zeitpunkt in einem eindeutigen *Zustand* befindet. Der Zustand ist bestimmt durch die Werte der *Zustandsvariablen* und durch die *Zustandsfunktionen*. Welche Zustände ein Ding einnehmen kann, wird durch *Gesetze* festgelegt. Gesetze sind Eigenschaften der Dinge. Sie bilden die kombinatorisch möglichen Zustände, definiert durch das funktionale Schema, auf die Menge {„gesetzmäßig“, „ungesetzmäßig“} ab.

Dynamikbegriffe

Das Konzept der Gesetze ist grundlegend. Gesetze stehen für das Wissen, was die Dinge sein oder was sie nicht sein können. Sie implizieren die Dynamik der Dinge. Vollständiges Wissen über ein Ding setzt die Kenntnis über seine möglichen Zustandsänderungen voraus. Ein Ding ändert sich, wenn sich der Wert einer Eigenschaft ändert. Da jedes Ding sich verändert und sich eine Änderung in einem Zustandswechsel äußert, muß folglich jedes Ding mehrere Zustände einnehmen können. Eine Zustandsänderung wird als *Ereignis* bezeichnet. Ein Ereignis wird als ein geordnetes Paar von Zuständen $< S_1, S_2 >$ beschrieben, wobei S_1 den Zustand vor und S_2 den Zustand nach der Änderung beschreibt. Betrachten wir den Zustandsraum $S(X)$ eines Dings X, dann ist die Menge aller vorstellbaren Ereignisse $E(X)$ das Kreuzprodukt $S(X) \times S(X)$. Da nicht alle Zustände in der Realität erlaubt sind, ist die reale Ereignismenge eingeschränkt. Dies führt auf den Begriff des *gesetzmäßigen* Ereignisses. Gesetzmäßig ist ein Ereignis, wenn beim Übergang von X aus dem Zustand S_1 in den Zustand S_2 kein Gesetz von X verletzt wird, sich X somit immer in einem gesetzmäßigen Zustand befindet.

Das ontologische Prinzip „jedes Ding verändert sich" impliziert die Änderung über der Zeit. Hierfür werden „Linien" (*Trajektorien*) im Zustandsraum definiert (chronologisch geordnete Zustände), entlang derer sich der Werdegang eines Dings (die *Historie*) niederschlägt. Der Begriff der Historie erlaubt die Beschreibung wechselwirkender Dinge. Die Wechselwirkung (*Interaktion*) äußert sich in einer Abweichung in den Zustandslinien. Jedes Ding steht in irgend einer Wechselwirkung mit anderen Dingen: Es gibt keine unabhängigen Dinge. Das führt uns zurück auf das ontologische Grundprinzip: „Jedes Ding gehört einem System an".

Der Dualismus von „Ding und Ereignis" wird durch den ontologischen Formalismus von BUNGE aufgelöst:

> **„A basic polarity in traditional metaphysics is that of being and becoming: event is opposed to thing, process to stuff, change to structure. This opposition makes no sense in our system, where every change is a transformation of some thing or other, and every thing is in flux. This view [...] is consistent with science: the latter provides no ground for hypothesizing the existence of thingless events anymore than it suggests that there might be changeless things."** [Bunge, 1979, S. 273]

5.2.2 Ein ontologisches Objektmodell

Der Formalismus von BUNGE dient WAND für die ontologische Entwicklung eines Objektmodells. Dieses Modell soll möglichst viele Konzepte und Begriffe des Objekt-Paradigmas einfangen. Ausgeschlossen sind nur solche Aspekte, die sich auf die Implementierung beziehen. Hierin liegt ein wichtiger Erkenntnisgewinn der ontologischen Analogie.

Grundzüge des Objektmodells

- Statische Eigenschaften
  - Die Welt besteht aus Objekten.
    Objekte beschreiben konkrete Dinge im Gegensatz zu Typen oder Klassen.
  - Objekte sind bekannt (oder beobachtbar) durch ihre Eigenschaften.
    Eigenschaften sind entweder *Attribute* oder *Gesetze*. Gesetze schränken die Kombinationen der Attributwerte ein. Die Darstellung einer Eigenschaft ist entweder eine *Funktion* (Attributzuweisung) oder ein *Prädikat*, das anzeigt, ob eine Zustandsbeschränkung eingehalten wird. Die

Menge der Eigenschaften, die ein Objekt beschreiben, ist abhängig von der Sichtweise und der Modellierungsabsicht. Diese Menge heißt *funktionales Schema.* Die Werte eines Attributs zu einem bestimmten Zeitpunkt werden durch eine *Zustandsvariable* erfaßt. Die Menge aller Zustandsvariablen definieren den *Zustand* eines Objekts. Gesetze bestimmen die *erlaubten* Zustände eines Objekts.

  - Objekte sind elementar oder zusammengesetzt.

    Die Eigenschaften eines zusammengesetzten Objekts sind entweder vererbbar auf dessen Komponenten oder sie haften allein der Zusammensetzung an.

- Dynamische Eigenschaften
  - Objekte verweilen nur in gesetzmäßigen Zuständen.
  - Ein Objekt, das sich in einem ungesetzmäßigen Zustand befindet, wird in einen gesetzmäßigen wechseln. Der Wechsel wird eindeutig durch den ungesetzmäßigen Zustand bestimmt.
  - Objekte erreichen ungesetzmäßige Zustände nicht spontan.
  - Ein Objekt kann den Zustand eines anderen Objekts beeinflussen. Dies bewirken Gesetze, die Zustandsvariablen beider Objekte wertmäßig binden.

Formale Definitionen

Objekt-Interaktion: Die Menge aller möglichen Zustände eines Objekts i, die Zustandsmenge, sei mit $S(i)$ bezeichnet.

- Ein *Gesetz* L (*law*) ist eine Funktion auf der Menge von Zuständen.

  $L : S(i) \rightarrow S(i)$

  Wenn $L(s) = s$ gilt, heißt s *gesetzmäßiger* Zustand.
  Wenn $L(s) \neq s$ gilt, heißt s *ungesetzmäßiger* Zustand.
  Die Menge aller gesetzmäßigen Zustände des Objekts i wird mit $S_L(i)$ bezeichnet.

- Seien i, j zwei Objekte. Ein *Schnittstellen-* oder *Interobjekt-Gesetz*[8] ist eine Funktion:

[8]Gesetze sind zusichernd (*assertive*), nichtprozedural, daß heißt, sie sagen nichts über das *Wie* eines Zustandswechsels aus.

$A : S(i) \times S(j) \rightarrow S(i) \times S(j)$

Im folgenden bezeichne s^k den Zustand des Objekts k. $A((s^i, s^j))$ sei verkürzt auf $(\mathbf{s}^i, \mathbf{s}^j)$.

Wenn $(\mathbf{s}^i, \mathbf{s}^j) = (s^i, s^j)$ gilt, heißt der Interobjekt-Zustand *stabil*.
Wenn $(\mathbf{s}^i, \mathbf{s}^j) \neq (s^i, s^j)$ gilt, heißt der Interobjekt-Zustand *instabil*.
Wenn $\mathbf{s}^i \neq s^i$ gilt, beeinflußt Objekt j das Objekt i.
Wenn $\mathbf{s}^j \neq s^j$ gilt, beeinflußt Objekt i das Objekt j.

Objekt- und Interobjekt-Gesetze erfassen die Dynamik der Objekte, da sie die Information enthalten, welche Zustandswechsel auftreten können. Die Dynamik der Objekte läßt sich durch deren Zustandswechsel beschreiben. Derartige Wechsel heißen *Ereignisse*.

- Ein *Ereignis* wird als geordnetes Paar $e =< s_1, s_2 >$ notiert. s_1 ist der Zustand vor und s_2 der Zustand nach dem Wechsel.

  Da ein Gesetz die möglichen Zustandswechsel beschreibt, kann ein Gesetz auch explizit als Aufzählung der Ereignisse dargestellt werden, die auf ungesetzmäßige Zustände folgen (gesetzmäßige Zustände werden durch das Gesetz nicht verändert).

Mit diesen Begriffen können wir nun die Dynamik einer Objekt-Interaktion beschreiben: Ein Objektpaar i, j befinde sich in einem instabilen Zustand (s_1^i, s_1^j). Betrachten wir zuerst das Objekt i und unterstellen wir, es befinde sich in einem gesetzmäßigen Zustand $s_1^i \in S_L(i)$. Aufgrund einer Interaktion mit Objekt j, das heißt aufgrund eines Schnittstellengesetzes zwischen i und j, wechsle nun i seinen Zustand nach s_2^i. Falls s_2^i gesetzmäßig ist, wird nichts weiteres passieren. Ist aber s_2^i ungesetzmäßig: $s_2^i \notin S_L(i)$, dann wird i seinen Zustand in einen neuen Zustand s_3^i ändern, der konform ist mit seinen Gesetzen $\{L^i\}$. Die Interaktion des Objekts j mit i wird folglich als Folge zweier Ereignisse e_1, e_2 modelliert: $e_1 =< s_1^i, s_2^i >$ gemäß dem Schnittstellengesetz und $e_2 =< s_2^i, s_3^i >$ gemäß den Objektgesetzen. Gleiches gilt für den Zustand des Objekts j.

Klassenhierarchie und Vererbung: Sei X eine Menge von Objekten und $p(x)$ die Menge der Eigenschaften von $x \in X$. Wir bezeichnen mit $\mathbf{P}(X)$ die Menge aller Eigenschaften der Objekte aus X: $\mathbf{P}(X) = \bigcup\{p(x) | x \in X\}$. Mit 2^X bezeichnen wir die Potenzmenge von X, also die Menge aller Teilmengen von X.

- Der *Umfang* S (*scope*) einer Eigenschaft P in X ist die Teilmenge der Objekte mit der Eigenschaft P:

$S(P;X) = \{x | x \in X \land P \in p(x)\} \in 2^X$

- Sei $\mathbf{p} = \{P\}$ irgend eine Teilmenge von $\mathbf{P}(X)$. Eine *Klasse* C (*class*), bezogen auf $\mathbf{p}$ in X, ist die Menge aller Objekte, die alle Eigenschaften aus $\mathbf{p}$ besitzen:

  $C(\mathbf{p};X) = \bigcap\{S(P) | P \in \mathbf{p}\}$.

Lemma a: Seien $\mathbf{p}_1$, $\mathbf{p}_2$ zwei Teilmengen von $\mathbf{P}(X)$. Dann ist $\mathbf{p}_1$ eine (echte) Teilmenge von $\mathbf{p}_2$, wenn und nur wenn $C(\mathbf{p}_2;X)$ eine (echte) Teilmenge von $C(\mathbf{p}_1;X)$ ist.

Theorem a: Sei $2^{\mathbf{P}(X)}$ die Menge aller Teilmengen der Eigenschaften der Menge X. Dann ist die Menge $CL = \{C(\mathbf{p};X) | \mathbf{p} \in 2^{\mathbf{P}(X)}\}$ ein gerichteter azyklischer Graph (*class lattice*), dessen Knoten in einer Teilmengenbeziehung (Inklusion) zueinander stehen.

Lemma a und Theorem a bilden die formale Grundlage der Begriffe „Klassenhierarchie“ und „Vererbung von Eigenschaften“. Um dies zu verdeutlichen, betrachten wir zwei Eigenschaftsmengen $\mathbf{p}_1$ und $\mathbf{p}_2$, wobei gilt $\mathbf{p}_1 \subset \mathbf{p}_2$. Wir bezeichnen alle Objekte der Eigenschaften $\mathbf{p}_i$ mit C_i. Jedes Objekt, das alle Eigenschaften $\mathbf{p}_2$ besitzt, besitzt auch alle Eigenschaften von $\mathbf{p}_1$, somit gilt $C_2 \subseteq C_1$. Betrachten wir nun eine Teilmenge von C_1. Alle Objekte dieser Teilmenge besitzen die Eigenschaften $\mathbf{p}_1$. Deshalb können wir sagen, daß C_2 eine Unterklasse von C_1 oder C_1 eine Oberklasse von C_2 ist. Nehmen wir weiterhin eine Eigenschaftmenge $\mathbf{p}_3 \subset \mathbf{p}_2$ an. Dann ist C_3 auch eine Oberklasse von C_2. Somit impliziert die Definition von Klassen eine Hierarchie mit Mehrfachvererbung. Wegen der Asymmetrie des Teilmengenoperators $\subset$ können Klassen also als gerichteter azyklischer Graph beschrieben werden, in dem die Existenz einer Kante eine Teilmengenbeziehung bedeutet.

Zusammengesetzte Objekte: Folgende Annahmen gälte für zusammengesetzte Objekte: Objekte können paarweise durch einen Assoziationsoperator (bezeichnet mit „$\odot$“) zu einem anderen Objekt kombiniert werden. Die Operation $\odot$ ist kommutativ und assoziativ. Auf diese Weise kann ein Objekt aus mehreren Objekten zusammengesetzt sein.

- Seien x und y Objekte, für die gälte: $x \odot y = x, x \neq y$. Dann ist y Teil von x (*part of*), geschrieben y p-o x.

- Die Zusammensetzung Z eines Objekts ist die Menge seiner Teile:
  $Z(x) = \{y | y \text{ p-o } x\}$
- x ist ein einfaches Objekt, wenn und nur wenn y p-o $x \wedge y = x$.

Theorem b: Die Menge aller Objekte ist unter der Relation „p-o" partiell geordnet.

- Sei $P \in p(x)$ eine Eigenschaft des Objekts x. Dann ist P eine *vererbbare* Eigenschaft, wenn es ein Objekt $y \in Z(x)$ gibt mit $P \in p(y)$, $y \neq x$. Andernfalls ist P eine Eigenschaft der Zusammensetzung: für alle $y \in Z(x)$ und $y \neq x$ gilt $P \notin p(y)$.

Quintessenz der ontologischen Analogie

Das Hauptanliegen des formalen Objektmodells nach WAND ist die Modellierung der Objekte frei von den Belangen der Implementierung. Das Objektmodell unterstützt die Prinzipien von *Datenkapselung* und *Vererbung*. Anders als die einschlägigen Definitionen zum Begriff der Objektorientierung (siehe Abschnitt 4.2.2) verlangt es zur Beschreibung einer Objekt-Interaktion aber nicht den Smalltalk-Begriff der Objektmethode und der Kommunikation durch Nachrichtenaustausch. Diese von vielen Verfassern als definitorisch eingestuften Konzepte sind kein Bestandteil eines formalen Objektmodells. WAND stuft sie als Mechanismen ein, die der Implementierung angehören. Um die Objektdynamik zu beschreiben, genügen *Gesetze*. Sie stellen neben der *Datenkapselung* und der *Vererbung* ein Grundkonzept der formalen Objektorientierung dar.

Weitere Differenzen zu konventionellen Objektdefinitionen fallen auf: Zum ersten wird über die *Erzeugung* der Objekte nichts ausgesagt. Zum zweiten ist das Modell nicht vollständig homogen: Nicht alles ist ein Objekt (so die Eigenschaften). Es vermeidet dadurch zirkulare Definitionen, die einen willkürlichen Abbruch erfordern. Zum dritten führt das Objektmodell das Konzept des *zusammengesetzten* Objekts ein und greift damit auch ein Anliegen der Non-Standard-Datenbanktechnik auf [Alagić, 1989; Dittrich, 1989; Encarnação & Lockemann, 1990].

Fazit

Die Aussage „Objektorientierte Konzepte sind intuitiv“ ist zum Allgemeinplatz geworden. Enthusiasten wie Skeptiker sind sich in diesem Punkt einig: Die ureigenen Denk- und Verhaltensweisen des Menschen orientieren sich am Objekt. Um in der täglichen Auseinandersetzung mit einer komplexen Welt zu bestehen, abstrahieren wir vom Unwesentlichen, klassifizieren das Wesentliche und leiten neue Eigenschaften aus alten ab. Intuition kann nicht gelehrt werden. Sie entspringt dem unreflektierten Fundus an Wissen und Erfahrung. Intuition kann auch nicht exakt begründet werden. Sie zählt zu den Merkmalen unserer rechten Gehirnhälfte. Dort entwickeln sich nach dem Nobelpreisträger Roger SPERRY unsere assoziativen Erkenntnisse. Intuition läßt sich aber plausibel machen. Und das ist das Thema dieses Kapitels. Drei Faktoren bewirken die intuitive Akzeptanz:

1. *Integrativer Faktor*

   Das Objekt-Paradigma vereint in sich die „fundamentalen Ideen der Informatik“ [Claus & Schwill, 1993]: Es kapselt die „Idee der Algorithmisierung“. Im Objekt findet der prozedurale Wissensfundus seine gewohnte Anwendung. Es unterstützt die „Idee der Sprache“. Die Semantik objektorientierter Programmiersprachen deckt sich mit den Konzepten und Begriffen aus Analyse & Design. Und es verkörpert die „Idee der Zerlegung“. Klassen und Objekte fördern die Modularisierung auf der begrifflichen Ebene.

2. *Kognitiver Faktor*

   Die objektorientierten Konzepte greifen bereits in der zeitlich und logisch frühesten Phase des Problemlösens, in der gedanklichen Wahrnehmung und Aufbereitung eines Problems. Sie erschließen die (denk-)psychologische Dimension der Begriffsbildung, in der man auf Strukturen und Operationen stößt, die sich auch in den technischen Phasen des Problemlösens bewährt haben.

3. *Ontologischer Faktor*

   Die Ontologie beschäftigt sich mit der Ordnungs-, Begriffs- und Wesensbestimmung der Dinge, die den Menschen in der realen Welt umgeben. Die Analogie zwischen dem Objekt-Paradigma und der Ontologie ist ein weiteres Indiz für die natürlich-reale Weltsicht der Objektorientierung.

Eine „Psychologie des Programmierens“ wurde schon in der Vergangenheit verfolgt [Shneiderman, 1980; Weinberg, 1971]: Der *Great Designer* [Brooks, 1987] und der *Superprogrammer* [Molzberger, 1984] stehen exemplarisch für das Phänomen des außergewöhnlichen Problemlösers. Auch wurde die Motivations-Psychologie ins Spiel gebracht: Der *Superprogrammer* strebt nach der Erfüllung seiner *ego needs* in der Spitze der Bedürfnispyramide, der *Hacker* nach sozialer Anerkennung auf unterer Ebene (siehe Bild 1.1 auf Seite 9). Damals, in den frühen 80er Jahren, waren die objektorientierten Methoden noch unausgereift oder der Implementierung zu sehr verhaftet. Mit dem Methodenboom der 90er Jahre rückt die Kreativität des Programmierers wieder in den Blickpunkt: Intuitive Methoden schaffen Akzeptanz. Objektorientierte Methoden sind intuitiv. Mit der breiten Akzeptanz des Objekt-Paradigmas könnte eine Renaissance der *Human-factors*-Bewegung anbrechen. *Intuitives Programmieren* stünde auf ihren Fahnen.

6

ETHOS: O wie „organizational“

Ein Paradigmenwechsel in der Praxis bedeutet einen Methodenwechsel „im großen“: Der Übergang von der funktionalen zur objektorientierten Methode betrifft alle Fachgruppen einer Entwicklungsorganisation. Soll die Kontinuität des Objektansatzes im Produkt-Lebenszyklus gewahrt werden, müssen Problemanalytiker, Entwerfer und Wartungsprogrammierer kollektiv „umdenken“. Wahrlich eine organisatorische Aufgabe! Sie umfaßt die Methodenschulung, infrastrukturelle Maßnahmen, neue Entwicklungsrichtlinien sowie die Planung und Kontrolle von Pilotprojekten. Die Aufgabe muß „von oben“ angegangen werden: Das Management ist gefordert.

6.1 Techniktransfer

Eine neue Programmiersprache zu erlernen, ist für einen Programmierer kein Problem. Objektorientierung ist zweifellos mehr als nur ein neuer Programmierstil. Ihre breite Einführung ist als Techniktransfer zu planen und durchzuführen. Ein Techniktransfer fordert besonders die Organisation und ist demnach nur so erfolgreich wie seine Manager. Vom Standpunkt des Managements sind vier Bereiche betroffen: die Technik, die Schnittstelle zum Kunden, der Entwurfsprozeß und die Projektkontrolle. Desmond D'SOUZA stellt die Fragen als Methodentrainer und Unternehmensberater [D'Souza, 1993a] und Albert ENDRES aus der Sicht der industriellen Projektführung [Endres & Uhl, 1992].

6.1.1 Fragen zur neuen Technik

„Wie wird eine objektorientierte Anforderungsspezifikation geschrieben? Wie sieht ein objektorientiertes Lastenheft aus?"

Ausgangspunkt ist das fachliche Modell der Anwendung. Dieses wird gemeinschaftlich im Diskurs zwischen dem Auftraggeber, der technischen Projektleitung und der Marketingabteilung aufgestellt. Voraussetzung ist eine gemeinsame „Begrifflichkeit" der Beteiligten. Die Objektorientierung schafft diese Gemeinsamkeit durch ihre intuitiven Konzepte und Begriffe.

Das Ergebnisdokument der Anforderungsanalyse — das Lastenheft für den Entwurf — umfaßt mindestens drei eng verwobene Komponenten von annähernd gleicher Modellierungstiefe:

1. Das *Objektmodell* nennt die semantischen Objekte und deren Beziehungen zur Anwendung. Auch wenn es statisch erscheint, repräsentiert es doch alle zulässigen Konfigurationen nach Ablauf einer regulären Transaktion auf der Systemebene.

2. Das *funktionale Modell* beschreibt das System aus der Sicht der Anwendung, daß heißt die „Körnigkeit" einer einzelnen Systemfunktion ist die *Transaktion*. Das Vor und Danach einer jeden Transaktion wird durch die beteiligten Objekte und deren zulässigen Konfigurationen im Objektmodell definiert.

3. Das *dynamische Modell* (Zustandsdiagramm oder PETRI-Netz) bestimmt die Menge aller abstrakten Zustandsänderungen im Objektmodell, die von den Transaktionen auf der Systemebene benötigt werden.

Themen der Softwaretechnik im engeren Sinn, wie Datenkapselung, Modulkohäsion und -kopplung (siehe Abschnitt 2.1.3) oder Nachrichtenaustausch, sind in der Definition des Lastenhefts ohne Belang: Die Analyse der Anwendung geschieht unabhängig von den Ausdrucksmitteln und Mechanismen einer Programmiersprache. Auf dieser Ebene wird von keiner der beteiligten Personen explizites Methodenwissen vorausgesetzt.

„Wie sieht ein objektorientiertes Pflichtenheft aus?"

Der Software-Entwurf überführt das Lastenheft aus der Analyse in das Pflichtenheft für die Implementierung. Die Komponenten des fachlichen Modells werden verfeinert, validiert und mit nichtfachlichen Objekten angereichert (Benutzungsoberfläche, abstrakte Datentypen, Ablaufsteuerung). Die Wirkungen einer Systemtransaktion werden auf die Objektebene umgebrochen, die beteiligten Objekte identifiziert und deren Rollen und Pflichten festgelegt. Beschreibungsbestandteile eines objektorientierten Pflichtenhefts sind unter anderem:

1. Klassenverträge mit Pflichten und Rechten: Klassendefinitionen

2. Polymorphe Schnittstellen zwischen Ober- und Unterklassen: Vererbungshierarchien

3. Datenstrukturen und Algorithmen der Klassen: Implementierungsvorgaben

Weitere Entwurfsentscheidungen betreffen die zu implementierende Software-Architektur, zum Beispiel die Unterteilung in Teilsysteme, die semantisch zusammengehörende Klassen beschreiben. Im Fall nebenläufiger Systeme kommen weitere Vorgaben hinzu, beispielsweise Prozesse, Protokolle und die Identifizierbarkeit der Objekte über die Prozeßgrenzen hinweg. Detailliertes Methodenwissen wird zwingend vorausgesetzt. In der Praxis ist der Entwurf auf eine konkrete Programmiersprache ausgerichtet, auch wenn dies dem Anliegen der Softwaretechnik („Trennung der Belange“) widerspricht. Im Streben nach größerer Flexibilität und Wiederverwendbarkeit werden sich zukünftige Entwurfsmethoden deutlich von den Belangen der Implementierung abgrenzen.

6.1.2 Fragen zur Schnittstelle „Kunde-Entwerfer“

„Wie vertrete ich das Projekt gegenüber dem Auftraggeber? Kann der Auftraggeber die technischen Modelle verstehen? Welche Möglichkeiten der Prüfung und des Eingriffs hat er?“

Zunächst der Status quo: Die kommunikative Situation in einem konventionellen Softwareprojekt beschreiben Guido GRYCZAN und Heinz ZÜLLIGHOVEN in [Gryczan & Züllighoven, 1992]. Sie ist gekennzeichnet durch ein Ungleichgewicht zwischen Anwender und Entwickler: Der Entwickler besitzt das *linguistische Modellmonopol* [Bråten, 1973]. Die Forderungen an das zu entwerfende Softwaresystem werden auf die Semantik und Pragmatik seiner Sprachwelt projiziert, beispielsweise auf Entity-Relationship-Modelle und Datenfluß-Diagramme:

> **„Die Anwender müssen sich in einer Sprach- und Denkwelt bewegen, die nicht ihre eigene ist, in der aber die Entwickler zu Hause sind. Anwender sind bei dem Versuch, ein solches Ausdrucksmittel zu verstehen, von den Entwicklern abhängig. Je mehr sie sich auf diese fremden Ausdrucksmittel und die damit verbundenen Denkweisen einlassen, desto stärker wird die Einflußmöglichkeit der Entwickler. Entsprechend werden die Chancen der Anwender, ihre eigenen Vorstellungen zur Systementwicklung einzubringen, durch softwaretechnisch motivierte Methoden minimiert.“ [Gryczan & Züllighoven, 1992, S. 266]**

Wegen des linguistischen Modellmonopols sind verkürzte und fehlerhafte Projektionen zwischen Anwendung und Entwicklung wahrscheinlich. Überdies läßt die sequentielle Vorgehensweise, diktiert vom klassischen Wasserfall-Modell, nur vage Aussagen über die Gestalt des zukünftigen Systems zu.

Anders der objektorientierte Ansatz: Die Zwischenmodelle der Entwicklung leiten sich direkt aus den objektorientierten Modellen der Analyse ab. Fachliche und technische Modelle sind eng verzahnt. Alle Beteiligten sprechen eine „gemeinsame Projektsprache [...], die von der Fachsprache der Anwendung ausgeht. Alle für die Kommunikation zwischen den beteiligten Gruppen gedachten Dokumente verwenden Darstellungsformen des Anwendungsbereichs.“ Objektorientierte Prototypen antizipieren die endgültige Systemgestalt: „als ‚handgreifliche Modelle‘ des zukünftigen Systems [schaffen sie] die Voraussetzungen für die schrittweise sich konkretisierende Vorstellung vom angestrebten Entwicklungsziel.“

6.1.3 Fragen zum Entwurfsprozeß

„Wie wird Rapid Prototyping unterstützt?“

Die prototypische Systemlösung ist ein wirkungsvolles Vehikel der Kommunikation zwischen Anwender und Entwickler: Die Dynamik eines Entwurfs ist für beide gleichermaßen „greifbar“ und ohne semantische Divergenzen diskutierbar:

> **„Prototypen fördern aber auch die mit dem Entwicklungsprozeß verbundenen Lernprozesse, etwa das Vorstellungsvermögen der Benutzer über die Möglichkeiten und Grenzen einer Computerunterstützung oder das Verständnis der Entwickler für das technisch und anwendungsbezogen Machbare.“ [Gryczan & Züllighoven, 1992, S. 268]**

Das *prophylaktische Element* der Prototyp-Entwicklung ist nicht gering zu schätzen: Probleme der Benutzerakzeptanz und der technischen Realisierung können rechtzeitig erkannt werden, noch bevor das Projekt eine Eigendynamik entwickelt, die die Entscheidungsschwelle für eine Revision oder Aufgabe von Projektzielen immer weiter anhebt. Der Prototyp hilft, die Zuversicht in die Machbarkeit des Projekts zu stärken, sowohl beim Auftraggeber als auch beim Projektmanagement. Er ist überdies auch ein *autodidaktisches* Vehikel im Lernprozeß: Exploratorisch erprobt der Entwerfer die neue Entwurfs- und Programmiermethode am konkreten Analysemodell und ist zugleich produktiv, da der Prototyp Vorläufer des Endprodukts ist.

„Welche Vorteile hat der objektorientierte Entwurf?"

Der Arbeitsgegenstand objektorientierter Methoden ist singulär: Es wird nur *ein* Ergebnistyp benutzt: das fachliche Analysemodell. Dieses wird schrittweise mit technischen Komponenten, wie Benutzungsoberfläche, prozeduraler Werkzeugschnittstelle und Ablaufprotokollen, erweitert, detailliert und evolutionär in die technischen Modelle der Entwicklung überführt. Im Gegensatz zu den strukturierten Ansätzen, die mit mehreren Ergebnistypen operieren, wie Entity-Relationship-Modellen, Datenfluß-Diagrammen, Funktionen- und Datenstruktur-Diagrammen [DeMarco, 1978], entfällt im Prinzip die Kontrolle der Ergebnistransformation beim Phasenübergang. Jede Ergebnistransformation ist ein potentieller Fehlerort, da sie in der Regel auf eine kreative intellektuelle Leistung des Entwicklers zurückgeht. Durch die Dominanz des objektorientierten Ergebnistyps werden die Aufgaben der Qualitätssicherung und des Änderungswesens erheblich erleichtert. Anpaßbar, wiederverwendbar und erweiterbar sind die Qualitätsattribute des objektorientierten Ergebnistyps. (Im übrigen handelt die gesamte Studie von den vorteilhaften Aspekten der Objektorientierung.)

„Welche organisatorischen Maßnahmen muß ich ergreifen?"

Analog zum Datenbankentwurf werden im klassenorientierten Programmentwurf Strukturen gesucht, die allgemeiner sind, als es die aktuelle Projektspezifikation verlangt. Wir sprechen hier von der *Generalisierung* der Klassen mit dem Ziel, wiederverwendbare Ressourcen für Nachfolgeprojekte zu schaffen (siehe Abschnitt 3.1.2). Die Strategie der systematischen Wiederverwendung fordert zwar einen höheren organisatorischen Aufwand, der aber als Investition für zukünftige klassenbasierte Anwendungen zu verstehen ist: Bewertung und Anpassung käuflicher, Verwaltung und Pflege eigener Klassenbibliotheken. Die damit verbundenen Kosten müssen verursachergerecht in Rechnung gestellt werden. Pilotprojekte tragen die Kosten für die Bewertung der neuen Methode, für die Einführung des neuen Instrumentariums sowie für die Organisation und Erstausstattung der Klassenbibliotheken. Das geht mit einem Verlust an konventioneller Produktivität und mit einem höheren Projektbudget einher. Nachfolgeprojekte profitieren dagegen von ihren Vorläufern: Ihr Produktivitätszuwachs ist proportional dem Anteil wiederverwandter Ressourcen, abzüglich deren Anpassungs- und Einarbeitungskosten (siehe Abschnitt 3.2.1).

Mit der organisatorischen Umstellung auf eine objektorientierte Entwurfskultur (siehe Abschnitt 3.1) muß auch das Gratifikationswesen der Organisation umgestellt werden: In der funktionsorientierten Entwurfskultur richtet sich die Vergabe von Leistungsprämien nach der termingerechten Einhaltung der Meilensteine. Manager und Programmierer werden finanziell angespornt, das Projektbudget zu schonen und die Entwicklungsdauer zu verkürzen. Die objektorientierte Entwurfskultur hingegen zielt auf die Entwicklung und Wartung wiederverwendbarer Komponenten neben der eigentlichen Projektarbeit. Auswahl, Spezifikation, Programmierung und Test wiederverwendbarer Klassen setzen Wissen, Erfahrung und Sorgfalt voraus und sind folglich kosten- und zeitintensiv. Das Gratifikationswesen muß dem Rechnung tragen: Kriterien für eine leistungsgerechte Entlohnung könnten sowohl die *Qualität* neuer Beiträge für die organisationsweite Klassenbibliothek sein als auch die *Quantität* ihrer tatsächlichen Wiederverwendung.

Conventional system cost

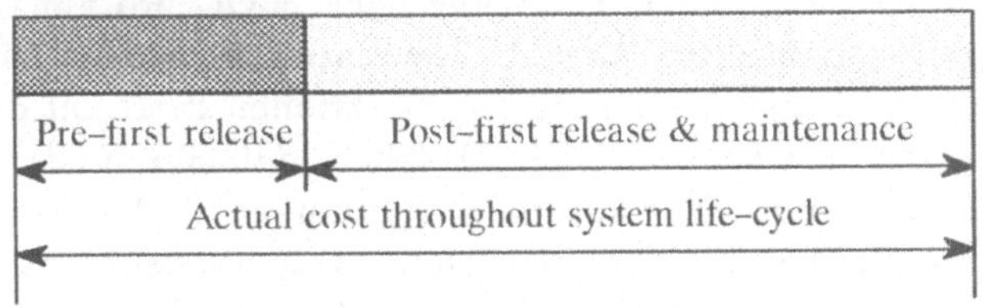

Object-oriented system cost

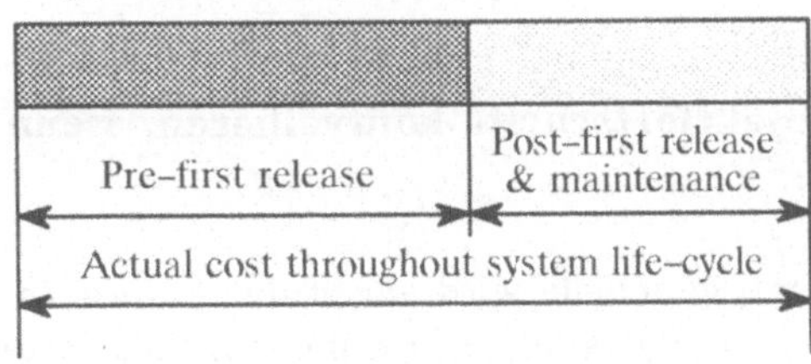

Bild 6.1: Systemkosten und Organisationsaufwand im Vergleich

Generell bedingt der objektorientierte Ansatz eine Aufwandsverschiebung zu den frühen Phasen im Software-Lebenszyklus: Bild 6.1 zeigt die relative Verschiebung der Kosten in die Phasen vor der ersten Softwarefreigabe [Kandibur, 1992]. Der organisatorische Aufwand verlagert sich folglich in die gleiche Richtung: Methodenschulung und Werkzeugbewertung konzentrieren sich auf die Problemanalyse und den prototypischen Lösungsentwurf. Rapid Prototyping erhöht zwar die Kosten bis zur ersten Freigabe, das anschließende Release-Management wird aber entscheidend entlastet und damit kosteneffektiver. Der Aufwand für Implementierung und Wartung geht langfristig auf ein ingenieurgerechtes Maß zurück.

6.1.4 Fragen zur Projektkontrolle und Mitarbeiterführung

„Wie kann ich die Komplexität und damit die Kosten eines objektorientierten Entwurfs ermessen?“

Gegenwärtig existieren keine dedizierten Schätzmethoden für die frühen Entwicklungsphasen eines objektorientierten Projekts. Klassische Komplexitätsschätzungen nach dem COCOMO-Modell und der *Function-point*-Methode [Sommerville, 1990] sind funktionsorientiert und erst möglich auf der Grundlage vollständiger Daten- und Prozeßmodelle. Eine Schätzung nach „LOC pro Funktion“ verbietet sich in einem objektorientierten Ansatz. Die Datenabstraktion ist von zentraler Bedeutung, denn die Implementierung der Funktionen kann auf die späten Phasen der Entwicklung verschoben werden. Folglich muß eine Kostenschätzung von den Objektmodellen der Analyse ausgehen. Statt über die Menge der Funktionen wird die Komplexität über die Menge der Datenelemente definiert. Qualitäts- und Produktivitätsfaktoren, wenn sie überhaupt durch die traditionellen Schätzmethoden erfaßt werden, sind in objektorientierten Projekten bekanntlich ganz anderer Natur.

„Wie kann ich den Projektfortschritt kontrollieren, wenn der Entwurf in Iterationen verläuft?“

Die Vollständigkeit der Analysemodelle wird gegen die Anforderungsspezifikation validiert. Die Transaktionen auf Systemebene werden auf Vollständigkeit gegen das Objekt- und das dynamische Modell geprüft. Anwendungs-Szenarien unterstützen die *dynamische* Prüfung. Die Information, die von einer Transaktion benötigt oder verändert wird, sollte sich im Objektmodell wiederfinden, zumindest aber in den von der Transaktion bezeichneten Zuständen. Diese könnten auch im dynamischen

Modell näher spezifiziert sein. Kurzum: Die Kontrolle iterativer Entwurfsschritte erstreckt sich auf die Vollständigkeit, Widerspruchsfreiheit und Plausibilität der Analysemodelle:

> **„Completion criteria will be checked by reviews and sign-offs. When the requirements are deemed to be complete (or complete enough!), the system transactions cover the requirements, the system transactions adequately and consistently use the object and dynamic models, the usage scenarios adequately exercise the behavior, and ...“ [D'Souza, 1993a, S. 16]**

Das Projektmanagement sollte sein besonderes Augenmerk auf die *Stabilität* der abstrakten Schnittstellen richten, und zwar auf solche, die kritisch für das Systemverhalten sind. Mit abstrakter Schnittstelle sind die Klassenverträge und die Verträge zwischen den Teilsystemen gemeint: die Erfüllung der Pflichten (Vorbedingungen) und die Wahrung der Rechte (Nachbedingungen). Das Kriterium für Stabilität zielt auf die „Komplexität“ einer Schnittstelle: Wieviele Kunden (Klassen oder Teilsysteme) können Dienste über die Schnittstelle anfordern? Wie oft wurden Dienste im letzten Kontrollzeitraum angefordert? Wie oft wurde die Schnittstelle geändert oder für eine Änderung vorgemerkt?

„Wie lange dauert der Lernprozeß? Wie groß ist die Motivation der Mitarbeiter für ein objektorientiertes Projekt? Wie plane ich die Methodenauswahl und die Methodenschulung?“

Die Aneignung des objektorientierten Gedankenguts ist — wie bei allen geistigen Leistungen — individuell unterschiedlich und hängt maßgeblich von der Qualität der Methodenschulung ab. Für den gesamten Techniktransfer setzen ENDRES und UHL größenordnungsmäßig ein Jahr an [Endres & Uhl, 1992, S. 261]. Für das Erlernen der objektorientierten Denkweise veranschlagt D'SOUZA mindestens zwei Monate [D'Souza, 1993a, S. 16]. Neben den klassischen Widerständen, auf die ein Paradigmenwechsel stößt (emotionale Ablehnung und Déjà-vu-Erlebnis, siehe Abschnitt 1.1.1), wird der Schulungsaufwand, um einen Wechsel in der Software-Mentalität einzuleiten, von weiteren Faktoren bestimmt:

- Abstraktions- und Kritikfähigkeit sind Voraussetzung für die Formulierung und Lösung eines Problems mit Hilfe mentaler Modelle. Roland MÜLLER bezeichnet diese Fähigkeit des Menschen als „Modelldenken“ [Müller, 1983]. Die hierfür erforderliche intellektuelle Leistung übersteigt bei weitem das Maß, um einen Algorithmus zu programmieren.

- Einschlägige Erfahrungen mit der Methode der funktionalen Dekomposition* in Analyse und Design (SA/SD) sind eher kontraproduktiv. Zunächst müssen die verkrusteten prozeduralen Denkstrukturen aufgeweicht und „verlernt“ werden, bevor objektorientierte Konzepte greifen können und den geistigen Paradigmenwechsel einleiten.

- Die Vertrautheit mit benutzerdefinierbaren Datentypen aus höheren Programmiersprachen dagegen ist dem objektorientierten Denkprozeß förderlich. Das Konzept der Datenabstraktion und der Modularisierung, wie zum Beispiel in Modula oder Ada implementiert, sind ein vorbereitener Schritt in die objektorientierte Richtung.

Die Methodenschulung sollte alle Phasen des Software-Lebenszyklus abdecken, wobei der Schwerpunkt in der Analyse und im Entwurf liegt. Das Erlernen einer objektorientierten Sprache ist dann eher sekundär und kann auch „on the job“ geschehen. Die Motivation zur Mitarbeit in objektorientierten Pilotprojekten ist generell groß: Einerseits haben neue Methoden ihre Anziehungskraft *per se*. Andererseits spielen auch der Profilierungszwang und der permanente Konkurrenzdruck eine Rolle:

> „Speziell kommt hinzu, daß der Programmierer angehalten wird, nicht nur die kurzfristigen Ziele eines Projektes zu befriedigen, sondern etwas zu tun, was ihn und seine Kollegen in die Lage versetzt, bei zukünftigen Projekten produktiver zu sein, also besser auszusehen.“ [Endres & Uhl, 1992, S. 261]

Da der Paradigmenwechsel erst zögernd in der Hochschullehre einsetzt (siehe wieder Abschnitt 1.1.1), es derzeit kaum Ingenieure oder Informatiker gibt, die im Objekt-Paradigma ausgebildet wurden, muß in der Praxis generell auf externe Referenten gesetzt werden [D'Souza, 1993b].

6.2 Managementaspekte

Der Techniktransfer erfordert organisatorische Maßnahmen, die auch den klassischen Entscheidungsprozeß und die Modellbildung in einem Unternehmen betreffen. Wir wollen einige Aspekte skizzieren.

6.2.1 Homomorphie und Lean Management

„Schlanke und flexible Organisationsformen“ mit wenigen Entscheidungsebenen (flache Hierarchien) gelten heute als Garanten für ein erfolgreiches Management und für eine effiziente Produktion. Warum das so ist, hat Melvin CONWAY schon 1968 beschrieben:

> „To the extent that an organization is not completely flexible in its communication structure, that organization will stamp out an image of itself in every design it produces. The larger an organization is, the less flexibility it has and the more pronounced is the phenomenon.“ [Conway, 1968, S. 30]

Entwurfsentscheidungen fallen ständig, werden aber nicht allein vom Entwerfer gefällt: die Organisation des Entwurfsteams, selbst auferlegten Richtlinien folgend, legt gewisse Entscheidungen im voraus fest: Es ist naheliegend, daß das Wissen um diese Richtlinien die Entwurfsentscheidungen beeinflußt (Selbstkonditionierung), die eigentlich allein beim Entwerfer liegen sollten. Ist die Organisation einmal vorgegeben, können somit nicht alle Entwurfsalternativen aufgegriffen werden, zumal auch die notwendigen Kommunikationspfade fehlen: „Therefore, there is no such thing as a design group which is both organized and unbiased.“ Innerhalb der Organisation nehmen mit jeder Delegation von Verantwortung die Auflagen und Beschränkungen weiter zu: Wurde der Umfang der Teilaufgaben festgelegt, müssen diese koordiniert und schließlich zum Gesamtentwurf wieder vereint werden. Der Entscheidungsfluß verläuft also entlang der folgenden Linie:

1. Grenzziehung: einerseits für den Entwurfsprozeß aufgrund der beschränkten Möglichkeiten (Machbarkeitsstudie) und anderseits für das zu entwerfende System aufgrund des Kundenauftrags (Anforderungsanalyse)

2. Wahl eines vorläufigen Systemkonzepts

3. Organisation des Entwurfsablaufs und Delegation der Aufgaben gemäß dem vorläufigen Systemkonzept

4. Koordination der delegierten Aufgaben

5. Zusammenführung der Teilentwürfe zum Gesamtentwurf

Die ersten Schritte im Systementwurf sind somit mehr auf die Strukturierung der Entwurfsaktionen gerichtet als auf das System selbst. CONWAY zeigt nun, daß eine voraussagbare Beziehung existiert zwischen der Struktur der Entwurfsorganisation, zum Beispiel der DV-Entwicklungsabteilung, und der Struktur des zu entwerfenden Systems. Für den nicht ungewöhnlichen Fall, daß jedes Teilsystem (siehe Abschnitt 2.2.2) von einer eigenen Entwurfsgruppe entworfen wird, ist die Strukturähnlichkeit frappant: Bild 6.2 aus [Conway, 1968].

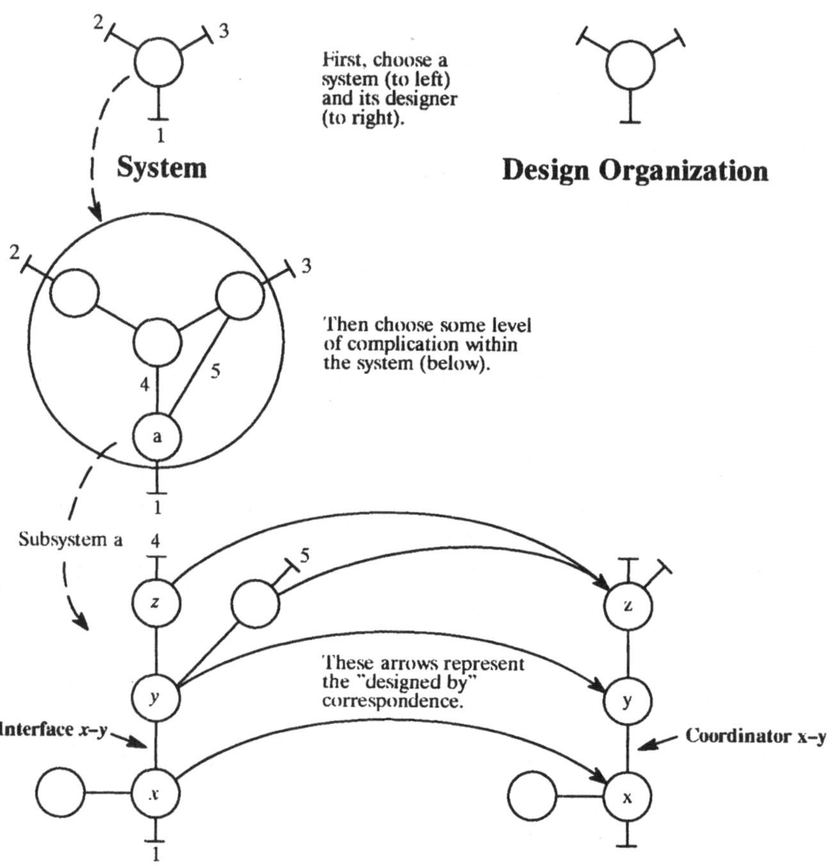

Bild 6.2: Spiegelung zwischen System und Organisation

Aber auch, wenn eine Gruppe mehrere Teilsysteme entwirft, bleibt die Ähnlichkeit erhalten: Die Struktur der Organisation ist dann eine kollabierte Form der Systemstruktur: Ihre Teilsysteme fallen zu einem Strukturknoten zusammen, der diejenige Gruppe repräsentiert, welche die Teilsysteme entworfen hat. Es gibt also eine strukturbewahrende Beziehung zwischen der entwerfenden Organisation und dem entworfenen System: eine *Homomorphie*. CONWAY erläutert seine These mit Beispielen aus der Programmierung:

> Erstes Beispiel: Ein Softwarehaus, bestehend aus acht Programmierern, sollte zwei Übersetzer entwickeln für die Sprachen Cobol- und Algol. Nach Abschätzung der Komplexität und des Zeitaufwands wurden *fünf* Programmierer für den Bau des Cobol- und *drei* für den Bau des Algol-Übersetzers zugewiesen. Ergebnis: Der Cobol-Übersetzer lief in *fünf* Phasen, der Algol-Übersetzer in *drei*.
>
> Zweites Beispiel: Die klassische Dreiteilung eines Rechnersystems in Hardware, Systemsoftware und Anwenderprogramme findet ihr Struktur-Pendant in der Organisation beim Hersteller des Rechners: Hardware-Ingenieure, System- und Anwendungsprogrammierer.

CONWAY beantwortet eine weitere Frage des Systemmanagements: Warum lassen sich große Systeme nur schwer integrieren? Drei Schritte führen zur Desintegration, die ersten zwei sind kontrollierbar, der dritte ist eine direkte Folge der besagten Homomorphie:

1. Die Einsicht des Entwerfers, das zu entwerfende System sei zu komplex, und organisatorische Zwänge[1] verleiten dazu, den Entwurf personell zu überfrachten.

2. Das Aufprägen konventioneller Führungsmethoden und Verwaltungsformen auf die Organisation großer Entwicklungsabteilungen bedingt divergente Kommunikationspfade.

3. Die divergenten Strukturen der Organisation prägen die Struktur des zu entwerfenden Systems.

Daraus folgt das Kriterium für eine effektive Organisationsform: Die Strukturierung des Systementwurfs sollte sich nach dem Bedarf an Kommunikation richten. Da dieser wiederum variiert, je nach Entwicklungsstand des Systems, ist eine *flexible* Organisation ausschlaggebend für einen effizienten Entwurf: Manager sind heute angehalten, eine „schlanke und flexible" Organisation zu schaffen.

[1] Zum Beispiel das Gesetz von PARKINSON: Prestige und Macht eines Managers sind eng verbunden mit der Größe seines Entwicklungsbudgets [Parkinson, 1966]. Folglich ist er bestrebt, seine Entwicklungsabteilung zu vergrößern — ein ungeeignetes Motiv für das Systemmanagement. Existiert erst einmal die Organisation, wird sie natürlich auch genutzt: „Probably the greatest single common factor behind many poorly designed systems now in existence has been the availability of a design organization in need of work" [Conway, 1968].

Wie unterstützt nun die Objektorientierung ein *Lean Management* in der Softwaretechnik? Die Antwort gab bereits PARNAS im Abschnitt 2.2.3: Die Informationsverteilung muß aus wirtschaftlichen Gründen restriktiv gehandhabt werden: „information broadcasting is harmful“. Das Modularisierungskonzept der Objektorientierung fördert Entscheidungsprozesse mit klar definierten Schnittstellen. Die Inter-Gruppenaktivität verringert sich zugunsten einer verstärkten Intra-Gruppenarbeit, was wiederum zu kürzeren Entwicklungszeiten führt. Die Delegation der Entwurfsentscheidungen auf getrennte Module reduziert die Kommunikation. Der *Vertrag* aus Pflichten und Rechten zwischen Auftraggeber und Auftragnehmer ist die Leitmetapher der objektorientierten Kommunikation auf allen Ebenen: Lastenheft zwischen Problemanalytiker und Entwerfer, Pflichtenheft zwischen Entwerfer und Programmierer, Client-Server-Verträge zwischen Klassen. Entsprechend können „schlanke“ Kommunikationsstrukturen und damit auch „schlanke“ Organisationsformen realisiert werden.

6.2.2 Objektmanagement

Bertrand MEYER hat es deutlich formuliert: Die Software-Industrie erlebt in naher Zukunft einen gravierenden organisatorischen Wandel: von der Projektkultur zur Komponentenkultur (siehe Abschnitt 3.1). Dem wirtschaftlichen Gebot folgend, Software-Ressourcen intensiv wiederzuverwenden, wird das derzeit noch dominante Prozeßmanagement in ein Datenmanagement aufgehen. In der Vergangenheit waren die Ressourcen über die gesamte Projektlandschaft eines Unternehmens verteilt. Ihre Zusammenführung und Wiederverwendung entzog sich jeder Systematik. Ad-hoc-Zugriffe auf den zersplitteten Fundus der End- und Nebenprodukte vergangener Projekte waren zwangsläufig ineffizient. Der erforderliche Anpassungsaufwand ließ sich nicht mit den zeitlichen und finanziellen Bedingungen der Tagesgeschäfte — des aktuellen Projekts — vereinbaren. Bild 6.3 gibt die konventionelle Projektumgebung wieder.

Die Umgebung bezieht sich auf datenintensive Anwendungen mit einer zentralen Archivierungskomponente. Datenbankanwendungen stehen heute im Mittelpunkt der Software-Entwicklung. Algorithmische Probleme, wenn deren Lösungen nicht bereits in der einschlägigen Literatur abgehandelt und in kommerziellen Funktionsbibliotheken angeboten werden, sind Gegenstand der Modulprogrammierung. Folglich spielt die *Datenmodellierung* eine wichtige Rolle bei der Definition der Anforderungen und beim Entwurf einer Datenhaltung. Die Aufgaben der Datenmodellierung sind in der Regel personell gebunden: Der Systemanalytiker übernimmt den ersten Teil, der Datenbankadministrator den zweiten. Die Aufgaben des Datenmanagements lassen sich weiter unterteilen:

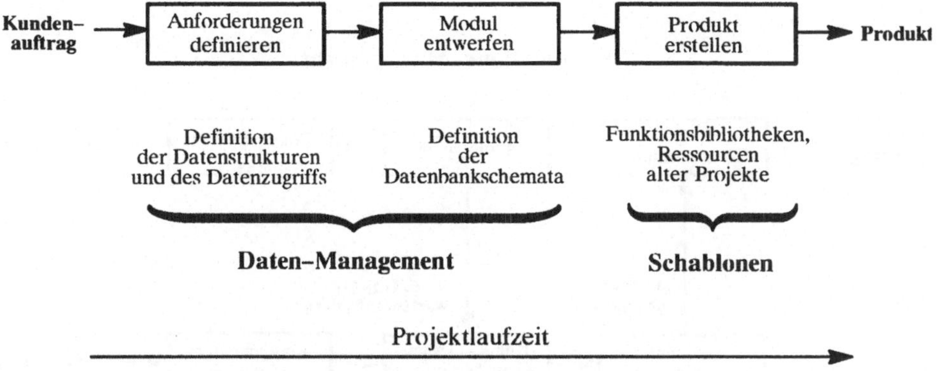

Bild 6.3: Konventionelle Umgebung datenintensiver Projekte

- Analyse der zu modellierenden Geschäftsvorfälle
- Definition der im Geschäftsvorfall anfallenden Daten
- Entwicklung und Förderung eines gemeinsamen Verständnisses der Geschäftsdaten
- Identifikation und Modellierung der Datenzugriffe und -modifikationen
- Entwicklung und Definition unternehmensweiter Datenstandards

Die Forderung der rationellen Wiederverwendung kann von der projektzentrierten Organisation nicht effizient erfüllt werden, da ein entsprechender Unterbau fehlt. Bild 6.4 zeigt einen Produkt-Lebenszyklus, der die Wiederverwendung alter Software-Ressourcen zum architektonischen Prinzip erhebt: Für den projektneutralen Unterbau ist ein „Komponentenmanagement" verantwortlich, für den projektspezifischen Überbau ein „Konfigurationsmanagement".

Eine konsistente Planung und Kontrolle beider Aufgaben, Konfiguration und Wartung aller potentiell wiederverwendbaren Projektkomponenten, setzt eine Objektdatenbank voraus (*object repository*). Darin enthalten sind alle Anwendungsteile und die möglichen Konfigurationen, firmenspezifische und kommerzielle Klassenbibliotheken einschließlich der Objektdefinitionen und Modulimplementierungen. Eine gewaltige administrative Aufgabe, die von konventionellen Datenhaltungssystemen nicht geleistet werden kann. Non-Standard-Datenbanksysteme für objektorientierte Anwendungen sind erforderlich. Ihre Technik wird derzeit in die

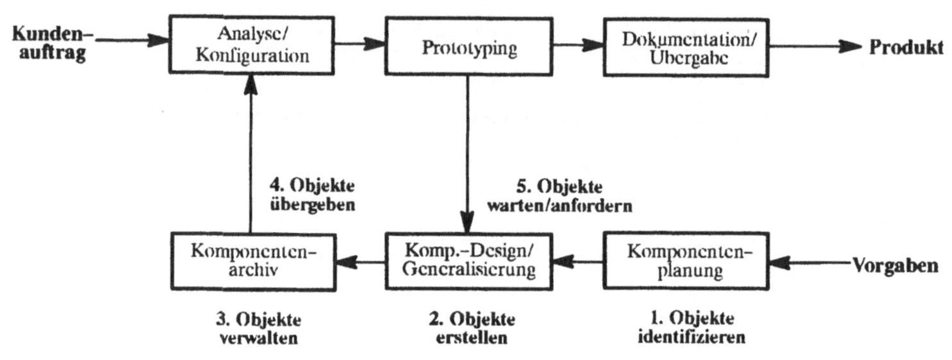

Bild 6.4: Objektorientiertes Projektmodell und Objektmanagement

kommerzielle Reife überführt (siehe Bild 3.6 auf Seite 74). Objektorientierte Datenbank-Managementsysteme (OODBMS) [Alagić, 1989; Dittrich, 1989] bilden den Kern; Infrastrukturdienste, wie sie Bild 6.4 nennt, die Schale für eine komponenten-zentrierte Organisation. Mit dieser Organisationsform kann die MEYERsche Kulturwende auf einer wirtschaftlich verträglichen Grundlage beginnen.

Produktdatenmanagement

Produktdaten beschreiben ein technisches Produkt, seine Herstellung und Verwaltung von der Idee bis zum Recycling, in allen Unternehmensbereichen von der Konstruktion bis zum Vertrieb und auf allen denkbaren Datenträgern vom Papier bis zur Diskette. Dem Produktdatenmanagement obliegt die Planung und Kontrolle des technischen Datenflusses im gesamten Produkt-Lebenszyklus. Produktivität und Qualität einer herstellenden Organisation werden entscheidend von der technischen Datenverwaltung bestimmt. Traditionell werden Produktdaten auf die Bedürfnisse individueller Herstellungsprozesse zugeschnitten, was wegen der inkompatiblen Daten- und Speicherformate zu den heute typischen Herstellungsinseln innerhalb einer Organisation geführt hat. Die Anstrengungen für die informationsmäßige Kopplung der Herstellungsinseln binden die Ressourcen und bergen die Gefahr von Übertragungsfehlern und akkumulativen Verzögerungen [Quibeldey-Cirkel, 1993b]. Eine wirtschaftlich sehr unbefriedigende Tatsache, da es doch die Funktionalität einer Anwendung sein sollte, die Wertschöpfung und Wettbewerbsfähigkeit eines Produkts bestimmt.

Innovative Herstellungs- und Organisationskonzepte, wie *Concurrent Engineering* oder *Total Quality Control*, stellen hohe Ansprüche an die Kontinuität des Informationsflusses innerhalb einer Organisation und über Organisationsgrenzen hinweg (Zulieferindustrien). Daten müssen Standards genügen, um sie von den Anwendung zu entkoppeln. Erst dann können auch neue Organisationsformen wirksam in die Praxis umgesetzt werden — unabhängig von willkürlichen Datenrestriktionen. Erst dann ist ein verteilter Zugriff auf eine gemeinsame Produktdatenbank möglich. Erst dann können neue Anwendungen unabhängig von den Überlegungen des Produktdatenmanagements entwickelt werden.

Eine offene standardisierte Datentechnik verspricht die Lösung: STEP, *Standard for the Exchange of Product Model Data*:

> „STEP is an extremely broad specification, including virtually every item of data required to develop, analyze, manufacture, document, and support products — ranging from mechanical products to electronic products to ships and buildings. As the specification touches everything from design to manufacture to logistics, portions of the total specification will be incorporated into a wide range of systems and software products.“ [McLaren, 1992, S. 1]

Ziel der internationalen Standardisierungsinitiative (ISO-Standard 10303) ist es, die Kosten für Transfer und Transformation der über dem Produkt-Lebenszyklus exponentiell wachsenden Produktdaten zu minimieren. Bild 6.5 aus [McLaren, 1992] zeigt die kostensenkende Wirkung einer offenen Produktdatentechnik. Gleichzeitig verdeutlicht es den Effekt auf die Verteilung der *Man-power*-Kapazität: Die gemeinsame Produktdatenbank führt zu einer flacheren Verteilung und damit zu einer gleichmäßigeren Auslastung über dem Entwicklungszyklus. Die Datenredundanz wird durch die Konsistenz der zentralen Produktdatenbank auf ein wirtschaftliches Maß beschränkt.

Was hat eine offene Produktdatentechnik mit der Objektorientierung gemeinsam? Produktdatenmodelle werden in der *objektorientierten* Modellierungssprache Express geschrieben [Schenk, 1990]. Objektorientierte Informationsmodelle [Quibeldey-Cirkel, 1993b] bilden die konzeptionelle Grundlage für den Datentransfer. Mit ihrer Verbreitung innerhalb einer Organisation setzt sich das Kontinuum

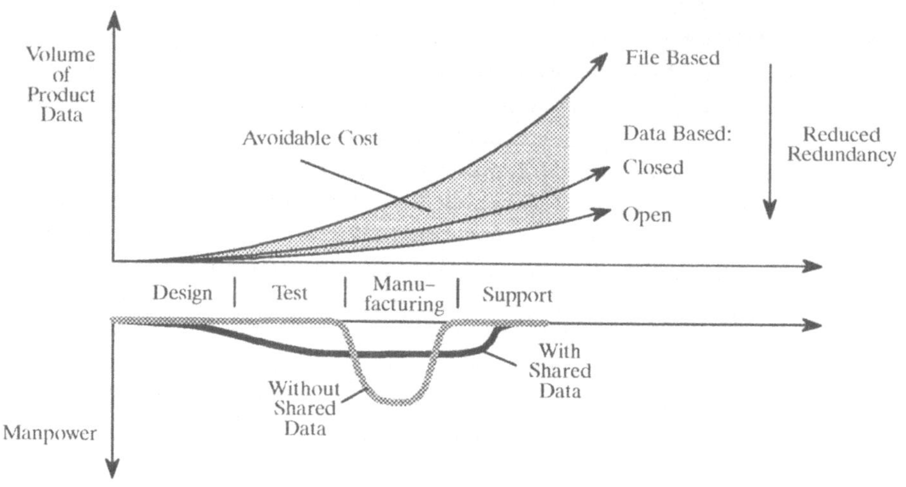

Bild 6.5: Ziele einer offenen Produktdatentechnik

objektorientierter Denkweisen über die objektorientierten Anwendungen fort. Der folgende Abschnitt erweitert diesen Aspekt auf alle Ressorts der Unternehmensebene.

Unternehmensmodellierung

Heutige Unternehmen verstehen und führen zu können, setzt die einfache Modellierung der Entscheidungswege und der Vernetzung fachlicher Elemente und Geschäftsvorfälle voraus. Die Unternehmensmodellierung leidet durchaus keinen Mangel an einfachen Modellen. Der Überfluß ist eher das Problem: Es werden zuviele Modelle benutzt, die sich größtenteils überlappen und gegenseitig bedingen. David TAYLOR faßt seine Erfahrungen als Unternehmensberater und Unternehmer in [Taylor, 1992] zusammen: Die erkannten Defizite in der Unternehmensmodellierung ließen sich durch ein unternehmensweites Objektmodell beheben. Wir wollen diesen organisatorischen Aspekt aufgreifen.

Ein typisches Unternehmen modelliert seine organisatorischen und fachlichen Geschäftsvorfälle durch das Zusammenspiel von sieben Modelltypen:

1. Datenmodelle

   Als Meta-Modell für speicherbare Unternehmensdaten dienen vor allem Entity-Relationship-Diagramme. Sie erfassen die fachlichen und organisatorischen Elemente eines Unternehmens und bilden das konzeptionelle Schema für ein unternehmensweites datenbankgestütztes Informationssystem.

2. Operationale Modelle

   Den Zugriff auf die gespeicherten Unternehmensdaten und deren Verarbeitung durch diverse Anwenderprogramme definieren operationale Modelle. Sie reflektieren die typischen Geschäftvorfälle und dienen dem Anwendungsprogrammierer als Ansatz für eine funktionale Dekomposition eines zu programmierenden Geschäftsvorgangs.

3. Finanzmodelle

   Um detaillierte Voraussagen über die finanzielle Entwicklung eines Unternehmens zu berechnen, bedarf es ausgeklügelter formaler Modelle der Unternehmensprozesse. Das reicht von der einfachen Projektfinanzierung bis hin zu langfristigen Unternehmensentscheidungen (Operations Research).

4. Simulationsmodelle

   Numerische Berechnungen werden ineffizient, sobald ein Prozeß komplex wird und in Wechselwirkung mit anderen Prozessen steht, wie zum Beispiel beim Wechselspiel zwischen Konstruktion und Vertrieb. Simulationsmodelle reduzieren die Komplexität, indem sie Produkte, Maschinen und Fertigungskomponenten als Software-Einheiten darstellen und nur die Interaktionen zwischen ihnen betrachten. Eine Simulationseinheit verfügt dabei über Datenstrukturen und Algorithmen, um Funktion, Ort, Zustand und jede weitere kritische Information nachzubilden.

5. Entscheidungsmodelle

   Expertensysteme erlauben die formale Repräsentation von Entscheidungswissen. Mit ihrer Hilfe können auch Laien über das Wissen und die Erfahrung eines Experten verfügen. Rechnergestützte Entscheidungsmodelle bewerten bereits die Kreditwürdigkeit von Geschäftskunden, analysieren die Rendite geplanter Investitionen, optimieren die Vertriebswege und werden in kritischen Geschäftstransaktionen eingesetzt.

6. Arbeitsflußmodelle

   Eine Innovation in der heutigen elektronisch vernetzten Unternehmensführung stellen Softwaresysteme dar, sogenannte *Groupware*, die den Arbeitsfluß zwischen verschiedenen Anwendungen koordinieren und zum Teil auch schon automatisieren: Zum Beispiel können Verwaltungsaufgaben als *Software-Skript* formuliert werden. Ausgeführt bewirkt ein Skript folgendes: Die Teilaufgaben werden im Unternehmensnetz automatisch an die verantwortlichen Mitarbeiter delegiert, dort wird die entsprechende Anwendung geladen und gestartet. Derartige Systeme unterstützen auch die Einhaltung von Unternehmensrichtlinien, indem Geschäftsregeln in die Arbeitsflußmodelle eingebettet werden.

7. Mentale Modelle

   Es gibt natürlich auch immaterielle Modelle, die jeder Mitarbeiter im Kopf hat, um seine Organisation zu verstehen und besonders die Rolle, die er selbst in dieser Organisation spielt. Mentale Modelle sind oft wirklichkeitsgetreuer als die genannten Rechnermodelle, da sie auf individuellen Wahrnehmungen und Erfahrungen beruhen. Unternehmensmodelle sind dagegen nur kollektive Mutmaßungen und Wunschvorstellungen der Unternehmensleitung, wie deren Politik durch die Mitarbeiter in Unternehmensleistungen umgesetzt wird.

Obwohl sich die Modelle überschneiden und gegenseitig bedingen, beruhen sie auf gänzlich verschiedenen Entwurfsprinzipien: Datenmodelle beruhen auf Entity-Relationship-Diagrammen, operationale Modelle auf der funktionalen Dekomposition, Finanzmodelle auf der numerischen Kalkulation, Simulationsmodelle auf der diskreten Nachbildung, Entscheidungsmodelle auf der propositionalen Logik, Arbeitsflußmodelle auf sequentiellen Skripten und mentale Modelle? „Anything goes“ [Taylor, 1992, S. 22]. Die Dinge werden kompliziert durch die Tatsache, daß alle Modelle in verschiedenen Umgebungen implementiert werden: Datenmodelle in Datenbanken, operationale Modelle in Anwenderprogrammen, Finanz-, Simulations- und Entscheidungsmodelle in eigenständigen Anwendungen — und mentale Modelle? „... in a radically different and highly unpredictable computing environment“ [Taylor, 1992, S. 22].

Die heterogene Modellfülle birgt ein Konfliktpotential, das die Unternehmensmodellierung unkalkulierbar macht (einseitige Änderungen wirken ungewollt auf andere Modelle). Zwei Beispiele: 1. Werden Datenmodelle verändert, brechen alle Anwendungen, die darauf basieren, zusammen. 2. Änderungen im Herstellungsprozeß bringen die Investitionen in komplexe Simulationsmodelle nicht mehr zurück. TAYLOR sieht die Lösung allein in der Objektmodellierung:

> „The ultimate solution to these problems is to eliminate the distinctions among all these different kinds of models, forging a single enterprise model with a common

> design methodology. Fortunately, object technology provides an excellent vehicle for achieving this kind of integration." [Taylor, 1992, S. 22]

Ein auf Objekten basiertes Unternehmensmodell könnte die Rollen der traditionellen Modelle mit geringem organisatorischen Aufwand übernehmen: Daten und Operationen sind vereint in einem Objekt. Das Prinzip der Datenabstraktion erübrigt also die Trennung zwischen Daten- und operationalen Modellen und vermeidet den Aufwand der getrennten Konsistenzsicherung. Das Finanzmanagement könnte durch entsprechende Budget-Objekte der einzelnen Abteilungen dezentralisiert werden, die über eigene Report- und Konsolidierungsoperationen verfügen. Arbeitsfluß- und Simulationsmodelle lassen sich durch Objektszenarien und Kooperationsmuster im Objektmodell integrieren. Die Entwicklung der Expertensysteme mündet bereits in die objektorientierte Strömung: Die technische Integration in einem objektorientierten Unternehmensmodell wäre reibungslos, da die Konzepte kongruieren. Eine wissensbasierte Simulation in einem Objektmodell auf Unternehmensebene öffnet eine unglaubliche Perspektive: Die Rechen- und Speicherressourcen einmal vorausgesetzt, könnte das zukünftige Verhalten eines Unternehmens als Ganzes unter beliebigen Aspekten simuliert werden. Langfristige Unternehmensentscheidungen beruhten auf einem soliden ausführbaren Berechnungsmodell. Und da objektorientierte Konzepte Analogien unserer kognitiven Prozesse sind, wie wir im letzten Kapitel gesehen haben (Abstraktion, Generalisierung), gehen die mentalen Modelle, die ein Mitarbeiter von seinem Unternehmen mit sich führt, ganz im objektorientierten Unternehmensmodell auf.

Der Wettbewerbsvorteil, den ein Unternehmen mit einem einheitlichen Objektmodell für alle Aspekte der Organisation hätte, wäre enorm: Innovative Unternehmensentscheidungen könnten — ohne Investitionen und Risiken — isoliert von den anderen Aspekten im voraus modelliert und simuliert werden. Stabilität und Flexibilität wären nicht länger widersprüchliche Eigenschaften großer Unternehmen. Derzeit sind dies noch Aussagen mit vielen Konjunktiven. Die Konzepte sind tragfähig, die organisatorischen Strukturen aber noch nicht. Objektorientierte Datenbank-Managementsysteme, einsetzbar im unternehmensweiten Umfang, bilden derzeit noch ein organisatorisch-technisches Nadelöhr.

Fazit

Das Objekt-Paradigma baut auf den „guten“ und bewährten Konzepten und Methoden der 20jährigen Softwaretechnik auf und erweitert diesen Fundus um eine konzeptionelle Dimension. Diese Dimension beginnt erst, die konventionellen Organisationsformen zu durchdringen. Die wirtschaftlichen und technischen Vorteile der Objektorientierung kommen erst dann zum Tragen, wenn der Techniktransfer unternehmensweit und konsequent geplant und abgeschlossen worden ist. Alle klassischen Aspekte des Managements sind davon beroffen. Auch hier wird ein Umdenken in Linie und Stab einsetzen. Erste industrielle Erfahrungen liegen vor (siehe besonders [Love, 1993]). Erste objektorientierte Unternehmen haben sich bereits etabliert. Der endgültige Paradigmenwechsel in der Unternehmensführung steht allerdings noch aus.

7

ETHOS: S wie „social“

Der Paradigmabegriff hat durch KUHN selbst eine Doppelauslegung erfahren: Einerseits meint Paradigma die einheitliche Überzeugung über den Forschungsgegenstand und über die Methodik der Erforschung. Andererseits steht der Begriff auch für die Gesamtheit dessen, was eine Gemeinschaft von Wissenschaftlern an sozialen Elementen verbindet. KUHN bezeichnet die soziale Komponente als *disziplinäre Matrix*. Wir wollen uns seine Ansicht zu eigen machen und die disziplinäre Matrix des Objekt-Paradigmas untersuchen. Der Horizont der Erkenntnis geht dabei über die Grenzen unserer Disziplin hinaus: Daß sich die informationstechnischen Fachgruppen immer mehr durchdringen, haben wir schon betont. Die Verflechtung zwischen Künstlicher Intelligenz, Datenbanktechnik und objektorientierter Softwaretechnik sind bekannt und Thema *intra*-disziplinärer Zusammenkünfte in der Informatik. Der Weg zu objektorientierten Weltmodellen als Ausdruck dieser Intra-Disziplinarität wurde bereits beschritten. Der soziale Aspekt eröffnet nun eine weitere, eine *inter*-disziplinäre Dimension: die wissenschaftliche Gemeinschaft der Entwerfer.

7.1 „The Science of Design“

Herbert SIMON prägte den Begriff schon 1969. Wir referieren im folgenden seine Grundüberlegungen [Simon, 1982]. Während die Naturwissenschaften natürliche Objekte und Erscheinungen untersuchen, stehen künstliche Objekte — speziell *künftige* künstliche Objekte mit *geplanten* Eigenschaften — im Mittelpunkt der „Sciences of the Artificial“. Die „Artificial Intelligence“ (KI) ist davon nur eine unter vielen. Ein künstliches Objekt, ein Artefakt*, kann als Punkt der Begegnung, als „Schnittstelle“ betrachtet werden: zwischen einer „inneren“ Umgebung, der Substanz und Gliederung des Artefakts, und einer „äußeren“, in der es eingefügt ist. Wenn die innere Umgebung der äußeren angemessen ist oder umgekehrt, dann wird das Artefakt seinen Bestimmungszweck erfüllen. Zweckerfüllung vereint also drei Komponenten: den Zweck selbst, die Beschaffenheit des Artefakts und seine Umwelt: Bild 7.1. Die Naturwissenschaften betrachten lediglich die Wechselbeziehung zwischen den letzten beiden. Die erste Komponente aber, der *planerische Zweck*, der Entwurf eines Kunstprodukts, entbehrt bislang einer wissenschaftlichen Betrachtung. Ein Beispiel soll das Tripel verdeutlichen: Ob ein Messer schneidet (Zweck), hängt ab vom Material seiner Klinge (Beschaffenheit) und von der Härte der Substanz, an der es erprobt wird (Umwelt).

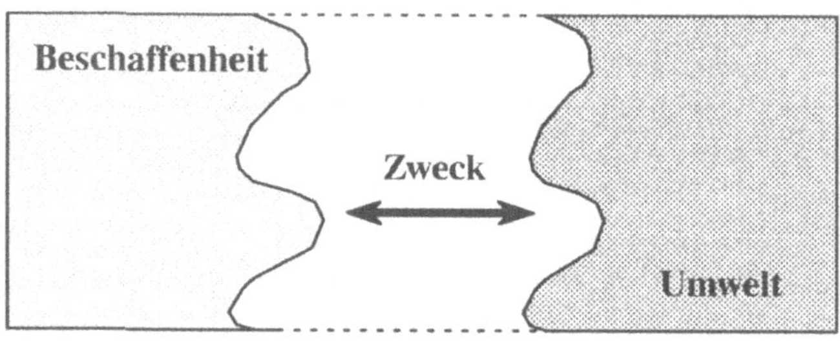

Bild 7.1: Das Tripel des Artefakts

Eine Trennung zwischen äußerer und innerer Umgebung hätte zwei Vorteile: Einerseits könnte das Verhalten eines adaptiven Systems vorausgesagt werden und das allein mit der Kenntnis seines Ziels und seiner äußeren Umgebung. Nur minimale Annahmen über seine innere Umgebung wären vorauszusetzen. Andererseits ergäbe sich ein entsprechender Vorteil aus der Perspektive der inneren Umgebung: Ob ein System sein Ziel oder seine Anpassung erreicht, entscheiden oft nur wenige Merkmale der äußeren Umgebung, nicht aber deren Einzelheiten. Biologen bezeichnen diese Eigenschaft adaptiver Systeme als *Homöostasie*. Sie ist eine wichtige Eigenschaft aller guten Konstruktionen, seien sie biologisch oder künstlich. In der besten aller möglichen Welten des Entwerfers bestünde die Hoffnung, die Vorteile der Dreiteilung zu vereinen: Wir könnten die Haupteigenschaften eines Systems und sein Verhalten beschreiben, ohne die relevanten Naturgesetze in seiner inneren und äußeren Umgebung zu präzisieren: „We might look toward a science of the artificial that would depend on the relative simplicity of the interface as its primary source of abstraction and generality“ [Simon, 1982, S. 12].

Die Welt des Künstlichen hat ihre Achse genau in dieser Schnittstelle zwischen innerer und äußerer Umgebung. Die Mittel an die Umgebungen planend anzupassen, ist der Forschungsgegenstand des Künstlichen. Im Zentrum steht der Vorgang des Entwerfens. SIMON unterstreicht die Schlüsselrolle, die das Entwerfen in den Wissenschaften einnimmt:

> **„Engineers are not the only professional designers. Everyone designs who devises courses of action aimed at changing existing situations into preferred ones. The intellectual activity that produces material artifacts is no different fundamentally from the one that prescribes remedies for a sick patient or the one that devises a new sales plan for a company or a social welfare policy for a state. Design, so construed, is the core of all professional training; it is the principal mark that distinguishes the professions from the sciences. Schools of engineering, as well as schools of architecture, business, education, law, and medicine, are all centrally concerned with the process of design.“ [Simon, 1982, S. 129]**

Das Gemeinsame aller Wissenschaften vom Künstlichen findet sich also in einer *Wissenschaft des Entwerfens* wieder: „a body of intellectually tough, analytic, partly formalizable, partly empirical, teachable doctrine about the design process“ [Simon, 1982, S. 132]. Die neuzeitliche Gemeinsamkeit der verschiedenen Fachrichtungen liegt in der Tatsache begründet, daß alle Wissenschaftler, die den Rechner in komplexer Weise benutzen, ihn für den Entwurfsvorgang einsetzen. Der gemeinsame Wissenskern, die Konzepte und Modelle des Entwerfens, ist aber keineswegs augenfällig: er verbirgt sich in der Mannigfaltigkeit der künstlichen Phänomene. Da die objektorientierte Weltsicht auf den Entwurf beliebiger künstlicher Systeme anwendbar ist, liegt die Vermutung nahe, in einer Wissenschaft des Entwerfens auch objektorientierte Facetten zu entdecken. Wir werden bei der Erörterung der SIMONschen These danach ausschauen.

7.1.1 Das Künstliche erschaffen

Künstlichkeit ist hauptsächlich dort interessant, wo sie komplexe Systeme betrifft, die in komplexen Umgebungen eingebunden sind. Künstlichkeit und Komplexität sind untrennbare Themen. SIMON stellt die These auf, derzufolge gewisse Phänomene in einem sehr spezifischen Sinne „künstlich“ sind: Sie sind nur deshalb wie sie sind, weil ein System durch Ziel und Zweck in die Umgebung eingepaßt ist, in der es „lebt“. Wenn natürliche Erscheinungen — in ihrer Unterwürfigkeit gegenüber den Naturgesetzen — eine Aura von „Notwendigkeit“ um sich haben, so zeigen künstliche Erscheinungen — in ihrer Formbarkeit durch die Umwelt — eine Aura von „Zufälligkeit“ und „Möglichsein“.[1] Das hat stets Zweifel genährt,

[1] SIMON spielt auf den philosophischen Gegensatz von „Kontingenz und Notwendigkeit“* an.

ob künstliche Phänomene überhaupt zum Gegenstand der Wissenschaft gehören: Wie kann man empirische Aussagen über Systeme machen, die unter anderen Umständen ganz anders wären, als sie es gerade sind? SIMON zeigt, *daß* empirische Aussagen möglich sind. Beispiele hierfür entnimmt er den Wirtschaftswissenschaften (hier erhielt er 1978 den Nobelpreis), der Erkenntnispsychologie und dem Ingenieurwesen (hier bekam er zusammen mit Allen NEWELL den Turing-Award [Newell & Simon, 1975]). Er skizziert, wie eine Entwurfstheorie zu entwikkeln wäre und wie sie aussähe.

7.1.2 Curriculum einer Wissenschaft des Entwerfens

Eine Wissenschaft des Entwerfens ist nach SIMONs These nicht nur möglich, sie ist im Entstehen. Ihr Einzug hat bereits begonnen: in die Ingenieurwissenschaften über die Lehrpläne der Informatik und der Systemtheorie und in die Wirtschaftswissenschaften über die Theorie der Verwaltung [Simon, 1976]. Bild 7.2 zeigt das Curriculum einer Wissenschaft des Entwerfens, wie es SIMON vorschlägt. Wir wollen auf die Lehrinhalte näher eingehen, um die Parallelen zum Objekt-Paradigma zu verdeutlichen.

Die Bewertung von Entwürfen: optimal versus zufriedenstellend

Die Naturwissenschaftler beschäftigen sich mit den Dingen, wie sie *sind*. Aussagen- und Prädikatenkalkül, gewöhnliche Logiksysteme also, leisten hier gute Dienste. Anders der Entwerfer: er interessiert sich dafür, wie die Dinge sein *sollten*, für das Erfinden von Artefakten, die Ziele erreichen *sollen*. „Sollen“ impliziert eine andere Logik als die der Aussagen und Prädikate: eine *imperative* oder *modale Logik* mit Operatoren wie „erlaubt“, „verboten“ oder „geboten“. SIMON zeigt nun, daß sich die modale Logik des Entwerfens wieder auf die deklarative Standardlogik reduzieren läßt. Für die Bewertung unserer Entwürfe können wir somit auf die klassischen Optimierungsmethoden zurückgreifen. Deren Logik skizziert SIMON wie folgt:

Die „innere“ Umgebung des Entwurfs bildet die Menge der Handlungsalternativen. Die Alternativen können vollständig gegeben sein, gewöhnlich aber sind sie durch *Bestimmungsvariable* mit definierten Bereichen spezifiziert. Die „äußere“ Umgebung bildet eine Menge von Parametern, die exakt oder nur als Wahrscheinlichkeitsverteilung bekannt sind. Die Ziele für die Anpassung der inneren an die äußere Umgebung definiert eine Nutzenfunktion: eine normalerweise skalare

1. Die Bewertung von Entwürfen
   - Theorie der Bewertung: Nutzentheorie, statistische Entscheidungstheorie
   - Methoden der Berechnung:
     · Algorithmen zur Auswahl *optimaler* Alternativen (Lineare Optimierung, Regelungstheorie, dynamische Programmierung)
     · Algorithmen und Heuristiken zur Auswahl *zufriedenstellender* Alternativen
2. Die formale Logik des Entwerfens: imperative Logik und Aussagenlogik
3. Die Suche nach Alternativen
   - Heuristische Suche: Aufgliederung und Mittel-Zweck-Analyse
   - Verteilung der Ressourcen für die Suche
4. Theorie der Struktur- und Entwurfsorganisation: hierarchische Systeme
5. Repräsentation der Entwurfsprobleme

Bild 7.2: SIMONs Curriculum einer „Wissenschaft des Entwerfens“

Funktion mit den Bestimmungsvariablen und Parametern als Argumenten, eventuell ergänzt durch Schranken in Form von Ungleichungen zwischen Funktionen der Argumente. Das Optimierungsproblem besteht nun darin, die Werte der Bestimmungsvariablen zu berechnen, die unter den gegebenen Einschränkungen und Parametern den Nutzen maximieren.

SIMON erläutert die Logik der Optimierungsmethode am Beispiel des „Diätenproblems“: Es liegt eine Liste von Nahrungsmitteln vor. Bestimmungsvariable sind die Mengen verschiedener in der Diät vorgesehener Nahrungsmittel. Die Preise und Nährwerte (Kalorien, Vitamine, Mineralstoffe usw.) der einzelnen Nahrungsmittel stehen für die Umgebungsparameter. Die Nutzenfunktion ist durch die Kosten der jeweiligen Diätzusammenstellung gegeben. Als Charakterisierung der inneren Umgebung könnten zum Beispiel die folgenden Beschränkungen gelten: nicht mehr als 2000 kcal am Tag, Deckung des minimalen Bedarfs an Vitaminen und Spurenelementen sowie Höchstwerte für gewisse Schwermetalle. Das Problem besteht nun darin, jene Menge von Nahrungsmitteln zu bestimmen, die den Nährwertforderungen und Nebenbedingungen genügt und am wenigsten kostet.

Das Diätenproblem, einmal formalisiert, reiht sich ein in die mathematischen Standardprobleme der Linearen Optimierung: Maximierung einer Funktion unter Randbedingungen. Damit beruht auch die Logik des Problems auf der Standardlogik der Mathematik, dem Prädikatenkalkül. Wie vermeidet nun die Formalisierung des Optimierungsproblems den Gebrauch einer modalen Logik? Sie vermeidet ihn, indem sie sich mit Mengen von *möglichen Welten* befaßt: Ziehe zunächst alle möglichen Welten in Betracht, die den Beschränkungen der äußeren Umgebung genügen. Suche sodann in dieser Menge jene spezielle Welt, die den übrigen Beschränkungen des Ziels genügen und die Nutzenfunktion maximieren. Die Logik ist genau die gleiche, als setzten wir die durch das Ziel gegebenen Schranken und die Forderung nach Maximierung als neue „Naturgesetze“ den bestehenden, verkörpert in den Umgebungsbedingungen, an die Seite. Wir fragen einfach, welche Werte die Bestimmungsvariablen in einer Welt haben *würden*, die all diesen Bedingungen genügt, und folgern, daß dies die Werte sind, die die Bestimmungsvariablen haben *sollten*.

Nutzentheorie und statistische Entscheidungstheorie bilden also den logischen Rahmen für die rationale Auswahl unter gegebenen Möglichkeiten. Wir können somit auch den Technikbestand zur Bestimmung der optimalen unter den gegebenen Möglichkeiten für den Entwurf nutzen. Nun ist Entwerfen ein intellektueller Vorgang. Er unterliegt somit dem individuellen Wertesystem des Entwerfers und seiner *begrenzten Rationalität*. Ein vollkommen *rational* handelnder Entwerfer müßte über das Wissen aller Aspekte der Aufgabe verfügen. Er müßte die Güte aller möglichen Entwurfsalternativen bewerten und unter ihnen die *optimale* Alternative auswählen können. Seine physiologisch beschränkte „Kanalkapazität“ indes (siehe Abschnitt 2.2.1) schränkt seine Rationalität ein. Die begrenzte Rationalität und das Wissen um die endlichen Ressourcen regieren unser Entwurfsverhalten: Wir können nicht alle zulässigen Alternativen finden und ihre jeweiligen Vorzüge miteinander vergleichen. Noch könnten wir die beste Alternative sicher erkennen, selbst wenn wir sie früh fänden, da wir zum Erkennen des globalen Optimums alle lokalen Optima gesehen haben müßten.

In der klassischen Entscheidungstheorie geht es um die *Wahl* unter gegebenen Lösungen in einem kombinatorischen Entscheidungsraum. Das Ziel des Entwerfens dagegen liegt in der *Entdeckung* und Verfolgung von Alternativen. Die Lösungen zu einer Entwurfsaufgabe sind *a priori* unbekannt. Der Entwurf läßt sich folglich nicht als rationale Wahl unter gegebenen Lösungen modellieren. Das Entscheidungsproblem ist eine Frage der Ressourcen für Suche und Innovation. Eine erschöpfende Suche nach der optimalen Lösung ist wirklichkeitsfremd. Zwei kombinatorische Beispiele verdeutlichen dies: Wollten wir nach der Optimierungsmethode ein Schachprogramm entwerfen, müßten wir die schon zitierten 10^{120} möglichen Partien simulieren, was weder heute mit vorhandenen Rechnern noch morgen mit denkbaren zu schaffen ist. Die Suche nach dem „globalen Optimum“ im Falle des Handlungsreisenden wäre gleichsam aussichtslos: die Zahl der möglichen Rundreisen über n vorgegebene Orte ist gleich $n!$. Obwohl von immenser wirtschaftlichen Bedeutung, zum Beispiel bei der optimalen Standortbestimmung von Kraftwerken in Verbundnetzen, gibt es derzeit keinen Algorithmus mit vertretbaren Berechnungsaufwand für Wegenetze mit mehr als fünfzig Knoten.

Wegen unserer begrenzten Rationalität und der maximal verfügbaren Rechnerleistung müssen wir uns mit „guten“ oder „zufriedenstellenden“ Lösungen begnügen, optimale bleiben im Entwurf komplexer Artefakte ausgeschlossen. Die Natur des Entwerfens ist *nonoptimal*. Entwerfen heißt Suchen nach einer zufriedenstellenden Lösung. Bei unserer Suche im Entscheidungsraum leiten uns Faustregeln und Heuristiken. Auf diese Weise können wir Lösungen entdecken, ohne zuvor den gesamten Entscheidungsraum durchsucht zu haben.

Logik des Entwerfens gleich Logik des Suchens

Jedes zielsuchende System ist mit seiner Umgebung durch zwei Arten von Kanälen verbunden: Durch *afferente*, das heißt sensorische Kanäle erhält es Information über die Umgebung, durch *efferente*, das heißt motorische Kanäle wirkt es auf die Umgebung. Das System muß über ein Gedächtnis verfügen, in dem die Information über Zustände der Welt speicherbar ist: sensorische wie auch motorische Information. Die Fähigkeit, Ziele zu erreichen, hängt ab von der Herstellung einfacher oder auch sehr komplexer Assoziationen zwischen bestimmten Zustandsänderungen der Welt und bestimmten Aktionen, die diese Änderungen herbeiführen.

Ein Beispiel: Abgesehen von wenigen angeborenen Reflexen, verfügt ein Neugeborenes über keine Grundlage, um seine Aktionen mit der sensorischen Information abzustimmen. Es muß erst lernen, daß bestimmte Aktionen oder Folgen von Aktionen bestimmte wahrnehmbare Zustandsänderungen der Welt verursachen. Bis zum Aufbau dieses Wissens sind Sinneswelt und motorische Welt zwei gänzlich verschiedene, unverbundene Welten. Erst wenn es Erfahrungen erworben hat, wie sich Elemente der einen auf Elemente der anderen beziehen, kann es zielgerichtet auf die Welt wirken.

Auf dieses Modell des zielsuchenden Systems läßt sich das Suchproblem abbilden: Eine rational nicht zu erfassende Umgebung, der kombinatorische Suchraum aller theoretisch denkbaren Lösungspfade, wird *selektiv* durchsucht. Das Ziel: die Aktionsfolgen zu finden und zusammenzustellen, die von einer gegebenen zu einer erwünschten Situation führen. Welche Logik bestimmt eine derartige Suche? SIMON hält die Standardlogik für ausreichend: Der Entwerfer[2] bewegt sich in einem Labyrinth aus Knoten und Pfaden, wobei die Knoten die afferent beschriebenen Situationen darstellen und die verbindenden Pfade efferente Abfolgen, Aktionen, die eine vorgefundene Situation in eine andere überführen. Da nur ein zufriedenstellender, nicht aber optimaler Entwurf erreichbar ist, gilt die Suche Aktionen, die für das Entwurfsziel *hinreichend*, aber nicht unbedingt *notwendig* sind.

Es ist charakteristisch für die Suche nach Alternativen, daß sich der Suchpfad zum endgültigen Entwurf, die vollständige Aktionskette der Lösung, aus einer Folge von Teilpfaden zusammensetzt, den Teilaktionen. Die enorme Zahl der Alternativen geht auf die Zahl der möglichen Permutationen in den Handlungsfolgen zurück. Wir gewinnen viel, wenn wir statt der vollständigen Aktionskette die Teilhandlungen ins Auge fassen. Gewöhnlich gliedert sich die afferent betrachtete Situation in Komponenten, die sich zumindest annähernd mit den Aktionskomponenten dekken, die aus einer efferenten Aufgliederung der betrachteten Situation stammen. Wenn sich eine erwünschte Situation von der vorgefundenen durch die Differenzen $D_1, D_2, \ldots, D_n$ unterscheidet und wenn die Aktion A_i den Unterschied D_i beseitigt, dann kann die vorgefundene Situation in die erwünschte überführt werden durch die Aktionsfolge $A_1, A_2, \ldots, A_n$. Dieser Ansatz ist natürlich nur gültig, wenn die Aktionen unabhängig voneinander die Differenzen ausgleichen, wenn also die zu durchsuchende Welt *additiv* oder *aufgliederbar* ist. In diesem Fall lassen sich die Problemlösungstechniken der Mittel-Zweck-Analyse nutzbringend anwenden.

In der realen Welt des Entwerfens sind die Komponenten aber nur selten additiv: Aktionen haben Nebenwirkungen (können neue Unterschiede schaffen) und können zuweilen nur unternommen werden, wenn bestimmte Nebenbedingungen erfüllt sind (sie setzen die Beseitigung anderer Unterschiede voraus). Unter diesen Umständen ist es prinzipiell unbestimmt, ob eine Teilfolge von Aktionen, die gewisse Ziele erreichen, so fortgesetzt werden kann, daß alle Bedingungen erfüllt und alle Ziele erreicht werden, auch wenn es nur zufriedenstellende sind. Entwurfsverfahren, die lediglich Komponenten assemblieren, reichen nicht aus. Die passenden Zusammenstellungen der Teilaktionen müssen *gesucht* werden. SIMON nennt eine exploratorische Suchstrategie für nichtadditive Welten:

> „In carrying out such a search, it is often efficient to divide one's eggs among a number of baskets — that is, not to follow out one line until it succeeds completely

[2]SIMON bezieht die folgenden Ausführungen auf das KI-Programm „General Problem Solver“*, mit dem er das Verhalten des problemlösenden Menschen zu simulieren versucht [Newell & Simon, 1972].

or fails definitely but to begin to explore several tentative paths, continuing to pursue a few that look most promising at a given moment. If one of the active paths begins to look less promising, it may be replaced by another that had previously been assigned a lower priority.“ [Simon, 1982, S. 144]

Entwerfen kann schließlich auch als Verteilen von Ressourcen aufgefaßt werden: Ein Kriterium für zufriedenstellendes Entwerfen ist zum einen die Kostenminimierung der Entwurfs*mittel*, was immer schon ein Anliegen des Ingenieurs war, und zum anderen die Kostenminimierung des Entwurfs*prozesses*. Letztes ist von dringlicher Bedeutung. Es gilt, den Suchvorgang kostenminimal zu steuern. Unvollständige Suchwege müssen *bewertet* werden, wobei der Zweck der Bewertung als Anleitung zur Auswahl des nächsten Untersuchungsschritts zu verstehen ist. Erweist sich ein Weg als wenig aussichtsreich, so sind nur die Untersuchungskosten verloren. Das enttäuschende Ergebnis braucht nicht hingenommen, ein anderer Weg kann statt dessen eingeschlagen werden. Suchprozesse, so verstanden, sind Prozesse zur Beschaffung von Information über die Problemstruktur. Strukturinformation ist wertvoll für das effziente Entdecken einer Lösung.

Die Struktur komplexer Artefakte und die Entwurfsorganisation

Die Architektur des Komplexen ist die Hierarchie. Das Bild von der „Schachtel-in-der-Schachtel“ beschreibt den Grundgedanken: Die Komponenten des Systems führen verschiedene Teilfunktionen aus, die alle zur Systemfunktion beitragen. So wie die „innere Umgebung“ des ganzen Systems durch seine Funktionen beschreibbar ist, ohne auf die Mechanismen einzugehen, so kann auch die innere Umgebung eines jeden Teilsystems durch die Beschreibung der Funktionen dieses Teilsystems definiert werden, wiederum ohne deren Teilmechanismen zu detaillieren. Die Zerlegung hierarchischer Systeme in beinahe unabhängige Komponenten, die den Teilfunktionen entsprechen, ist eine leistungsstarke Technik im Entwurf komplexer Strukturen (siehe Abschnitt 2.2.2). Die einzelnen Komponenten lassen sich dann relativ unabhängig voneinander entwerfen. Jede wird auf die anderen Komponenten hauptsächlich über ihre Funktion wirken, unabhängig von den Details der Mechanismen, die sie tragen.

Nun ist die Zerlegung eines vollständigen Entwurfs in seine funktionalen Bestandteile in der Regel mehrdeutig. Eine Möglichkeit, Zerlegungen zu untersuchen und zugleich die real immer vorhandenen schwachen Wechselwirkungen der Komponenten zu berücksichtigen, bietet der *Generator-Test-Zyklus*: Ihm liegt die kybernetische Vorstellung zugrunde, daß sich der Entwurfsvorgang zunächst mit der Erzeugung von Alternativen befaßt und anschließend diese unter den Auflagen und

Einschränkungen der Aufgabe testet: Bild 7.3. Der Generator bestimmt indirekt die Zerlegung des Entwurfsproblems. Der Test garantiert, daß Nebenwirkungen bemerkt und gewichtet werden. Verschiedene Zerlegungen sind gleichbedeutend mit verschiedenen Aufteilungen der Verantwortung zwischen Generator und Test.

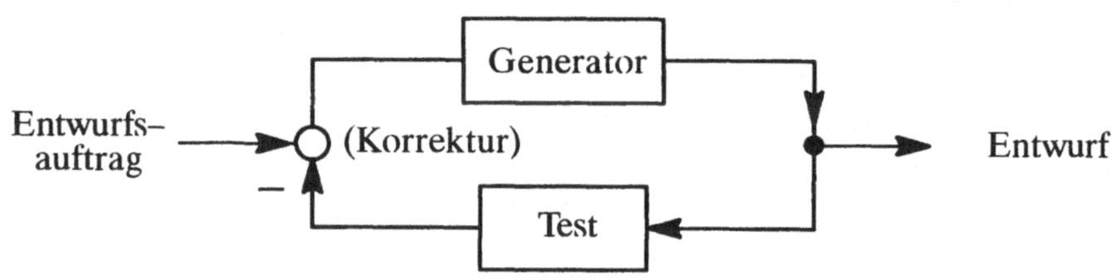

Bild 7.3: Entwerfen als Generator-Test-Zyklus

Weiterhin spielen Fragen des Vorrangs und der Abfolge im Entwurfsprozeß eine zentrale Rolle: Wie weit soll die Entwicklung möglicher Teilentwürfe vorangetrieben werden, bevor der koordinierende Gesamtentwurf detailliert entwickelt wird? Oder umgekehrt: Wie weit muß der globale Entwurf gediehen sein, bevor die Komponenten entwickelt werden können? Mit diesen Alternativen des Entwerfens sind Architekten, Komponisten und Programmierer bestens vertraut. Die letzten zum Beispiel, wenn sie sich von der globalen Struktur eines Programms zu den Unterprogrammen hinunter-, oder von der lokalen Struktur der Unterprogramme zum Hauptprogramm hinaufarbeiten. Eine Theorie des Entwerfens wird Prinzipien zur Entscheidung organisatorischer Fragen im Entwurfsprozeß enthalten — nur wenige existieren bereits.

Organisation und Arbeitsteilung im Generator-Test-Zyklus beeinflussen nicht nur die Effizienz der Ressourcen, sondern auch die Form des endgültigen Entwurfs. Der Entwurfsstil geht nicht allein auf die Entscheidungen im Generator-Test-Zyklus zurück; stilbildend sind auch die Gewichtungen in der Zielsetzung des zu entwerfenden Artefakts: Ein Architekt, der Bauten von außen nach innen entwirft, wird zu ganz anderen Gebäuden gelangen als einer, der von innen nach außen entwirft. Dies auch, wenn sich beide über die Eigenschaften einig sind, die ein zufriedenstellendes Gebäude aufweisen sollte. Sowohl die Struktur des zu entwerfenden Artefakts als auch Stil und Organisation des Entwerfens sind wesentliche Bestandteile einer Entwurfslehre.

Ein weiterer Bestandteil ist der Einfluß der *Repräsentation* auf das Entwerfen: Daß die Problemrepräsentation einen Unterschied macht, läßt sich zeigen: So sind wir zum Beispiel der Meinung, daß die Arithmetik durch die Einführung des Stellenwertsystems und der arabischen Ziffern anstelle der römischen einfacher geworden sei — eine theoretische Erklärung steht aber noch aus. Zum anderen lebt die Mathematik von der Repräsentation: In ihren Schlußfolgerungen zeigt sie nur das, was in den Prämissen bereits inbegriffen ist. Jede mathematische Ableitung kann einfach als Veränderung der Repräsentation betrachtet werden, die offenbart, was zuvor schon wahr, aber verborgen gewesen ist. Wir können diese Betrachtung auf alle Arten des Problemlösens verallgemeinern: Ein Problem zu lösen, bedeutet demnach, es so darzustellen, daß die Lösung transparent wird. Eine Theorie alternativer Repräsentationen liegt noch nicht vor. Sie wäre sicherlich ein wichtiger Bestandteil der Entwurfstheorie.

Abschließend zu den Ausführungen einer Wissenschaft des Entwerfens soll sein prominentester Verfechter noch einmal zu Wort kommen:

> „The proper study of mankind has been said to be man. But I have argued that man — or at least the intellective component of man — may be relatively simple, that most of the complexity of his behavior my be drawn from man's environment, from man's search for good designs. If I have made my case, then we can conclude that, in large part, the proper study of mankind is the science of design, not only as the professional component of a technical education but as a core discipline for every liberally educated person." [Simon, 1982, S. 159]

7.1.3 Der Beitrag des Objekt-Paradigmas

Was trägt das Objekt-Paradigma zu einer Wissenschaft des Entwerfens bei? Zunächst einmal das Modulkonzept. Wir können „Softwaremodul" als Synonym für SIMONs „Artefakt" setzen: Modul und Artefakt sind künstliche Objekte, Ergebnisse eines vom Entwerfer vollzogenen *Problemschnitts*. Die Schnittstelle trennt die innere von der äußeren Umgebung; im Schnitt liegt sowohl die Bedeutung des Artefakts als auch die Bedeutung des Moduls. Das SIMONsche Tripel Umgebung-Zweck-Beschaffenheit spiegelt sich im Client-Server-Vertrag des Klassenkonzepts wider: Der Vertrag fixiert den *Zweck* der Dienstleistung. Der Client bestimmt die *Umgebung*, die von der Dienstleistung profitieren soll. Und der Server steht für die *Beschaffenheit* der Dienstleistung, das heißt für die Realisierung. Überdies vertieft das Kapselungsprinzip einer Klasse den Problemschnitt: Datenstrukturen und Operationen bilden eine semantisch und technisch autonome Einheit. Nach der These von SIMON konstituiert sich Komplexität in der äußeren Umgebung eines Artefakts. Von dessen Beschaffenheit, der inneren Umgebung, kann abstrahiert werden, wenn die Zweckbestimmung bekannt ist. Nichts anderes verfolgt das Klassenkonzept: Die tatsächliche Implementierung einer Klasse ist für deren Einsatz in komplexen Software-Umgebungen irrelevant (Laufzeitverhalten und Speicherausnutzung lassen sich der Zweckbestimmung unterordnen). Aus dem Blickwinkel des Entwerfers tragen die Klasseninterna nicht zur Entwurfskomplexität bei. Auf dieser Eigenschaft beruht letztlich das Konzept der Klassenbibliothek: die Wiederverwendbarkeit der Software-Artefakte definiert sich allein durch den Zweck und die Einsatzumgebung.

Der zweite wesentliche Beitrag der Objektorientierung ist die hypotaktische Ordnungsform: Vererbung. SIMONs „Architektur des Komplexen“ und sein Prinzip der „Beinahen-Zerlegbarkeit“ finden sich in der Struktur und den Eigenschaften der Vererbungsnetze wieder. So wie sich spezialisierte Klassen von generalisierten ableiten (in der Regel evolutionär von einer Wurzelklasse zu einer Blattklasse), so entwickelt sich nach SIMON Komplexes aus Einfachem. Auf der Objektebene — bei SIMON ist das die Ebene der Komponenten, die „stabile Zwischenzustände“ verkörpern — können wir gleichermaßen zwischen schwachen Inter- und starken Intra-Bindungskräften unterscheiden. Auch im objektorientierten Entwurf streben wir eine lose Kopplung zwischen und eine starke Kohäsion in den Objekten an, um die ökonomische Forderung nach Erweiterbarkeit und Wartbarkeit zu erfüllen.

Eine dritte Parallele zwischen dem Objekt-Paradigma und einer allgemeinen Entwurfstheorie liegt in der Repräsentation. Fordert SIMON noch eine geordnete Vielfalt an Repräsentationsformen (eine *Taxonomie*), ohne diese im Detail zu spezifizieren, so verfügt die Objektorientierung bereits über eine Fülle unterschiedlicher Darstellungen, je nach dem Kontext ihrer Anwendung: (a) In der Softwaretechnik reicht die Palette der Darstellungen von der natürlichen Sprache des Kunden bis zur formalen des Programmierers, wobei für die Beschreibung der Objektschemata und dynamischen Modellen zahlreiche grafische Notationen zum Tragen kommen, wie Struktogramme und PETRI-Netze. (b) In der Hardwaretechnik lebt der Entwurf förmlich von seinen Repräsentationen: siehe die Sichten und Ebenen des Entwurfsraums nach GAJSKI auf Seite 41. Hinzu kommt der rechnergestützte Entwurf (CAD), der komplexe räumliche Darstellungen ermöglicht.

Die gezeigten Gemeinsamkeiten waren technischer Art: Modularisierung, Hierarchie und Repräsentation. Es ließen sich sicherlich einige mehr zeigen, auch in den nichttechnischen Aspekten des Objekt-Paradigmas: so zum Beispiel der ökonomische Entwurf, die gemeinsame Begriffswelt der Entwerfer oder die „Logik“ des Stöberns durch Klassenbibliotheken (*class browsing*) als Analogon zur Logik des Suchens. Wir wollen es aber hiermit bewenden lassen und die Thesen eines weiteren prominenten Verfechters einer allgemeinen Entwurfsdisziplin vorstellen: Heinz ZEMANEKs „Gedanken zu einer Theorie des Entwurfs" [Zemanek, 1992].

7.2 Der architektonische Entwurf

Zwei Ordnungsbegriffe prägen die Technik unseres Jahrhunderts: *System* und *Architektur*. Beide sind verwurzelt im heute dominierenden Begriff der *Information*: Das System wird zum Ganzen durch die Information; sie verknüpft das System mit der Umwelt. Die Architektur ist „systemgewordene Ordnung und Disziplin" [Zemanek, 1991, S. 311]. Eine Theorie der Systeme, über deren Strukturen und Verhaltensweisen, liegt in Ansätzen vor: in der Biologie durch Ludwig von BERTALANFFY [Bertalanffy, 1973] und in der Nachrichtentechnik durch Karl KÜPFMÜLLER [Küpfmüller, 1990]. Die Informatik hat sie übernommen, wenn auch „ohne beeindruckende Systematik" [Zemanek, 1991, S. 313]. Eine Theorie der *verallgemeinerten Architektur* steht allerdings noch aus. Und es ist der Architekturbegriff, dem ZEMANEK den höchsten Rang in einer zu schaffenden Entwurfstheorie beimißt. Wir wollen seine architektonische Leitidee skizzieren und sie dem interdisziplinären Anspruch der Objektorientierung gegenüberstellen.

Das Bauwesen ist die einzige technische Disziplin, die bisher Entwurf und Ausführung fachlich und ausbildungsmäßig trennt: in Architektur (Planungs- und Entwurfswesen) und Bauingenieurwesen (technische Konstruktion). In der Informatik ist der Begriff der Architektur zur Worthülse verkümmert. Er hat seine ursprüngliche Bedeutung eingebüßt — die architektonische *Gestaltung* eines Rechners. ZEMANEK zitiert die richtungsweisende Erstdefinition von Frederick P. BROOKS, einem der Architekten des IBM-Systems 360:[3]

> „Computer Architecture, like any other architecture, is the art of determining the needs of the user of a structure and then designing it to meet those needs as effectively as possible within the economic and technological constraints." (zitiert in [Zemanek, 1992, S. 127])

Von dieser benutzerorientierten Definition ausgehend, verallgemeinert ZEMANEK den Architekturbegriff auf den Entwurf beliebiger technischer Systeme. Sein

[3] Es war das IBM-Konzept der „Rechnerfamilie", der Übergang vom Einzelentwurf zum Entwurf einer ganzen Rechnerpalette, aus dem sich der Architekturbegriff entwickelte: Rechner gleicher Architektur, aber unterschiedlicher Leistung. Das Familienkonzept erlaubte zum erstenmal den Entwurf hardware-verträglicher Software: Programme, auf einem Rechner der Familie entwickelt, liefen auch auf allen übrigen.

Hauptanliegen gilt der im klassischen Sinne des Wortes *universitären* Ausbildung zum „Systemarchitekten“, einem Schlüsselberuf der Informationstechnik von morgen.

7.2.1 Ideale einer verallgemeinerten Entwurfslehre

Für den Brückenschlag von der Architektur der Gebäude zur Architektur von Soft- und Hardware gibt es auf der Seite der Gebäude-Architektur kaum ein theoretisches Fundament. Bis heute überwiegen in der architektonischen Literatur die Bilder(bücher). Grundsatzgedanken zu einer Theorie der Architektur sind äußerst spärlich formuliert. Zwei Ausnahmen hat ZEMANEK aufgetan: zum einen VITRUV, einen Baumeister, der in den Diensten von Julius CAESAR und AUGUSTUS stand und sich durch seine Lehre, in zehn Büchern beschrieben, als erster Theoretiker der Architektur auszeichnete. Und zum anderen Christopher ALEXANDER, der mit seinem Buch *Notes on the Synthesis of Form* [Alexander, 1964] die Linie von VITRUVs erstem Buch „in bescheidenem Umfang“, so ZEMANEK, weitergeführt hat. Die Lehre VITRUVs läßt sich wirksam auf die Rechnerarchitektur anwenden und ist die „Basis jeder Universalarchitektur“:

> „Und über die Verbindung zwischen VITRUV und der Computerarchitektur habe ich eine Vermutung. Gerrit BLAAUW, einer der drei Architekten des IBM-Systems — der dann den Beitrag für die *Elektronischen Rechenanlagen* [Blaauw, 1972] schrieb[4] — war ein Schüler von Professor van WIJNGAARDEN, der VITRUV gut kannte.“ [Zemanek, 1992, S. 130]

Als ersten Ansatz einer verallgemeinerten Architektur zitiert ZEMANEK die VITRUVschen Forderungen an die Ausbildung eines Architekten der Antike: Bild 7.4. Natürlich ist dies ein gewaltiges und zugleich unrealistisches Programm, wie ZEMANEK selbst einschränkt: „Es kann mit Sicherheit angenommen werden, daß VITRUV ein Diplom in Informatik nicht als ausreichend angesehen hätte, um den Entwurf von Programmen anzugehen, um als Software-Architekt zu arbeiten“ [Zemanek, 1992, S. 131]. In unsere Gegenwartssprache übertragen, könnten die VITRUVschen Forderungen an ein neuzeitliches Curriculum so lauten, wie es Bild 7.5 zeigt. Wiederum ein Ideal, das man unter den heutigen Studienbedingungen nicht erreichen kann, aber anstreben sollte.

Eine Ausbildung zum Generalarchitekten sollte von diesen Idealen geleitet sein. Unter den technischen und biologischen Systemen (Gebäuden und Organismen)

[4] siehe auch die Anmerkung in der vorigen Fußnote

> **„Er muß umfassend gebildet sein,**
> **er muß im Schriftlichen gewandt sein,**
> **des Zeichenstiftes kundig,**
> **in Geometrie, Arithmetik und Optik ausgebildet,**
> **er muß viel Geschichte kennen,**
> **fleißig die Philosophen studiert haben, so daß er**
> **hohe Gesinnung hat und nicht anmaßend wird,**
> **umgänglich, rechtschaffen und vor allem ohne Habgier ist,**
> **er muß Musik verstehen und**
> **darf nicht unbewandert sein in der Medizin,**
> **auch die Rechtsvorschriften muß er kennen,**
> **mit der Sternenkunde vertraut sein." [Zemanek, 1992, S. 131]**

Bild 7.4: VITRUVs Ausbildungsideale der Architektur

ist es der Rechner, der die höchsten Ansprüche stellt. Die drei Eigenschaften, kennzeichnend für Systeme: Dynamik, Komplikation und Abstraktion, finden sich geschlossen nur in der Rechnertechnik wieder (Tabelle 7.1). Eine verallgemeinerte abstrakte Architektur wird sich folglich an den Belangen des Rechner- und Programmentwurfs orientieren.

	Gebäude	*Rechner*	*Organismus*
dynamisch	nein	ja	ja
kompliziert	nein	ja	ja
formal/abstrakt	nein	ja	nein

Tabelle 7.1: Grundfelder der Architektur und ihre Eigenschaften

7.2.2 Der gute Entwurf aus architektonischer Sicht

Was macht einen Entwurf zum guten Entwurf, eine Architektur zu einer guten Architektur? VITRUV, der erste Architektur-Theoretiker, BLAAUW, einer der ersten Software-Architekten, und ZEMANEK, neben SIMON einer der ersten Theoretiker einer universellen Entwurfslehre, nennen die Hauptzüge:

„Der Architekt muß

- eine humanistische Erziehung haben, denn sein Entwurf muß auch in seinem nichttechnischen Umfeld bestehen,
- formale Methoden beherrschen, denn wenn andere seinen Entwurf ins Formale übersetzen, wird das kaum eine Verbesserung bringen,
- die notwendigen Berechnungen beherrschen, denn Daumenregeln werden nicht genügen — noch besser wäre, auch die Simulation zu beherrschen und sie beim Entwurfsprozeß anzuwenden,
- er muß Physik studiert haben, denn seine abstrakten Funktionen werden letzten Endes in der physischen Welt realisiert,
- eine Menge Geschichte kennen, weil jedes lebende Wesen und jedes technische Objekt auf seiner Entwicklung beruht und einen Teil seiner Geschichte mit sich herumträgt,
- er muß der Philosophie und der Philologie mit Aufmerksamkeit gefolgt sein, weil sowohl der Entwurf wie auch seine Beschreibung und seine Dokumentation ein Sprachproblem sind,
- er muß medizinische Kenntnisse haben, weil sein Entwurf physiologische und psychologische Folgen haben wird, vielleicht allen möglichen Leuten auf die Nerven geht,
- er muß die Sicht der Juristen kennen, weil Juristen Entscheidungen über Herstellung, Kauf, Einrichtung und Benützung treffen werden (außerdem werden Juristen als Benutzer auftreten und unangenehmer als andere werden, weil ihre Logik nicht die Logik der Architekten ist),
- er muß Philosophie — mindestens die Philosophie der Naturwissenschaften — studiert haben, so daß er die Grenzen seines Könnens und des Könnens des Computers abschätzen kann.“ [Zemanek, 1992, S. 131f.]

Bild 7.5: VITRUVs Ausbildungsideale in der Übertragung von ZEMANEK

- VITRUV über die Eigenschaften einer guten Gebäude-Architektur:
  - Ordnung: Maß und Proportion
  - Anordnung: Struktur
  - Eurhythmie: Ebenmäßigkeit und Schönheit
  - Symmetrie: Übereinstimmung und Zueinanderpassen
  - Angemessenheit: Grundsätze und Vorschriften
  - Ökonomie: verschwendungsfreier Umgang mit Material und Raum

- BLAAUW über die Eigenschaften einer guten Software-Architektur:
  - Vollständigkeit:
    Wenn ein Konzept aufgenommen wird, dann vollständig.
  - Allgemeinheit:
    Wenn ein Konzept aufgenommen wird, dann in seiner allgemeinsten Form.
  - Offenheit: Entwurfsfreiraum lassen.
  - Orthogonalität:
    Wenn ein Konzept aufgenommen wird, dann losgelöst von anderen.
  - Klarheit:
    Wenn ein Konzept aufgenommen wird, dann einsichtig und transparent.
  - Sicherheit: gegen natürliche und willkürliche Störungen.
  - Wirtschaftlichkeit: gutes Verhältnis zwischen Preis und Leistung.
  - Effizienz: gute Ausnützung der Mittel.
  - Umweltschonung: Vermeidung von Abfällen aller Art.
- ZEMANEK über das Wesen einer verallgemeinerten Architektur:
  - Gute Architektur ist konsistent:
    Sie wird nach allgemeinen Grundsätzen und festgelegten Vorschriften gestaltet; sie vermeidet Ausnahmen und mutwillige Ausschmückungen, einseitige Verbesserungen an einzelnen Stellen.
  - Gute Architektur hat einheitliche Ordnung:
    Es gibt Maße und Proportionen. Sie hat Struktur; sie ist wohlgegliedert und nichts erscheint an überraschender Stelle.
  - Gute Architektur ist redundant:
    Die Redundanz guter Architektur ist nützliche und nicht langweilige oder erbitternde Redundanz. Sie gibt dem Betrachter und dem Benutzer das Gefühl der Vertrautheit. Wenn er einen Teil der Architektur kennengelernt hat, ist er imstande, den Rest weitgehend vorwegzunehmen; er muß nur jeweils dazulernen, was für die bestimmte Stelle notwendig ist.

Entwerfen im Sinne von ZEMANEK ist ein ständiges „Ringen um Kompromisse aller Art“. Es ist damit auch im Sinne von SIMON ein Suchen nach der „zufriedenstellenden“ Lösung.

7.2.3 Der Beitrag des Objekt-Paradigmas

Was trägt das Objekt-Paradigma zur Verwirklichung der architektonischen Ideale bei? Zunächst einmal erfüllt es die Kriterien an eine gute Software-Archtektur nach BLAAUW. In der 20jährigen Tradition der Softwaretechnik stehend, sind es gerade die BLAAUWschen Forderungen, zu deren konsequenter Erfüllung das Objekt-Paradigma aus der Taufe gehoben wurde. Vollständig, allgemein, offen, orthogonal und klar sollen sie sein, die objektorientierten Klassen. Die anderen Eigenschaften, wie sicher, wirtschaftlich, effizient und umweltschonend, sind traditionelle Werte der Ingenieurkunst.

Was heißt nun „vollständig“? Nicht eine Auswahl von Diensten, sondern alle Dienste einer Klasse werden angeboten: Wenn eine Klasse in eine Klassenbibliothek aufgenommen wird, dann vollständig, das heißt für den allgemeinsten Fall ihrer Anwendung. Wenn zum Beispiel die Datenstruktur der mathematischen „Menge“ aufgenommen werden soll, dann mit allen denkbaren Mengenoperatoren. Was heißt nun „allgemein“? Klassenbibliotheken sind Sammlungen verallgemeinerter Klassen. Auf das spezielle Problem zugeschnitten, werden allgemeine Bibliotheksklassen erst vom Kunden, bekanntlich durch Erweitern oder Überschreiben mit neuen Eigenschaften. Was heißt nun „offen“? Der Freiraum des Klassenanwenders wird durch die Klassenspezifikation nur grob abgesteckt, nicht aber eingeschränkt: Die Klassen können individuell ausgestaltet werden. Was heißt nun „orthogonal“? Die Datenkapselung vermeidet unvorhergesehene Kopplungen zwischen den Objekten eines Programms (Nebenwirkungen). Sie approximiert das Ideal der lokalen Wartbarkeit. Was heißt schließlich „klar“? Wenn eine Klasse in eine Bibilothek aufgenommen wurde, so ist sie in einer wohldefinierten Vererbungsstruktur und damit in deren Semantik eingebettet. Einsichtigkeit und Transparenz motivieren das Konzept der abstrakten Klasse: Ihre Ausformulierung bleibt dem Anwender verborgen. Analog zum „virtuellen Speicher“, „der dem Anwender unbegrenzte Speicherkraft vortäuscht“ [Zemanek, 1992, S. 161], suggeriert ihm die abstrakte, auch als virtuell bezeichnete Klasse unbegrenzte Implementierungskraft.

Wie unterstützt nun das Objekt-Paradigma den guten Entwurf in der Definition nach VITRUV und ZEMANEK? Den interdisziplinären Anspruch teilen sich beide: Die Objektorientierung behauptet von sich, interdisziplinär zu sein, und der architektonische Entwurf setzt eine interdisziplinäre Ausbildung voraus. Im Abschnitt 7.3 nennen wir einige philosophische Argumente für die Güte des objektorientierten Entwurfs. An dieser Stelle beschränken wir uns auf die objektorientierten Parallelen zu den Wesenszügen einer guten Architektur nach ZEMANEK: Gute Architektur ist konsistent, hat einheitliche Ordnung und ist redundant.

Zur ersten Forderung „Gute Architektur ist konsistent“: Die Grundsätze und Vorschriften, die einen konsistenten Entwurf definieren, spiegeln sich in den objektorientierten Konzepten, den Client-Server-Verträgen, Vererbungsregeln, Integritätsbedingungen und Zusicherungen. Überdies können sie auf eine ontologische Fundierung verweisen, das heißt, die Rechtfertigung für Grundsätze und Vorschriften ist auch philosophisch einsichtig (siehe das ontologische *law*-Konzept im Abschnitt 5.2). „Ausnahmen und mutwillige Ausschmückungen, einseitige Verbesserungen an einzelnen Stellen“ waren kennzeichnend für die Softwarekrise Anfang der 70er Jahre. Aus dieser entwickelte sich die strukturierte Vorgehensweise, welche gegenwärtig durch die objektorientierte weitergeführt wird.

Zur zweiten Forderung „Gute Architektur hat einheitliche Ordnung“: Mit dieser Forderung laufen wir offene Türen in der objektorientierten Welt ein. Das Maß aller Objekte ist dort die Klasse, jedes Objekt ist klassifiziert. Die Datenkapsel umschließt die WIRTHsche Gleichung „Programme = Datenstrukturen + Algorithmen“ [Wirth, 1983]. Die Summanden der Gleichung sind semantisch und technisch eins. „Nichts erscheint an überraschender Stelle“: Alle Objekte entstehen nur auf explizite Anforderung hin, sind wohlstrukturiert und werden individuell ausgestaltet. Und alle Objekte sind eingebunden in einer parataktischen und/oder hypotaktischen Ordnung. Die Aggregation ist dabei die Form der objektorientierten Parataxe (Nebenordnung), die Generalisierung/Spezialisierung die Form der Hypotaxe (Unterordnung). Klassenbibliotheken sind der Ort der geforderten „einheitlichen Ordnung“.

Zur dritten Forderung „Gute Architektur ist redundant“: Das Prinzip der Vertrautheit, verstanden als „nützliche und nicht langweilige oder erbitternde Redundanz“ spiegelt sich im Prinzip der objektorientierten Wiederverwendung. Das Ableiten neuer aus alten Eigenschaften (das Vererben) und das Verfügen über beliebig viele schablonierte Exemplare, über Objekte, die struktur- und verhaltenskonform aus ihren Klassen hervorgehen, wirken vertrauensfördernd. Es sind Vorgehensweisen, die auf Bewährtes aufbauen und so der Unsicherheit im Entwurf entgegenwirken. Die Räder der Objektorientierung — die Klassen — werden nicht immer wieder neu erfunden: Das Expertenwissen erfahrener Programmierer steht dem gelegentlichen Programmierer übersichtlich geordnet (Klassenbibliotheken) und transparent zur Verfügung (das Verständnis der Klassenschnittstelle genügt im allgemeinen). Wenige, aber ausdrucksvolle Konzepte, wie Datenabstraktion, Vererbung, Nachrichtenaustausch und Polymorphie, stehen repräsentativ für das Objekt-Paradigma. Diese Konzepte sind intuitiv zugänglich, aber auch streng formal beschreibbar. Das führt uns auf die ontologische Darstellung des Entwurfsprozesses nach Yair WAND:

7.3 Die Ontologie des Entwerfens

Die ontologische Sicht ist die Sicht der Objektorientierung. Das folgende bedarf also nicht der expliziten Parallele, es ist die formalisierte Beschreibung des objektorientierten Entwurfs schlechthin. Yair WAND kommt das Verdienst zu, die Gemeinsamkeit der wissenschaftlichen Gemeinschaft der Entwerfer auf eine philosophische Grundlage gestellt zu haben [Wand, 1989a; Wand, 1989b; Wand & Weber, 1989]. Im Abschnitt 5.2 lernten wir die ontologische Analogie objektorientierter Grundprinzipien kennen. Hier skizzieren wir die Leitideen WANDs zu einer ontologisch begründeten Entwurfstheorie für Informationssysteme.

Entwurfsmethoden gibt es zuhauf: „It has been claimed that hundreds, if not thousands of methodologies for information systems development exist“ [Wand & Weber, 1989, S. 201]. Dennoch gibt es keinen Konsens über die Vergleichbarkeit der Methoden. Was eignet sich besser für die Anforderungsanalyse: *Prozesse*, *Datenflüsse* oder *Objekte*? Welcher Maßstab sollte für den „Besser“-Vergleich angelegt werden? Den größten gemeinsamen Nenner finden wir in der ontologischen Betrachtung: Einerseits sollen Informationssysteme real-existierende Systeme modellieren, so wie der Mensch sie wahrnimmt. Andererseits ist es gerade die Ontologie, die sich mit der Modellierung der realen Dinge in der Welt befaßt. Um nun die Merkmale eines Weltausschnitts einzufangen, bedarf es eines Maßes für *Wiedergabetreue*: Das implementierte System soll die „Essenz“ (wieder im BROOKSschen Sinne) des wahrgenommenen Weltausschnitts *getreu* wiedergeben. In allen Transformationen während der Entwicklung sollte es unveränderliche Größen — *Invarianten* — geben, welche die Essenz des Weltausschnitts tragen und deren Erhalt die höchste Priorität im Entwurf zukommt. Ein wiedergabegetreues Informationssystem, wenn es seinem Anspruch gerecht wird, repräsentiert die Invarianten unabhängig von der gewählten Entwurfsmethode und unabhängig von seiner technischen Realisierung. Was sind nun die Invarianten eines guten Entwurfs? Die Ontologie erlaubt ihre Formulierung.

7.3.1 Tiefenstruktur: Zustände, Ereignisse, Gesetze

Der Entwurf schreitet in drei transformatorischen Phasen voran: Analyse, Design und Implementierung. Die Transformationen seien wie folgt definiert:

1. Analyse

   Die menschliche Wahrnehmung (Perzeption) der Wirklichkeit wird in ein *formales* Modell der wahrgenommenen Wirklichkeit transformiert. Das resultierende Modell wird im allgemeinen als konzeptionell bezeichnet, im weiteren heiße es Weltmodell.

2. Design

   Das Weltmodell wird in ein Modell des Informationssystems transformiert. Dieses wird durch eine sprachliche Konstruktion beschrieben, die sich direkt auf die Implementierung abbilden läßt.

3. Implementierung

   Das Modell des Informationssystems wird in ein ausführbares Modell transformiert. Ein informationstechnisches Artefakt wird geschaffen.

Wir interessieren uns hier nur für die Transformationen in der Analyse- und Designphase. Die ontologische Modellierung dieser Phasen[5] soll uns normative Regeln für einen „guten" Entwurf an die Hand geben. Da wir den Einfluß der technischen Implementierung und der Zweckbestimmung auf den Entwurf ausklammern, können die Bedingungen an einen guten Entwurf nur notwendig sein. Mit Blick auf das Entwurfsprodukt sind sie sicherlich unzureichend. WAND bezeichnet den Aspekt der essenztragenden Entwurfsinvarianten als „Tiefenstruktur" des Informationssystems und den zweck- und implementierungsbedingten Schnittstellenaspekt als „Oberflächenstruktur". Das ontologische Modell des Entwerfens zielt ausschließlich auf den ersten Aspekt, akzidenstragende Benutzungsoberflächen und Betriebsmittel bleiben außen vor. Die ontologischen Begriffe von „Zustand", „Ereignis" und „Gesetz", definiert im Abschnitt 5.2, genügen, um die Tiefenstruktur formal zu beschreiben.

Das Schema eines Systems, einerlei ob Weltmodell oder Artefakt, kann als ein Tripel beschieben werden: $< S, L, E >$. S steht für die Menge aller möglichen Zustände (*states*), die das System und seine Teilsysteme einnehmen kann, L für die Menge der Systemgesetze (*laws*), E für die Menge der relevanten externen Ereignisse (*events*). Das Adjektiv „relevant" schränkt die Menge aller möglichen Ereignisse so weit ein, daß die instabilen Zustände, hervorgerufenen durch externe Ereignisse, mit wenigen Systemgesetzen in stabile Zustände überführt werden können.

[5] Im folgenden setzen wir „Analyse" und „Design" mit „Entwurf" gleich. Wir folgen damit der Tendenz objektorientierter Methoden, zwischen Analyse und Design nicht mehr strikt zu unterscheiden (so zum Beispiel die Entwurfsmethode nach Grady BOOCH [Booch, 1991]).

Auch die Dynamik eines Systems läßt sich mit dem Tripel $< S, L, E >$ formalisieren: Angenommen, das System befinde sich im stabilen Zustand s_1. Die Umgebung zwinge es nun, seinen Zustand zu wechseln. Diese Zustandsänderung stellt ein externes Ereignis dar. Es ist keine Zustandsänderung der Umgebung, sondern eine des Systems. Das externe Ereignis bedinge den neuen Zustand $\tilde{s}$. Angenommen, dieser neue Zustand sei instabil, dann werden die Gesetze des Systems es zwingen, einen stabilen Folgezustand s_2 einzunehmen.[6] Der Übergang $\tilde{s} \rightarrow s_2$ wird als Systemantwort auf das externe Ereignis interpretiert. Die Systemantwort ist ein Zustandswechsel, somit ein Ereignis. Ein solches soll internes Ereignis heißen, da es nur von den Systemgesetzen abhängt, nicht aber von der Umgebung. Die Dynamik eines Systems ist also insgesamt als Ereignisfolge beschreibbar: auf das externe Ereignis folgt die Systemantwort (*response*). Mit $e =< s_1, \tilde{s} >$ als externem und $r =< \tilde{s}, s_2 >$ als internem Ereignis läßt sich sich die Systemdynamik formalisieren:

$$\boxed{s_1 \Rightarrow e \Rightarrow \tilde{s} \Rightarrow r \Rightarrow s_2}$$

Diese ontologischen Konzepte können gleichermaßen auf reale Systeme und deren Repräsentation als Informationssysteme angewandt werden. Vor allem erlauben sie die formale Definition der notwendigen Bedingungen für einen guten Entwurf.

7.3.2 Der gute Entwurf aus ontologischer Sicht

Der gute Entwurf zielt auf die Konstruktion eines Artefakts, das die relevanten Eigenschaften des betrachteten Weltausschnitts — Struktur- und Verhaltensmuster — verzerrungsfrei wiedergibt. WAND definiert die notwendige Bedingung für Wiedergabetreue:

> „An information system is a *good representation* only if its sequence of states in time reflects the sequence of states the real system goes or may go through. We will say that *an information system is a state tracking mechanism.*“ [Wand & Weber, 1989, S. 209]

Vier Bedingungen sind notwendig und hinreichend, um diese Definition zu erfüllen. Um die Bedingungen zu formalisieren, beschreiben wir Informationssysteme analog

[6] Ein Gesetz umfaßt zwei Arten der Information: Eine *Bedingung*, ob ein Zustand stabil ist, und eine *Regel*, wie sich ein instabiler Zustand in einen stabilen ändern soll. Ein Gesetz ist somit die kompakte Schreibweise für systeminterne Interaktionen.

zum allgemeinen Fall: Der Unterscheidung wegen verwenden wir andere Bezeichner: anstelle des Tripels $< S, L, E >$ das Tripel $< M, P, T >$. M bezeichnet die Menge der stabilen Zustände (M wie „master“, gemeint sind Dateien oder Datensätze), P die Gesetze[7] des Informationssystems (P wie „Prozesse“) und T die relevanten externen Ereignisse im Informationssystem (T wie „Transaktionen“). Mit dieser Notation formuliert WAND die vier Bedingungen für Wiedergabetreue:

1. *Mapping Requirement*

   Es existiert eine Abbildung aus dem Zustandsraum des realen Systems in den Zustandsraum des Informationssystems: $S \rightarrow M$. Die Abbildung ist für beide Mengen erschöpfend. Der Zustand $m \in M$ eines Informationssystems als Bild des Zustands $s \in S$ eines realen Systems sei formal gegeben durch $m = \text{rep}(s)$.

2. *Tracking Requirement*

   Für jeden Zustand des realen Systems $s \in S$ gilt: $\text{rep}(L(s)) = P(\text{rep}(s))$.

   Die beiden ersten Bedingungen implizieren eine Strukturähnlichkeit (Homomorphie) zwischen der Zustandsmenge des realen Systems und der des Informationssystems. Mit anderen Worten: Das Informationssystem „weiß“, wie es die Struktur des realen Systems nachbilden soll. Es weiß allerdings noch nicht, wie es das Verhalten des realen Systems, das heißt die Zustandswechsel aufgrund externer Ereignisse, repräsentieren soll. Dazu müssen zwei weitere Bedingungen erfüllt sein:

3. *Reporting Requirement*

   Sei $e \in E$ ein externes Ereignis des realen Systems: $e =< s, \tilde{s} >$. Der Zustand des Informationssystems sei $m = \text{rep}(s)$. Das reale System wird ein externes Ereignis $t \in T$ für das Informationssystem erzeugen, so daß $\tilde{m} = \text{rep}(\tilde{s})$ und $t =< m, \tilde{m} >=< \text{rep}(s), \text{rep}(\tilde{s}) >$.

   In diesem Fall spiegelt das externe Ereignis im Informationssystem das externe Ereignis im realen System wider. Auch mit der dritten Bedingung ist noch nicht gewährleistet, daß das Informationssystem zeitgleich dem realen System folgt. Voraussetzung hierfür ist, daß $m = \text{rep}(s)$ zeitgleich mit dem externen Ereignis t gilt. Die vierte Bedingung spezifiziert den Zeitbezug:

[7] Daten und Prozesse sind gewöhnlich die bestimmenden Größen in der Beschreibung von Informationssystemen. Um die Verbindung zur ontologischen Betrachtung zu knüpfen, können wir Daten als Implementierung von Zuständen und Ereignissen ansehen (ein Ereignis ist ein Zustandspaar: $e =< s_1, s_2 >$) und Prozesse als Implementierung von Gesetzen.

4. *Sequencing Requirement*

Seien $\{e_i\}$ die Menge der Ereignisse im realen System und $\{t_i\}$ die Menge der zugeordneten Ereignisse im Informationssystem. Dann müssen die Folgen $e_1, \ldots, e_n$ und $t_1, \ldots, t_n$ elementweise übereinstimmen.

Nehmen wir nun an, alle vier Bedingungen seien erfüllt. Das Informationssystem sei „zurückgesetzt“, um mit dem Zustand des realen Systems übereinzustimmen (*mapping*), bevor dieses begann, die Ereignisse im Informationssystem zu beeinflussen. Wenn nun Ereignisse im realen System auftreten, wird es Ereignisse für das Informationssystem erzeugen (*reporting*). Diese Ereignisse werden in der gleichen Folge auftreten wie die ursprünglichen Ereignisse im realen System (*sequencing*). Die Natur dieser Ereignisse ist derart, daß aufgrund der *Tracking*-Bedingung das Informationssystem eine Zustandsmenge durchqueren wird, die der Zustandsmenge entspricht, die auch das reale System durchquert. Damit garantieren die vier genannten Bedingungen die Wiedergabetreue im Zustandsverhalten und damit eine gute Repräsentation des realen Systems.

Zusammenfassend und ausblickend können wir die Vorteile einer ontologisch motivierten Vergleichsmethode wie folgt umreißen: Analyse und Design sind Modellierungsvorgänge. Damit ist die Ausdrucksstärke der Modellierung das Schlüsselkriterium für die Bewertung von Analyse- und Designmethoden. Zwei konträre Bezüge der Modellierung lassen sich unterscheiden: Sind die Mittel der Modellierung realitätsbezogen (*reality driven*) oder beziehen sie sich auf das zu entwerfende Informationssystem (*information system driven*)? Wie gut ist die Wiedergabe der statischen und dynamischen Eigenschaften (Struktur und Verhalten) des modellierten Weltausschnitts? Zweckfreie und implementierungsneutrale Antworten gibt die ontologische Bewertung. WAND hat diesen Ansatz bereits auf zwei weitverbreitete Methoden angewandt: Datenflußpläne [DeMarco, 1978] und Entity-Relationship-Modelle [Chen, 1976].

Es wäre sicherlich sehr aufschlußreich, wenn zukünftige Arbeiten die objektorientierten Entwurfsmethoden miteinbezögen. Bislang wurden diese auf der Grundlage verallgemeinerter objektorientierter Begriffe bewertet — methoden-*immanent*, das heißt aus der objektorientierten Sicht [Arnold *et al.*, 1991; Champeaux & Faure, 1992; Monarchi & Puhr, 1992; Stein, 1993; Walker, 1992]. Der ontologische Vergleichsansatz indes erlaubt methoden-*transzendente* Aussagen über die Realitätstreue der Modellierung, über die Stärken und Schwächen einer Methode.

Fazit

Wie lautet der Tenor der drei Ansichten zu einer Theorie des Entwerfens — SIMONs Wissenschaft vom Künstlichen, ZEMANEKs Architekturideale und WANDs ontologische Analogie? Er lautet: weg von den Rezepten, vom Kochbuch-Charakter und hin zu einer interdisziplinären Wissenschaft des Entwerfens. Entwerfen ist eben nicht der alleinige Wirkungsbereich des Baumeisters, der seine Kompetenz durch nicht formalisierbare Eigenschaften belegt: durch handwerkliche Erfahrung und Geschick. Der Entwurf setzt sich nicht allein aus genormten Lösungen und vorgefertigten Bauteilen zusammen. *Kreativität* und *Ingenieurkunst* sind die zentralen Themen, die den Entwurfsprozeß vorantreiben. Das Objekt-Paradigma kann hier als konzeptionelles und technisches Substrat für eine Wissenschaft des Entwerfens dienen.

Am Ende unserer Studie taxiert Frederick BROOKS in seinem Bemühen, das Wesentliche vom Zufälligen zu trennen, das *Silver*-Potential der Objektorientierung [Brooks, 1987, S. 14]:

„to express the essence of the design."

Die aufgezeigten ETHOS-Aspekte sollten in diesem Sinne die kognitiven, methodischen und pragmatischen Grundlagen einer objektorientierten Entwurfslehre ausleuchten und ein Gefühl für die Leistungsfähigkeit des objektorientierten Ausdrucks vermitteln.

A

Exkurse

Die Entwicklung objektorientierter Konzepte ist wie das „Füllen jungen Weins in alte Schläuche“: Althergebrachte Methoden und Techniken werden aus mehr oder minder benachbarten Disziplinen intuitiv übernommen, zusammengeführt und auf neue Erkenntnisse angewandt. Objektorientierung ist ausgesprochen interdisziplinär, wir widmen diesem Aspekt ein eigenes Kapitel (S wie „social“). An dieser Stelle wollen wir auf die wichtigsten objektorientierten Anleihen aus zwei Disziplinen eingehen: linguistisch auf die Metaphorik und philosophisch auf die Klassifikation. Weiterhin decken wir den klassischen Widerspruch der Objektorientierung auf: Vererbung kontra Kapselung. Als ein sprachliches Zeugnis für die sich festigende wissenschaftliche Gemeinschaft des Objekt-Paradigmas fügen wir den „Vertrag von Orlando“ im Original bei. Und schließlich skizzieren wir den Standardisierungsvorschlag der OMG* für eine objektorientierte Terminologie.

A.1 Metaphorik

Der bildhafte, sinnfällige Ausdruck ist nicht nur ein Stilmittel der Rhetorik, ohne ihn kämen wir im sprachlichen Alltag nur mühsam zurecht. Mehr noch: wir sind uns kaum mehr der Metaphern in unserer Alltagsrede bewußt. Längst ist der sprachliche Alltag auch in die Informatik eingekehrt: Wir tragen uns ein in das *Logbuch* unseres Rechners (*log in*) und geben ihm unser *Kennwort*. Läßt er uns *passieren*, beginnen wir eine *Sitzung*, in der wir *Fenster öffnen* und *schließen*, per *Mausklick* ein *Menü* wählen, wie in einer Speisekarte (englisch: *menu*), und schließlich *loggen* wir uns wieder aus. Warum nur dieser allseits verbreitete Metaphern-*Salat* aus Allegorie und Periphrase, von den Katachresen in der unbedarften Sprache des Informatikers ganz zu schweigen?[1]

[1]Allegorie meint die Metapher, wenn sie einen abstrakten Begriff durch eine Sache oder ein Lebewesen ausdrückt: „Fenster“ oder „Maus“ in unserem Beispiel. Periphrase meint die Metapher, wenn sie Einfaches kompliziert umschreibt: „eine Sitzung beginnen“ statt einfach „anfangen“. Katachrese meint die *entgleiste* Metapher, zum Beispiel das weitverbreitete „Debuggen“: Grace

Metapher: Sprechblume oder Bedeutungssprung?

Wolf SCHNEIDER bringt die Bedeutung der Metapher auf den Punkt:

> „Springt hier eine Bedeutung über auf ein Ding, das bisher keinen Namen hatte — oder ist die Metapher lediglich eine schmückende Dreingabe, ein Sprachzierat, eine Sprechblume (Jean Paul)? Sprechblumen sind manchmal schön, aber Bedeutungssprünge sind großartig. Sie waren, sie sind die typische, oft die einzig mögliche Art, Entdeckungen, Erfindungen, neue Einsichten, unvermutete Entwicklungen sprachlich zu bewältigen oder Stimmungen und Ahnungen zu Begriffen zu verdichten. Das eben heißt ‚Metapher': Übertragung — die vom Alten zum Neuen, vom Konkreten zum Abstrakten, vom Grobschlächtigen zum Filigran." [Schneider, 1988, S. 239]

Greifen wir gleich zu Beginn die wichtigste Metapher des Objekt-Paradigmas auf, die *Vererbung*: „*Vererben* war jahrtausendelang ein juristischer Begriff, ehe der Lehrer Gregor MENDEL aus Brünn ihn als Metapher auf die von ihm entdeckten Gesetze — nun, der ‚Vererbung' übertrug, es gibt kein Synonym" [Schneider, 1988, S. 239]. Charles DARWIN erhob den Vererbungsbegriff zum Ordnungsprinzip der Arten, und die Informatik läßt die Bedeutung noch weiter springen: auf unbeseelte Dinge: Datenstrukturen und Algorithmen. Das ist, um mit SCHNEIDER zu sprechen, das „Großartige" dieser Metapher.

Eine Metapher, so ihre Grenzen fließend sind, kann natürlich auch überbeansprucht werden: Sie rastet ein und verliert ihre Kraft (*Topos/Stereotyp*), oder ihre Grenzen sind so weitläufig, daß ihre Assoziationen in die Irre führen oder schlichtweg mehr verwirren als klären. Die objektorientierten Metaphern machen da keine Ausnahme: So weist James RUMBAUGH auf den Mißbrauch des Vererbungskonzepts hin, dem selbst in der einschlägigen Literatur gefrönt wird: Viele Verfasser unterscheiden nicht deutlich zwischen *Vererbung* und *Aggregation*, da die eingerastete Metapher der Vererbung den objektorientierten Entwurf über Gebühr beherrscht [Rumbaugh, 1993].[2] Alan SNYDER meidet die Metapher *Kapselung* wegen ihrer Weitschweifigkeit und schließt sie deshalb aus dem Metaphern-Katalog objektorientierter Begriffe aus [Snyder, 1993].

HOPPER, auf der Fehlersuche in einem Mark-II-Rechner 1947, fand eine tote Motte und entfernte sie mit der Pinzette. Das „Entwanzen" stand fortan „Pate" (was wiederum ein schiefes Bild ist) für das Ausmerzen von Programmierfehlern [Weiser Friedman, 1992, S. 4].

[2]Eine einfache Regel, um den Mißbrauch zu vermeiden, lautet: „Only use inheritance when you want to inherit *all* the properties of a superclass, not just some of them. Use Aggregation when one object is made of other objects and *some* properties of the aggregate are shared by the parts" [Rumbaugh, 1993, S. 22].

Unbotmäßige Übertragungen aus dem Englischen tun ein übriges: „Geheimnisprinzip“ für „Information hiding“ verleiht der pragmatischen Trennung der Belange die Aura der Verschwiegenheit, obwohl in aller Regel in die Implementierung eines Objekts hineingeschaut werden kann, und dies zu verhindern, auch gar nicht beabsichtigt ist. Oder der Anglizismus „Entität“ (*entity*), was schlicht Ding, Einheit oder halt Objekt heißt. Entität als „Dasein im Unterschied zum Wesen eines Dinges“ (Duden) zeigt zwar den akademischen Anspruch des Schreibers, vernebelt aber das objektorientierte Vokabular vermeidbar um eine weitere philosophische Andeutung.

Kommen wir zur eigentlichen Funktion der Metapher zurück: Was macht eine Metapher so nützlich? Die Antwort gibt uns die Psychologie des Lernens: Wir lernen, indem wir altes Wissen um neues bereichern. Wir entwickeln neue Begriffe über Assoziationen mit bereits bekannten Begriffen. Ein Beispiel, entnommen aus [Booth, 1989, S. 75], verdeutlicht die Rolle der Metapher im Lernprozeß: Wenn wir den Begriff des „Elektrons“ lehren oder lernen wollen, können wir drei verschiedene Metaphern bemühen: (a) Ein Elektron verhält sich wie eine „Welle“, da es gewisse Eigenschaften mit einer elektromagnetischen Welle, zum Beispiel dem Licht, teilt. (b) Ein Elektron verhält sich wie ein „Partikel“ oder „Korpus“, da es eine Masse besitzt. (c) Ein Elektron verhält sich wie eine „Wolke“, da sich die Wahrscheinlichkeit seines Aufenthalts nicht exakt berechnen läßt. Indem wir also Eigenschaften wiedererkennen, die ein Elektron mit bereits verstandenen Begriffen gemeinsam hat, bilden wir einen neuen Begriff auf der Grundlage unseres vorhandenen Wissens. Metaphern haben also eine *Brückenfunktion* im Lernprozeß: Sie machen komplexe Begriffe über die Assoziation mit einfachen Begriffen verständlich. Paul BOOTH:

> „In essence, metaphors enable learning, they provide short-cuts to understanding complex concepts; they can be used to shape user's behaviour in circumstances that are unfamiliar and that they might otherwise find confusing.“ [Booth, 1989, S. 75]

Metaphern der Objektorientierung

Eine Metapher hat wie keine andere die objektorientierten grafischen Benutzungsoberfächen geprägt: die Allegorie vom „Schreibtisch“. Sie war ein verkanntes Nebenprodukt der Xerox-Forschung im Palo-Alto-Research-Center (PARC), bevor sie Steven JOBS zum Leitmotiv der Apple-Macintosh-Rechner stilisierte [Young, 1988]. Heute ist sie überall verbreitet im namensgleichen Desktop-Publishing. Der

Anwender wird ermutigt, sein Allgemeinwissen intuitiv einzusetzen: Büro-Utensilien, wie Dateikarten, Ordner, Ablagen, und Büroarbeit, wie Dokumente schreiben, formatieren, drucken und kopieren. Sein kognitives Modell der Bürowelt ist kongruent mit den Objekten und Diensten, die ihm sein elektronischer Schreibtisch suggeriert.

Nehmen wir zum Beispiel die allegorische Mächtigkeit des „Papierkorbs" innerhalb der Schreibtisch-Metapher. Der Papierkorb drückt eine abstrakte Handlung durch eine konkrete Sache aus: „Entsorge den selektierten Datenmüll vorläufig (bäuchiger Papierkorb auf einem Macintosh) und endgültig, wenn ich es will (Menü-Option ‚Papierkorb entleeren ...'')." Hierfür wäre, wie die leidliche Erfahrung mit anweisungsgesteuerten Betriebssystemen lehrt (*prompting*), einiges syntaktisches Wissen erforderlich.

Metapher	*Erklärungsbezug*	*Beschreibungsebene*
Vererbung, Erblinien, Erben, Erbgut	Struktur-, Teilungsmechanismus	alle Phasen
Objektwelt, object society	Anordnung von Modulen	alle Phasen
Klassen, Objekte, Bausteine	Module	alle Phasen
Matrize, Schablone	Teilungsmechanismus	Design, Programmierung
Dienst	Prozedur, Unterprogramm	Design
Bibliothek	konfektionierte Modulmenge	Design
Client-Server-Vertrag	Modulspezifikation	Design
Pflichten, Rechte, Kooperationen	Vor- und Nachbedingungen	Design
Auftraggeber und -nehmer	Modulprogrammierung	Design
Polymorphie	dynamische Modulbindung	Design
Object-Request-Broker	verteilte modulare Systeme	Design, Programmierung
Datenkapsel, Geheimnisprinzip	Datenschutz	Programmierung
Nachrichtenaustausch, Small-Talk	Modulinteraktion, Prozeduraufruf	Programmierung
Pronomen: self, me, this	formaler Modulparameter	Programmierung
Protokoll, Signatur: public, protected, private, friend	Modulschnittstelle	Programmierung
data member, member function, slot	Modulprogrammierung	Programmierung

Tabelle A.1: Objektorientierte Metaphern: eine Auswahl

Die Tabelle A.1 nennt die Metaphern, die das Objekt-Paradigma verständlich und populär gemacht haben. Die wichtigsten erklären und versinnbildlichen Konzepte, die auf mehreren Beschreibungsebenen der Produktentwicklung gültig sind. Das trägt maßgeblich zur Durchgängigkeit der objektorientierten Methode bei. Die Intuitivität der objektorientierten Konzepte geht auf wenige Leitmetaphern zurück: Ob Laie oder Experte, metaphorische Konzepte sind eingängig und verständlich.

A.2 Klassifikation

Klassifikation ist eine allgegenwärtige Aufgabe in den Wissenschaften: Der Beobachter identifiziert die Objekte und Situationen seines Weltausschnitts und stellt sie in ein plausibles Ordnungsschema. Die Identifikation von Klassen und Objekten ist ein kognitiver Prozeß, der auf Intuition und Erfahrung beruht und zwei Faktoren aufweist: „identification involves both discovery and invention" [Booch, 1991, S. 133]. Zu entdecken sind die Schlüsselabstraktionen und -mechanismen der Anwendung, zu erfinden generalisierte und zusammengesetzte Abstraktionen sowie interaktive Verhaltensmuster der analysierten Objekte. Das Aufstellen eines Ordnungsschemas ist ein kreativer Prozeß; sein Produkt erscheint nur im Rückblick einfach: „The discovery of an order is no easy task", so wird DESCARTES zitiert, „yet once the order has been discovered there is no difficulty at all in knowing it" [Booch, 1991, S. 135].

Die biologischen Konzepte der Klassifikation[3] und Vererbung stellen die Hauptanleihe der Objektorientierung dar, die erstmals von Peter WEGNER erforscht wurde [Wegner, 1986]: Im 18. Jahrhundert kategorisierte der schwedische Botaniker Carl von LINNÉ die Pflanzenwelt nach den hierarchischen Begriffen von Gattung und Art, wobei er beobachtbare gemeinsame Merkmale als Kriterium für die Gruppenzugehörigkeit setzte und die Gruppen anhand signifikanter Gruppenmerkmale ordnete. Der Brite Charles DARWIN dagegen schlug im letzten Jahrhundert die Klassifikation der Arten gemäß ihrer Abstammung vor. Seine Theorie will nicht allein die natürlichen Arten *identifizieren*, sie will vor allem die Ähnlichkeiten zwischen den Arten *erklären*. In Fortsetzung von DARWINs *evolutionärer Klassifikation* und mit der Entdeckung der DNA-Struktur in unserem Jahrhundert gibt es heute die Tendenz, die Klassifikation natürlicher Organismen auf die Grundlage des genetischen Erbguts zu stellen.

[3]Die Wegbeschreibung der wissenschaftlichen Klassifikation füllt Bibliotheken: von PLATO über ARISTOTELES, AQUINAS, DESCARTES (Klassifikation durch Eigenschaften) zu Verzweigungen in die Kognitionswissenschaft (Klassifikation durch Begriffe) bis hin zur modernen Prototyp-Theorie (Klassifkation durch Assoziation mit einem Prototypen). Einen Überblick verschaffen hier nur die einschlägigen Enzyklopädien.

LINNÉ und DARWIN standen Pate für die Klassifikation in der Objektorientierung: So wie LINNÉ die Flora in Klassen einteilt, die Pflanzenwelt übersichtlich nach beobachtbaren Merkmalen ordnet, so werden in der Regel auch *ordnende* Klasseneinteilungen in der Objektorientierung vorgenommen (viele Verfasser benutzen biologische Begriffe für die Ober-Unterklassen-Relation: Gattung-Art, Eltern-Kind oder Vorfahre-Nachfahre). Das Erkennen von Ähnlichkeiten, den Struktur- und Verhaltensmustern der Anwendung, ist grundlegend für die Analyse. Gleich wichtig ist die Entlehnung der darwinistischen Metapher: So wie DARWIN die Fauna nach dem Erbgang ordnet, der evolutionär verlaufenden Abstammung, so werden auch in der Objektorientierung die Merkmale einer Oberklasse an die Unterklassen weitergegeben, das heißt vererbt. Die Metapher wird selbst dann nicht schief, wenn es um den Impetus der Evolution geht, um die natürliche Selektion durch Mutation und Anpassung: „survival of the fittest".

Ist im biologischen Fall die Anpassung auf die langfristigen Veränderungen der natürlichen Lebensbedingungen „gerichtet" (in Anführungszeichen, da Mutationen zufällig sind), so geht der Anpassungsdruck in der Objektorientierung vom (künstlichen) Problem, den wechselhaften Anforderungen des Kunden aus: Klassen, die für die Anwendung typisch und relevant sind, entnimmt der Programmierer einer entsprechenden Klassenbibliothek und paßt sie dem Problem sukzessive an. Dazu übernimmt er das Vorgefundene durch den Mechanismus der Vererbung, ohne es zu verändern (Klassen sind Software-Ressourcen für beliebig viele Anwender und Anwendungen), und erweitert es um die Spezifika des Problems (weitere oder modifizierte Datenstrukturen und Operationen). Der adaptive, auf Klassen basierende Entwurf hat offenbar auch darwinistische Züge.

Auf eine weitere wichtige Anleihe der objektorientierten Klassifikation wurde bereits hingewiesen: Mengen und Äquivalenzklassen in der Mathematik. Die mengentheoretische Interpretation von Abstraktion, Generalisierung und Komposition als *Relationen* zwischen Begriffen und Objekten geht hierauf zurück (siehe Abschnitt 4.1). Des weiteren können Klassen, interpretiert als die Implementierung abstrakter Datentypen, auf neuere algebraische Ansätze zurückgeführt werden: DANFORTH und TOMLINSON zeigen dies in ihrer Studie über Typtheorien und objektorientiertes Programmieren [Danforth & Tomlinson, 1988].

A.3 Vererbung kontra Kapselung

Datenabstraktion ist das Prinzip, Datenkapselung die Technik, den Zugriff auf die Interna eines Objekts nur über die *externe* Objektschnittstelle zu erlauben.

Die Schnittstelle ist eine Übereinkunft zwischen Entwerfer und Anwender eines Objekts: Wird die Implementierung geändert, soll dies keinen Einfluß auf die Definition der Schnittstelle haben. Die Implementierung ist für den Anwender transparent, die Schnittstelle verläßlich. Die Vorteile der Datenkapselung haben wir im Kapitel 3 über die wirtschaftlichen Aspekte der Objektorientierung herausgestellt: inkrementelles Programmieren und lokale Wartbarkeit.

Vererbung ist das Prinzip, die Struktur- und Verhaltensmuster einer Oberklasse an ihre Unterklassen weiterzugeben. Hier tritt nun eine andere „Kundschaft" auf: Waren es im Fall der Exemplarbildung („Instanziierung"*) nur solche Kunden, die Objekte und Operationen auf diesen Objekten forderten, so sind es im Fall der Vererbung die Klassen. In der Hierarchie weiter unten stehende Klassen wollen an der Definition einer höherstehenden Klasse teilhaben. Die Vererbung öffnet folglich die *inneren* Schnittstellen zwischen Ober- und Unterklassen und unterläuft somit das Prinzip der Lokalisierung: Veränderungen in einer Oberklasse wirken unmittelbar auf alle ihre Unterklassen. Die innere Schnittstelle weicht also das Kapselungsprinzip auf. Alan SNYDER beschreibt dies so:

> „Data abstraction attempts to provide an opaque barrier behind which methods and state are hidden; inheritance requires opening this interface to some extent and may allow state as well as methods to be accessed without abstraction." (zitiert in [Danforth & Tomlinson, 1988, S. 34])

Wenn eine externe Schnittstelle einem Vererbungsmechanismus unterliegt, das heißt, innere Schnittstellen entlang der Vererbungslinie benutzt, dann herrscht eine Spannung zwischen den Prinzipien von Abstraktion, Kapselung und Hierarchie. Diese Spannung kann die bekannten Vorteile der Kapselung in Frage stellen, da sie zum Zweck der Vererbung die Kapselung aufbricht. Eingriffe in die Vererbungshierarchie, für eine evolutionäre Unterstützung großer Softwaresysteme mit langlebigen Daten wesentlich, sind nicht mehr lokal gebunden. Nebenwirkungen werden unkontrollierbar. In der Praxis bedeutet der Widerspruch zwischen Kapselung und Vererbung, daß der Anwender einer abgeleiteten Klasse alle deren Ableitungsklassen kennen muß, unter Umständen auch deren Interna. Effiziente *Browser*-Werkzeuge zum Durchstöbern der Oberklassen sind somit vonnöten.

Alan SNYDER hat diesen Konflikt in [Snyder, 1986] aufgezeigt und einige kompensierende Empfehlungen ausgesprochen, die zum Beispiel von der Sprache CommonObjects methodisch unterstützt werden. Moderne objektorientierte Sprachen berücksichtigen bereits die unterschiedliche „Kundschaft" in objektorientierten Systemen: einerseits Objekte, die Operationen auf den Objekten einer Klasse anfordern, und andererseits abgeleitete Klassen, die von dieser Klasse erben. Der Zugriffsmechanismus in C++ [Stroustrup, 1986] erlaubt die Unterscheidung zwischen beiden Kundentypen: siehe Bild A.1.

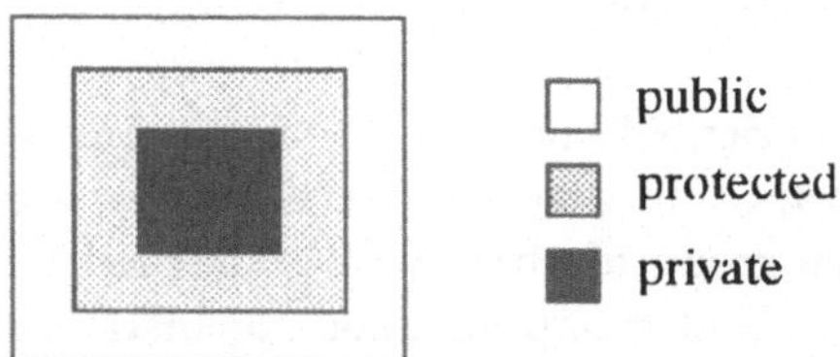

Bild A.1: Selektive Sichtbarkeit in der Sprache C++

Die Sicht und damit auch der Zugriff auf die Datenstrukturen und Operationen einer Klasse sind reglementiert: (a) als *public* vereinbarte Klasseneigenschaften sind für alle Kunden sichtbar; (b) als *protected* vereinbarte nur für die Klasse selbst und für ihre abgeleiteten Klassen und (c) als *private* vereinbarte ausschließlich für die Klasse selbst. Als Hybridsprache (C++ ist eine Obermenge der prozeduralen Sprache C) erlaubt sie auch die totale Auflösung des Kapselungsprinzips durch sogenannte „befreundete“ Klassen: *friends*.

Der Konflikt bleibt bestehen, wird zuweilen lediglich verwischt und als „Dualismus“ zwischen Vererbung und Geheimnisprinzip bezeichnet. Er wird aber die Weiterentwicklung objektorientierter Sprachen entscheidend mitbestimmen:

> „The challenge for language designers is to provide the means by which the designer of a class can express an interface to inheriting clients that reveals the minimum information needed to use the class correctly.“ [Snyder, 1986, S. 45]

A.4 „The Treaty of Orlando“

[4] **Whereas** the intent of object-oriented programming is to provide a natural and straightforward way to describe real-world concepts, allowing the flexibility of expression necessary to capture the variable nature of the world being modeled, and the dynamic ability to represent changing situations; and

[4]aus: [Stein *et al.*, 1989]

Whereas a fundamental part of the naturalness of expression provided by object-oriented programming is the ability to share data, code, and definition, and to this end all object-oriented languages provide some way to define a new object in terms of an existing one, borrowing implementation as well as behavioral description from the previously defined object; and

Whereas many object-oriented languages — beginning with Simula-67, and including Smalltalk, Flavors, and Loops — have implemented this sharing through classes, which allow one group of objects to be defined in terms of another, and also provide guarantees about group members, or instances; and

Whereas these mechanisms — class, subclass, and instance — impose a rigid type hierarchy, needlessly restricting the flexibility of object-oriented systems, and in particular do not easily permit dynamic control over the patterns of sharing between objects; which dynamic control is particularly necessary in experimental programming situations, where the evolution of software can be expected to proceed rapidly; and

Whereas the signatories to this treaty have independently proposed seemingly disparate solutions to this problem, to wit:

> LIEBERMAN [Lieberman, 1986] proposed that traditional inheritance be replaced by delegation, which is the idea that sharing between objects can be accomplished through the forwarding of messages, allowing one object to decide at run time to forward a message to another, more capable object, and giving this new object the ability to answer this message on the first (delegating) object's behalf; in this scheme, prototypical objects — the „*typical* elephant", for example — replace abstract classes — e.g. the *class* elephant — as the repository for shared information;
>
> UNGAR and SMITH [Ungar & Smith, 1987] also proposed a prototype-based approach, using a drastic simplification of the Smalltalk model in which a single type of parent link replaces the more complex class/subclass/instance protocol; while this approach does not propose explicit delegation, through „dynamic inheritance" it shares the essential characteristics of allowing dynamic sharing patterns and idiosyncratic behavior of individual objects;
>
> STEIN [Stein, 1987] attempted a rapprochement between the delegation and inheritance views, pointing out that the class/subclass relationship is essentially this „delegation", or „dynamic inheritance", and that these new styles of sharing simply make a shift in representation, using what were previously considered „classes" to represent real-world entities rather than

abstract groups; this approach gives a different way of providing idiosyncratic behavior and dynamic sharing, through extensions to the class-instance relationship;

Whereas the signatories to this treaty now recognize that their seemingly divergent approaches share a common underlying view on the issues of sharing in object-oriented systems, we now declare:

Resolved, that we recognize two fundamental mechanisms that sharing mechanisms for object-oriented languages must implement, and that can be used for analyzing and comparing the plethora of linguistic mechanisms for sharing provided by different object-oriented languages: The first is *empathy*, the ability of one object to share the behavior of another object without explicit redefinition; and the second is the ability to create a new object based on a *template*, a „cooky-cutter“ that guarantees, at least in part, characteristics of the newly created object.

Resolved, that most significant differences between sharing mechanisms can be analyzed as making design choices that differ along the following three independent dimensions, to wit:

> *First*, whether *STATIC* or *DYNAMIC*: When does the system require that the patterns of sharing be fixed? Static systems require determining the sharing patterns by the time an object is created, while dynamic systems permit determination of sharing patterns when an object actually receives a message; and
>
> *Second*, whether *IMPLICIT* or *EXPLICIT*: Does the system have an operation that allows a programmer to explicitly direct the patterns of sharing between objects, or does the system do this automatically and uniformly? and
>
> *Third*, whether *PER OBJECT* or *PER GROUP*: Is behavior specified for an entire group of objects at once, as it is with traditional classes or types, or can idiosyncratic behavior be attached to an individual object? Conversely, can behavior be specified/guaranteed for a group?

Resolved, that no definitive answer as to what set of these choices is best can be reached. Rather, that different programming situations call for different combinations of these features: for more exploratory, experimental programming environments, it may be desirable to allow the flexibility of dynamic, explicit, per object sharing; while for large, relatively routine software production, restricting to the complementary set of choices — strictly static, implicit, and group-oriented — may be more appropriate.

Resolved, that as systems follow a natural evolution from dynamic and disorganized to static and more highly optimized, the object representation should also have a natural evolutionary path; and that the development environment should itself provide more flexible representations, together with tools — ideally automatic — for adding those structures (of class, of hierarchy, and of collection, for example) as the design (or portions thereof) stabilizes; and

Resolved, that this agreement shall henceforth be known as the TREATY OF ORLANDO.

A.5 Terminologie

Es gibt Bestrebungen, die divergenten Auffassungen und Bezeichnungen in der Objektorientierung zu vereinen: Die *Object Management Group*, OMG [Atwood, 1991; Soley (Hrsg.), 1992], ein internationales Industriekonsortium mit dem Ziel, die objektorientierten Techniken zu standardisieren und ihre Verbreitung zu fördern, bündelt diese Bestrebungen. In einer vergleichenden Studie hat Alan SNYDER die Kernkonzepte und Schlüsselbegriffe herausgearbeitet, auf denen repräsentative objektorientierte Anwendungen gründen. Untersucht wurden die Grundkonzepte und das Vokabular objektorientierter Sprachen, Datenbanken, Benutzungsschnittstellen und Software-Entwicklungsumgebungen [Snyder, 1993]. Wegen der Bedeutung als zukünftiger OMG- und ANSI-Standard greifen wir den Vorschlag von SNYDER auf, um die technische Begriffswelt der Objektorientierung zu skizzieren.

Kernkonzepte

Zu Beginn eine allgemeine Objektdefinition:

> „An object is any entity that plays a visible role in providing services to clients.“
> [Snyder, 1993, S. 32]

„Kunde“ und „Dienst“ werden durch die Anwendung definiert. Im allgemeinen steht Kunde für einen Anwender oder ein Programm, Dienst für eine bestimmte Aktion, die auf eine Anfrage (*request*) des Kunden ausgeführt wird. Im Prinzip liegt also eine Client-Server-Konstellation vor, wie sie Bild 4.9 auf Seite 100 zeigt. Mit Hilfe der abstrakten Begriffe — Kunde, Anfrage und Dienst — beschreibt SNYDER die gemeinsame Auffassung der OMG von der „Begrifflichkeit“ der Objekttechnik. Die Tabelle A.2 nimmt die Ergebnisse vorweg; wir werden sie im folgenden erläutern.

K1: Alle Objekte verkörpern eine Abstraktion.

K2: Objekte bieten Dienste an.

K3: Kunden stellen Anfragen.

K4: Objekte sind gekapselt.

K5: Anfragen identifizieren Operationen.

K6: Anfragen können Objekte identifizieren.

K7: Neue Objekte können erzeugt werden.

K8: Operationen können generisch sein.

K9: Objekte lassen sich gemäß ihrer Dienste klassifizieren.

K10: Objekte können eine gemeinsame Implementierung haben.

K11: Objekte können sich Implementierungen teilen.

Tabelle A.2: Objektkonzepte im Überblick

K1: Alle Objekte verkörpern eine Abstraktion. Das bringt den Vorteil mit sich, daß der Kunde eines Objekts eine „sinnvolle“ Einheit manipuliert und nicht verantwortlich ist für die Interpretation der eingeschlossenen Daten. Ein Objekt ist mehr als nur Daten: Die Daten assoziieren die Abstraktion, für die das Objekt als Ganzes steht. Beispiele für Objekte mit vertrauten Abstraktionen gibt es zuhauf in objektorientierten Software-Umgebungen: *Ordner*, *Dokument*, *Wörterbuch* im Desktop-Publishing (DTP), um nur ein Beispiel zu geben. Gegenbeispiel: In herkömmlichen prozeduralen Programmierumgebungen, die nicht auf Objekten basieren, ist die Interpretation implizit, das heißt, sie wird nur von dedizierten Lese- und Schreibroutinen geleistet. So ist eine „Datei“ ohne zusätzliche Information nicht interpretierbar, also ein *blob* = *binary large object*, dem erst das Anwenderprogramm Bedeutung verleiht. Nur eine syntaktische Konvention verringert den Interpretationsbedarf: „name.c“ für ein Quellprogramm in der Sprache C zum Beispiel.

K2: Objekte bieten Dienste an. Die Abstraktion, vom Objekt als Ganzes verkörpert, wird durch die Dienste beschrieben, die ein Kunde anfordern kann. Eine Dienstleistung greift auf die Objektdaten zu, modifiziert sie bei Bedarf und kann zu beobachtbaren Wirkungen auf weitere Objekte führen. Die Menge aller Daten, die veränderbar sind, kennzeichnet den *Zustand* eines Objekts. Dienste sind in der Regel komplex, das heißt, sie umfassen mehrere elementare Datenoperationen oder fordern in Folge weitere Dienste bei anderen Objekten an. Dieses Konzept erlaubt somit den Entwurf beliebig komplexer Dienste, die, wenn sorgfältig ausgeführt, die Einhaltung kritischer Integritätsbedingungen gewähren. Läge diese Verantwortung beim Kunden, könnten sich Fehler unkontrollierbar einschleichen. Beispiel: Wenn ein zu druckendes Dokument, per Mausklick selektiert, auf das Drucker-Piktogramm gezogen wird, so steuert der mit dem Piktogramm assoziierte Print-Spooler die geordnete Bearbeitung konkurrierender Druckaufträge und entlastet den Kunden von der Transaktionsverwaltung.

K3: Kunden stellen Anfragen. Der Kunde akzeptiert die vom Objekt verkörperte Abstraktion: Statt direkt auf die Objektdaten zuzugreifen, fordert er die Dienste an, die mit der Abstraktion assoziiert werden. Nur die Ausführung der gewünschten Anfrage interessiert ihn, nicht das Wo und Wie der Details. Das bringt zwei Vorteile mit sich: Erstens muß der Kunde das syntaktische Wissen um den einzugebenden Code nicht parat haben, auch wird die Eingabe und Ausführung falschen Codes vermieden. Schlimmstenfalls kann der geforderte Dienst nicht ausgeführt werden, da er nicht verfügbar ist (der einzige Typ-Fehler in Smalltalk: „Method X not supported by object Y“). Unter keinen Umständen wird aber willkürlich auf Daten zugegriffen: Die Zugriffsintegrität der Daten ist gewährleistet. Zweitens wird durch die Trennung der Pflichten — der Kunde fordert einen Dienst an, das Objekt leistet den Dienst — die Wartung entscheidend erleichtert. Bei unveränderter Beschreibung des Dienstes aus der Sicht des Kunden kann die Implementierung den Kundenforderungen und dem Technikstand angepaßt werden: Der Kunde bemerkt Änderungen nur in der Wirkung der Dienstleistung, nicht aber im Procedere der Anfrage.

K4: Objekte sind gekapselt. Die ersten drei Konzepte legen die Vorstellung von einer Objekt*kapsel* nahe: Aus der Sicht des Kunden sind Objektdaten nicht direkt zugänglich. Nur über eine Dienstleistung kann sich der Kunde oder ein Objekt Zugang zu den Daten verschaffen. Zum einen sichert die Kapsel die Einhaltung der Integritätsbedingungen, verankert in der Spezifikation der zulässigen Dienste.

Zum anderen schützt die Kapsel den Anwender vor Veränderungen im Umgang mit einem Objekt, dessen Implementierung verändert wurde.

K5: Anfragen identifizieren Operationen. Wird eine Dienstleistung gefordert, so zeigt der Kunde dies in geeigneter Weise an. Wie die geforderte Operation anzusprechen, das heißt, wie die Anfrage zu formulieren ist, legt die Benutzungsschnittstelle fest: auf grafischen Oberflächen durch Anklicken der Piktogramme und Menüpositionen oder durch Überlappen selektierter Grafikobjekte mit dem Drucker- oder Papierkorb-Piktogramm. In Programmiersprachen äußert der Kunde seine Anfrage im allgemeinen durch eine Ada-ähnliche Punktnotation: „Klassenbezeichner.Operationsbezeichner".

K6: Anfragen können Objekte identifizieren. Eine Anfrage kann Parameter mitführen, und eine Dienstleistung kann ein oder mehrere Ergebnisse liefern. Parameter und Ergebnisse können sich auf Objekte beziehen. Der Bezug ist *direkt* und *verläßlich*: Der Objektbezug ist direkt in dem Sinne, daß die Anfrage das Objekt nennt, ohne es zu beschreiben. In der Regel geschieht dies durch einen ausgezeichneten Parameter. Der Objektbezug ist verläßlich in dem Sinne, daß auch wiederholte gleichlautende Anfragen immer dasselbe Objekt identifizieren. In der nicht objektorientierten Datenbanktechnik ist dies durchaus keine Selbstverständlichkeit: Hier wird ein Objekt über eine Abfrage (*query*) gewisser Attributwerte identifiziert. Eine Identifizierung über den Objektzustand muß aber scheitern, wenn zwei Objekte mit gleichen Zustandsvariablen, die als Schlüssel für die Identifizierung dienen, zum Zeitpunkt der Abfrage gleiche Werte aufweisen. Um das Manko der *deskriptiven* Identifizierung zu umgehen, wird ein zustandsunabhängiger und eindeutiger *Objektverweis* (englisch: *reference*) eingeführt. Neben dem Vorteil der verläßlichen Objektidentifizierung ist ein Objektverweis (technisch gesehen handelt es sich um eine Zeigervariable) im Laufzeitverhalten effizienter als die deskriptive Abfrage über gewisse Attributwerte des gesamten Objektbestands.

K7: Neue Objekte können erzeugt werden. Ein Kunde kann die Erzeugung von Objekten fordern, die sich von existierenden eindeutig unterscheiden. In interaktiven Mehrbenutzer-Umgebungen ist also ein einzelner Benutzer nicht darauf angewiesen, sich Objekte mit anderen zu teilen. Werden neue Objekte auf Anfrage angelegt, so liegt es in der Verantwortung des Systems, eindeutige Unterscheidungsmerkmale zu vergeben. Beispiel: Im Desktop-Publishing werden neue Dokumente im allgemeinen durch Duplizieren des entsprechenden Piktogramms erzeugt. Für den Anwender visuell nur unterscheidbar, wenn er sich die Position des Piktogramms merkt, stellt das System intern die Identifizierbarkeit sicher: Der Kunde muß keine eindeutigen Dokumentennamen vergeben.

K8: Operationen können generisch sein. Ein Dienst kann unterschiedlich ausgeführt werden: Mit der Anforderung durch den Kunden wird eine Operation identifiziert, die unterschiedlich codiert sein kann. Operationen mit mehreren Verhaltensoptionen heißen *generisch*. Die Optionen beziehen sich auf Implementierungen mit einer gemeinsamen Bedeutung: beispielsweise akzeptiert die Operation „addiere", wenn generisch implementiert, beliebige alpha-numerische Summanden, wie reelle und komplexe Zahlen oder einzelne Zeichen und Zeichenketten. Die Code-Auswahl, *Binden* genannt, orientiert sich an den Objekten, die als Argumente oder Parameter in der Anfrage auftreten. Im allgemeinen setzt die Bindung zum Zeitpunkt der Anfrage ein: *dynamisches Binden*. Sind die Faktoren für die Code-Auswahl vor der Ausführung (Laufzeit) der generischen Operation bekannt, so kann bereits zur Übersetzungszeit gebunden werden: *statisches Binden*. Das hilft, Laufzeitfehler durch nicht verfügbare Implementierungen zu vermeiden.

Die Vorteile generischer Operationen sind vielfach: zum einen werden Dienstleistungen transparent gehalten: Für den Kunden haben verschiedene Implementierungen beobachtbar gleiche Wirkungen. Im Beispiel „addiere" ist die beobachtbare Wirkung die Summe. An welchem Code die Summanden gebunden wurden, ist für den Kunden unbedeutend, aus seiner Sicht transparent. Zum anderen lassen sich Benutzungsschnittstellen mit Hilfe generischer Operationen konzeptionell verallgemeinern: Unabhängig von der Art der Schnittstellenobjekte gelten die gleichen Funktionstasten oder Piktogramme. Ein schon bekanntes Beispiel hierfür: Auf grafischen DTP-Oberflächen ist das Drucker-Piktogramm generisch: Beliebige Dokumente, ob im ASCII- oder PostScript-Format, werden durch einfaches optisches Überlappen ausgedruckt. Den geeigneten Druckertreiber wählt das System automatisch aus. Die Information hierfür liefert das überlappende Piktogramm des zu druckenden Dokuments.

K9: Objekte lassen sich gemäß ihrer Dienste klassifizieren. Die Dienste, assoziiert mit einem Objekt, können als „Schnittstelle" zwischen einem Kunden und dem Objekt aufgefaßt werden. Die Schnittstelle beschreibt die Menge aller möglichen Dienste, die der Kunde anfordern kann. Dabei tritt das Objekt als Parameter in der Anfrage auf. Die Spezifikation der Schnittstelle kann mehreres umfassen: (a) Angaben über die zulässigen Werte weiterer Parameter in der Anfrage, (b) Angaben über die erzielbaren Ergebnisse der Anfrage und (c) Angaben über die Wirkungskette, ausgelöst durch die Anfrage. Objekte sind also durch ihre Dienste klassifizierbar oder, anders ausgedrückt, durch die Schnittstellen, die sie unterstützen.

Die damit verbundenen Vorteile sind wieder vielfach: Die Klassifizierbarkeit erleichtert das Ordnen der Objekte aufgrund ihres Verhaltens. Die Verhaltensbeschreibung der Schnittstelle erlaubt Typ-Prüfungen bereits während der Übersetzung, vermeidet also Laufzeitfehler im voraus. DTP-Beispiel: Menü-Optionen, die auf ein ausgewähltes Objekt nicht anwendbar sind, da nicht sinnvoll oder implementiert, sind von den aktivierbaren Optionen optisch unterschieden (durch Schattierungen oder blasse Schrift). Objekte können auch die Dienste anderer Objekte in Anspruch nehmen: Dies führt auf eine *hierarchische* Klassifikation der Schnittstellen. Eine Schnittstellen-Hierarchie stellt zugleich eine Typ-Hierarchie dar, die beispielsweise die zulässigen Werte aller Parameter in der ursprünglichen Anfrage beschreibt. Konzeptionell steht die Schnittstellen-Hierarchie für die Möglichkeit des Kunden, mit nur einer Anfrage, die auf eine generische Operation zielt, verschiedene Objekte und deren Dienste implizit anzusprechen.

K10: Objekte können eine gemeinsame Implementierung haben. Die Gemeinsamkeit der Implementierung liegt zum einen in der Datenstruktur, in der sich die Datenabstraktion spiegelt, und zum anderen im Code für die Ausführung der Objektdienste. Bestimmte Mechanismen gestatten mehreren Objekten die Teilhabe an einer gemeinsamen Implementierung. Ein partizipierendes Objekt stellt ein *Exemplar* (englisch: *instance*) der gemeinsamen Implementierung dar. Die Vorteile sind offensichtlich wirtschaftlicher Art: Die Mehrfachnutzung reduziert den Wartungsaufwand. Veränderungen müssen nicht mehr manuell in allen Exemplaren nachgezogen werden. Der Aufwand ist also lokal begrenzt.

K11: Objekte können sich Implementierungen teilen. Im allgemeinen ist keine vollständige Teilhabe an einer Implementierung erwünscht, da sich das Verhalten der partizipierenden Objekte zwar ähnelt, aber unterscheidet. Differenzierungen werden durch die *partielle Vererbung* unterstützt. Diese ist in ihrem Ableitungsverhalten flexibel genug, um das „Erbgut“ für den individuellen Bedarf der „erbenden“ Objekte verfeinern oder erweitern zu können. Der Mechanismus der *Delegation* leistet Vergleichbares mit dem Unterschied, daß er erst zur Laufzeit der Anwendung aktiv ist: Ein Objekt kann eine Anfrage an andere Objekte delegieren, die dann Teildienste in seinem Auftrag ausführen. Da die Delegation, veranlaßt durch die ursprüngliche Anfrage, alle Parameter mitführt, können die nachgeordneten Dienstleister weitere Dienste anderer Zulieferer anfordern. Auf diese Weise lassen sich komplexe Wirkungsketten aufbauen, die räumlich verteilte Ressourcen nutzen. Die partielle Wiederverwendung kommt besonders zum Tragen, wenn das Verhalten assoziierter Objekte vorgegebenen Konsistenzbedingungen genügen soll: Statt globale und damit umfängliche Konsistenzregeln an einem Ort abzulegen und nur von einer Instanz, dem Integritätsmonitor, überwachen zu lassen, sind dezentralisierte und arbeitsteilige Lösungen möglich.

Neben den elf Kernkonzepten, die insgesamt das Gemeinsame objektorientierter Anwendungen erfassen, hat gerade die objektorientierte *Datenbanktechnik* eine Reihe weiterer hervorgebracht: *Aktive Objekte*, die spontan, also ohne Kundenaufforderung, Berechnungen ausführen und in nebenläufigen Anwendungen Bedeutung haben. Oder *zusammengesetzte Objekte*, deren Bindungen eine eigene operative Semantik tragen: gemeinsames Löschen der gebundenen Objekte zum Beispiel. Auf diese derzeit noch vereinzelten Konzepte gehen wir hier nicht ein. Zukünftige Betrachtungen zum Stand der Objekttechnik werden sie indes berücksichtigen müssen.

Schlüsselbegriffe

Objektbezogene Begriffe und Definitionen gibt es viele und mit der Verbreitung der Objekttechnik kommen weitere hinzu. Nach den verallgemeinerten Konzepten folgen nun die verallgemeinerten Begriffe, die sich auf diese Konzepte beziehen: Tabelle A.3. Ihnen gegenübergestellt wurden solche, die in etwa die gleiche Bedeutung tragen. Verschiedene Begriffe stehen häufig für dasselbe Konzept und umgekehrt meint derselbe Begriff manchmal verschiedene Konzepte. Einige Begriffe sind derart vieldeutig, daß sie zu Mißverständnissen einladen. Ein Beispiel: *Kapselung* hat zur Zeit drei Bedeutungen: (a) Erzwingen von Abstraktionsbarrieren, (b) Integration fremder Komponenten in ein System und (c) autorisierbarer Objektzugriff. Die empfohlenen Begriffe hierfür sind *Kapselung, Einbettung* und *Schutz*.

Die vorgeschlagenen Begriffe lassen sich gemäß ihren Bezügen gruppieren: Begriffe bezogen auf eine Abstraktion, Begriffe bezogen auf eine Anforderung und Begriffe bezogen auf die Ausführung von Diensten. Wir wollen nun ihre Definitionen erläutern. Dabei wird es teilweise zu Überschneidungen mit dem zuvor Gesagten kommen, da Konzept und Begriff mitunter namensgleich sind.

B1: Objekt: Ein Objekt ist eine identifizierbare Einheit. Es spielt eine für den Kunden sichtbare Rolle bei der Bereitstellung eines Dienstes: entweder als Parameter, übergeben vom anfordernden Kunden, oder als Ergebnis, übergeben an den Kunden als Teil der Dienstleistung. Ein Objekt verkörpert nach außen, also für den Kunden, eine Abstraktion, die sich im Verhalten auf gewisse Anfragen äußert. Dienste haben direkten Zugriff auf die Objektdaten und können über sie den Objektzustand manipulieren. Die Beschreibung der Dienste ist unabhängig von der Datenstruktur eines Objekts und den Algorithmen, die auf der Datenstruktur operieren. Ein bestimmtes Objektverhalten kann mehrere Implementierungen aufweisen. Ein identifizierter Dienst heißt *Operation*.

Bezug	*allgemeiner Begriff*		*verwandte Begriffe*
Abstraktion	**B1:**	Objekt	Exemplar, Entität, Ausprägung
	B2:	gekapseltes Objekt	Information hiding, Geheimnisprinzip
	B3:	eingebettetes Objekt	gekapseltes Werkzeug, Fremdfunktion
	B4:	geschütztes Objekt	Zugriffskontrolle
Dienst anfordern	**B5:**	Objektverweis	Objektname, Objektkennung, handle
	B6:	Anfrage	Nachricht, Methodenaufruf, Funktionsaufruf
	B7:	generische Operation	message selector, Nachricht, generische Funktion, überladene Funktion, virtual member function (C++), deferred routine (Eiffel), Polymorphie, dynamisches Binden
	B8:	Schnittstelle	Protokoll, Typ, abstrakte Klasse, virtuelle Klasse, Signatur
	B9:	Schnittstellen-Hierarchie	Vererbung, Spezifikation, Typ-Hierarchie, Klassen-Hierarchie, subtyping
	B10:	Typ	Klasse
	B11:	Subtyp	Unterklasse, abgeleitete Klasse
	B12:	dynamisches Binden	spätes Binden
	B13:	statisches Binden	frühes Binden
Dienst ausführen	**B14:**	Objekt-Implementierung	Klasse, Typ, Schablone, Server
	B15:	Zustandsvariable	Objektvariable, data member (C++), Attribut (Eiffel), Slot (Clos)
	B16:	Methode	member function (C++), routine (Eiffel)
	B17:	Implementierungs-Vererbung	Ableitung, subclassing, prefixing

Tabelle A.3: Objektbegriffe im Überblick

B2: Gekapseltes Objekt: Ein Objekt heißt gekapselt, wenn der Objektzugriff nur über eine Dienstanfrage möglich ist.

B3: Eingebettetes Objekt: Ein Objekt heißt eingebettet, wenn es zuvor lediglich eine Datenstruktur oder einen Prozess darstellte (wie groß auch immer) und erst durch „Verpacken" mit Schnittstellen-Code zum Objekt wurde (*wrapping*). Die „Erblasten" alter Software-Investitionen, *legacy software* genannt, entwickelt nach dem funktionalen Verfahren der Dekomposition*, können durch das nachträgliche Einbetten in objektbasierten Anwendungen gemindert werden: Das Wrapping ganzer Softwaresysteme schützt die gewaltigen Investitionen in konventionellen Programmen und ebnet den evolutionären, wirtschaftlichen Übergang zur Objekttechnik [Dietrich *et al.*, 1989].

B4: Geschütztes Objekt: Ein geschütztes Objekt verweigert die Dienstleistung, wenn der Kunde hierfür nicht autorisiert ist.

B5: Objektverweis: Ein Objektverweis identifiziert verläßlich ein einzelnes Objekt.

B6: Anfrage: Eine Anfrage ist die Aktion eines Kunden mit dem Ziel einer Dienstleistung. Die Anfrage identifiziert eine Operation, die den angeforderten Dienst kenntlich macht, und enthält optional Parameter, um Objekte zu identifizieren. Die Anfrage selbst bestimmt nicht die Ausführung der Dienstleistung. Dem Bindungsprozeß obliegt die Aufgabe, den tatsächlichen Code und die Daten auszuwählen, auf die der Code zugreifen soll. Der Ausgang einer bedienten Anfrage ist entweder ein sinnvolles Objektverhalten oder aber eine Statusinformation über das eingetretene Fehlverhalten.

B7: Generische Operation: Generisch heißt eine Operation, wenn sie anbindbar ist an verschiedene Implementierungen für verschiedene Objekte mit beobachtbar verschiedenem Verhalten. Für den Kunden, der mit seiner Anfrage eine generische Operation anspricht, ist die Auswahl der Implementierungen transparent.

B8: Schnittstelle: Eine Schnittstelle umfaßt die ausführbaren Dienste eines Objekts. In der Schnittstelle können der Typ eines formalen Parameters festgelegt und das Über-alles-Verhalten der Anfrage beschrieben sein.

B9: Schnittstellen-Hierarchie: Sie geht aus einer Klassifikation der Schnittstellen und damit der Objekte hervor, die diesen Schnittstellen genügen. Genügt ein Objekt der Schnittstelle auf einer hierarchisch niedrigeren Ebene, so auch den Schnittsellen auf den hierarchisch höheren: Objekte einer Schnittstellen-Hierarchie sind also schnittstellen*konform* von unten nach oben.

B10: Typ: Ein Typ ist eine identifizierbare Einheit mit einem zugehörigen Prädikat, definiert über die Werte des Typs. Ein Wert genügt seinem Typ, wenn das Prädikat wahr ist für diesen Wert. In diesem Fall wird der Wert als Mitglied (*member*) des Typs bezeichnet. In einer typisierten objektorientierten Sprache beschränkt der Typ wertemäßig die zulässigen Parameter einer Anfrage und kennzeichnet die möglichen Ergebniswerte. Ein *Objekttyp* hat als Mitglieder ausschließlich Objektverweise.

B11: Subtyp: Mitglieder eines Subtyps sind zugleich auch Mitglieder des zugehörigen Supertyps (vergleiche mit dem Begriff „Transitivität der Inklusion“ in

Abschnitt 4.1.1). In Systemen, deren Schnittstellen typisiert sind, ist die Schnittstellenkonformität ein Beispiel für eine Subtyp-Supertyp-Beziehung.

B12: Dynamisches Binden: Dynamisches Binden geschieht zum Zeitpunkt der Anforderung eines Dienstes, also zur Laufzeit der Anwendung.

B13: Statisches Binden: Statisches Binden dagegen geschieht früher: während der Übersetzung wird der Code für die angeforderte Dienstleistung ausgewählt und gebunden. Systeme, die statisches Binden unterstützen, bieten die Möglichkeit der Laufzeit-Optimierung und der frühen Fehlererkennung, allerdings auf Kosten von Flexibilität und Erweiterbarkeit.

B14: Objekt-Implementierung: Eine Objekt-Implementierung ist die ausführbare Beschreibung für die mit einem Objekt assoziierten Dienste. Datenstruktur und Datenzugriffe werden durch die Implementierung festgelegt. Mehrere Objekte können sich eine Implementierung teilen.

B15: Zustandsvariable: Die konkrete Datenstruktur eines Objekts verbirgt sich in seinen Zustandsvariablen. Sie sind ein Vehikel, um zeitlich variierendes Verhalten zu implementieren. Für den Kunden stellen sie keine direkt beobachtbare Objekteigenschaft dar.

B16: Methode: Eine Methode führt einen Dienst aus. Im allgemeinen verfügt ein Objekt über jeweils eine Methode für jede Operation, die es unterstützt. In den Objekt-Implementierungen werden Methoden gemeinsam mit den Zustandsvariablen definiert, deren Werte sie lesen oder schreiben.

B17: Implementierungs-Vererbung: Die Vererbung von Implementierungsteilen erlaubt die inkrementelle Implementierung neuer Objekte: Eine Objekt-Implementierung definiert sich so über die Implementierung existierender Objekte. Der Konstruktionsmechanismus der Vererbung kann eine gegebene Implementierung auf drei Arten erweitern: (a) durch die Deklaration neuer Datenstrukturen, (b) durch die Deklaration neuer Operationen und (c) durch Überladen existierender Operationen. Die Implementierungs-Vererbung läuft auf den gleichen Effekt hinaus wie das Kopieren und Ändern einer Textstelle — allerdings mit einem bedeutenden Unterschied: Jede Veränderung der ursprünglichen Textstelle wird im Erbfall direkt an die Kopien weitergegeben, während sie im *cut-paste-edit*-Prozeß manuell nachgezogen werden muß.

B

Die objektorientierte Methode am Beispiel

„Eratosthenes *von Kyrene, griechischer Universalgelehrter (Mathematiker, Astronom, Geograph und Dichter) in Alexandria, *276, †197(?) v. Chr.; bestimmte den Erdumfang aus den Sonnenhöhen an zwei Punkten des gleichen Meridians und die Schiefe der Ekliptik und fand ein Verfahren zur Auszählung der Primzahlen (Sieb des E.).*“

Bertelsmann-Lexikon, 1958

Anhand des klassischen Siebverfahrens zur Berechnung der Primzahlen demonstrieren wir die objektorientierte Entwurfsmethode. Wenn wir hier ein algorithmisches Problem als didaktisches Vehikel verwenden, obwohl der objektorientierte Ansatz primär auf datenintensive Anwendungen zielt, so der Kürze wegen: Das Beispiel wurde gewählt, weil es keine besonderen Kenntnisse der Anwendung voraussetzt und es intuitiv verständlich ist. Mit Hilfe dieser überschaubaren Entwurfsaufgabe wollen wir unsere These belegen, daß zwischen Problembewußtsein, -formulierung und -lösung keine kognitiv-semantischen Einbrüche auftreten, wenn nur das Objekt-Paradigma konsequent befolgt wird. Der objektorientierte Entwurfspfad — Analyse, Design, Programmierung und Datenhaltung: OOA-OOD-OOP-OODBMS — sei der Übersichtlichkeit halber auf die Programmierung verkürzt (die definierten Klassen und die erzeugte Primzahlenmenge ließe sich direkt in einer objektorientierten Datenhaltung ablegen).

B.1 Analyse

Siebverfahren gehen im wesentlichen von einer vorgegebenen Zahlenmenge aus, die nach bestimmten Kriterien der verbleibenden Zahlen ausgesiebt, das heißt auf die Zielmenge eingeschränkt wird. Das von Eratosthenes entwickelte Siebverfahren erlaubt auf einfache Weise, alle Primzahlen bis zu einer vorgebenen Schranke $n \in \mathcal{N}$ zu berechnen [Claus & Schwill, 1993]:

1. Man schreibe alle Zahlen von 1 bis n hin und streiche die Zahl 1 durch.
2. Sei i die kleinste noch nicht durchgestrichene und nicht eingerahmte Zahl. Man rahme i ein und streiche alle Vielfachen von i durch. (Die Vielfachen von i werden „ausgesiebt".)
3. Man wiederhole (2) solange, bis $i^2 > n$ ist.
4. Die eingerahmten und nicht durchgestrichenen Zahlen sind die Primzahlen von 1 bis n.

Wenn wir die Aufgabenstellung *objektorientiert*[1] nachempfinden, so können wir zunächst folgende Kategorien unterscheiden: (a) die Menge $\mathcal{N}$ der natürlichen Zahlen, (b) die gesuchte Untermenge der Primzahlen bis zur Schranke n und (c) eine Manipulationsklasse „Sieb" zum Aussieben bestimmter Elemente in $\mathcal{N}$. Die Klassen sind durch wohldefinierte Eigenschaften und verfügbare Operationen gekennzeichnet: die Menge $\mathcal{N}$ durch ihre „Natürlichkeit" (positive Ganzzahlen ausschließlich der Null) und die Untermenge von $\mathcal{N}$ durch ihre Eigenschaft, *prim*, das heißt nur durch sich selbst und durch Eins ganzzahlig teilbar zu sein. Die Sieb-Klasse weist dagegen nur operative Eigenschaften auf: Sieb-Objekte führen durch oder veranlassen, daß Elemente der Menge $\mathcal{N}$ nach vorgegebenen Kriterien selektiert, markiert oder entfernt werden. Dieser mengenorientierte Analyseansatz führt zwanglos und unmittelbar auf die Klassen und Objekte der Entwurfsphase und definiert zugleich die geforderten Interaktionen zwischen den Objekten.

B.2 Design

Interpretieren wir die Menge $\mathcal{N}$ als eine abstrakte Klasse *set_of_$\mathcal{N}$*, was nahe liegt, da die Menge der natürlichen Zahlen (abzählbar) unendlich und damit auch nicht erzeugbar ist, so stellt sich unsere Ausgangszahlenmenge („schreibe alle Zahlen von 1 bis n hin") als eine Unterklasse von *set_of_$\mathcal{N}$* dar: *subset_of_$\mathcal{N}$*. Die gesuchte Menge der Primzahlen bis n erhalten wir, indem wir die im Algorithmus von

[1] Eine intuitiv leicht zugängliche Methode nach Russel ABBOTT, die Klassen, Objekte und Interaktionen in einer Aufgabenstellung zu identifizieren, besteht darin, die informationstragenden Substantive und die aktionsführenden Verben in der umgangssprachlichen Aufgabenbeschreibung für die Klassifikation bzw. für das Kommunikationsmodell heranzuziehen [Abbott, 1987].

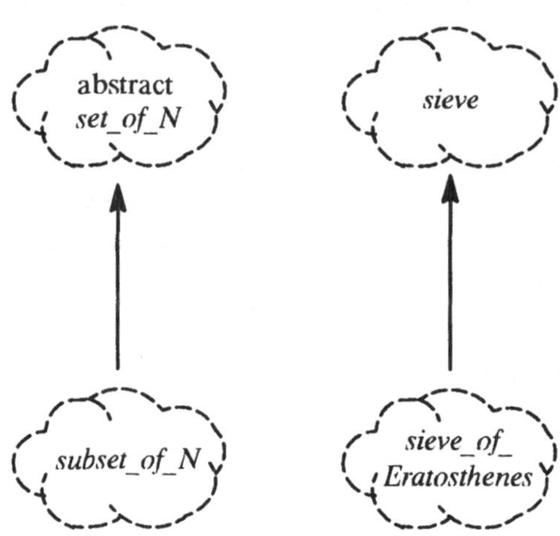

Bild B.1: Klassendiagramm zum Sieb des Eratosthenes

Eratosthenes genannten Schritte auf die Elemente von *subset_of_𝒩* iterativ anwenden. Das *sieve_of_Eratosthenes* bedeutet im Hinblick auf sein Siebkriterium („streiche alle Vielfachen") eine Spezialisierung der allgemeineren Klasse *sieve* (Klasse aller Siebverfahren). Diese Überlegungen und Entwurfsentscheidungen spiegeln sich im Klassen- und Objektdiagramm der Aufgabe wider (siehe Bilder B.1 und B.2).[2]

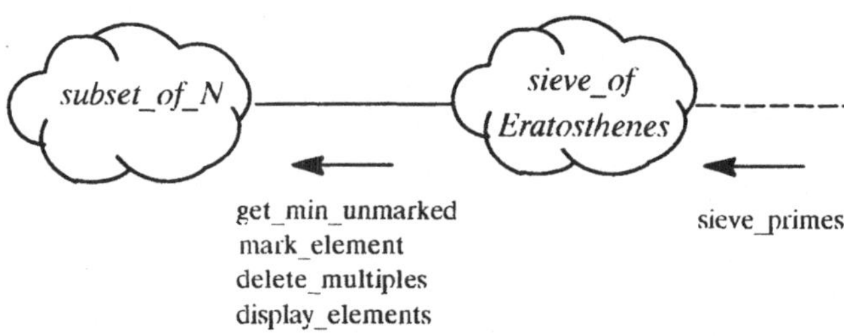

Bild B.2: Objektdiagramm zum Sieb des Eratosthenes

[2]Die graphische Notation ist an BOOCH angelehnt: *boochgrams*. Das Piktogramm für Klassen — „amorphous blob, some call it a *cloud*" [Booch, 1991, S. 158] — symbolisiert die Abstraktion. Die gestrichelte Umrandung soll daran erinnern, daß Kunden (*clients*) im allgemeinen nur auf den Objekten (durchgezogene Umrandung) einer Klasse operieren und nicht auf der Klasse selbst.

B.3 Programmierung

Die Darstellung der Klassen- und Objektstrukturen in einer objektorientierten Programmiersprache ist einfach und eindeutig. In der Sprache C++ [Stroustrup, 1986] implementiert, ergibt sich das unten aufgeführte Programm. Zunächst werden die Klassen deklariert: *subset_of_$\mathcal{N}$* und *sieve_of_Eratosthenes*. Die Ausführlichkeit der Klassendeklaration von *subset_of_$\mathcal{N}$* entfiele, wäre eine entsprechende *Container*-Klasse „SET" mit den geforderten Mengeneigenschaften und -operationen in einer Klassenbibliothek verfügbar.[3] Nach dem Prinzip des *Information hiding* blieben dann sowohl die Abbildung der konzeptionellen Datenstruktur auf den physikalischen Speicher des Rechners (zum Beispiel über lineare Listen oder binäre Bäume [Pape, 1976]) als auch die tatsächliche Implementierung der Klassenoperationen dem Anwender verborgen. Die hier gewählte Datenstruktur (ein *Array* strukturierter Elemente) und die Definition der Operationen zum Selektieren, Markieren und Löschen von Einzelelementen sind lokal in der Klassendeklaration eingebunden (Prinzip der Datenkapselung). Sie stellen Dienstleistungen dar, die der Anwender nur an der Klassenschnittstelle in ihrer Wirkung, nicht aber in ihrer Realisierung, kennt und nutzt.

Das eigentliche Programm — `main()` — fällt demgemäß auch sehr kurz aus: Zunächst wird ein Objekt der Klasse *sieve_of_Eratosthenes* erzeugt: *sieve_obj*, das daraufhin die Erzeugung eines Exemplars der Klasse *subset_of_$\mathcal{N}$* durch den Aufruf ihres Konstruktors veranlaßt: *subset_obj*. Damit liegt eine „Minimalpopulation" von zwei Objekten vor, an die der Entwurfsauftrag via Nachrichtenaustausch extern ergeht: *sieve_primes (n)* mit n als Übergabeparameter für die obere Schranke. Das Objekt *sieve_obj* sendet interne Nachrichten an das Objekt *subset_obj*, was schließlich dieses auf die Menge der gesuchten Primzahlen bis zur Schranke n reduziert.[4]

```
// Sieve of Eratosthenes

// some compiler directives: #include, #define

const int  ARRAY_SIZE = 10000;
```

[3]In der Tat müßte in diesem Fall lediglich die spezielle Sieboperation *delete_multiples* definiert werden. Die Programmierung reduzierte sich dann auf eine direkte Umsetzung des in Bild B.2 skizzierten Nachrichtenflusses auf den entsprechenden *message*-Ausdruck der Programmiersprache.

[4]Hinweis zur C++-Notation: Exemplarbildung durch „`<className> <objectName>`", Methodenaufruf durch „`<objectName>.<classMethod>`".

```
// ----------------- Declaration of Classes -----------------

class subset_of_N
{ private:
  struct element { BOOL  element_marked, element_deleted;
                   int   element_value;
                 };
  struct element  array [ARRAY_SIZE];
  int  barrier;  // actual size "n"
  int  index;    // current index
  public:
  subset_of_N (int n);  // constructor
  int   get_min_unmarked ();
  void  mark_element (int index);
  void  delete_multiples (int i);
  void  display_elements ();
};

class  sieve_of_Eratosthenes
{ public:
  sieve_of_Eratosthenes () {}  // constructor
  void  sieve_primes (int n);
};

// ------------- Definition of Class Operations -------------

subset_of_N::subset_of_N (int n)  // constructor
{ barrier = n;
  index   = 2;
  for (int j = 0; j <= barrier; j++)
  { array [j].element_marked  = FALSE;
    array [j].element_deleted = FALSE;
    array [j].element_value   = j;
  }
  // not a natural number:
  array [0].element_deleted = TRUE;
  // not a prime by definition:
  array [1].element_deleted = TRUE;
};

int  subset_of_N::get_min_unmarked ()
{ for (int  j = index; j <= barrier; j++)
  { if ( ! (array [j].element_deleted || array [j].element_marked) )
    { index = j;  // update index
      return (j);
    }
  }
};

void  subset_of_N::mark_element (int index)
```

```
{ array [index].element_marked = TRUE; };

void  subset_of_N::delete_multiples (int i)
{ int  multiple = i + i;
  while (multiple <= barrier)
  { array [multiple].element_deleted = TRUE;
    multiple = multiple + i;
  }
};

void  subset_of_N::display_elements ()
{ for (int  j = 0; j <= barrier; j++)
  { if ( ! array [j].element_deleted )
     { cout << array [j].element_value << "\n"; }
  }
};

void  sieve_of_Eratosthenes::sieve_primes (int n)
  // step (1):
{ subset_of_N  subset_obj (n);
  // step (3):
  while (subset_obj.get_min_unmarked () <= sqrt (n))
     // step (2):
  { int  i = subset_obj.get_min_unmarked ();
     subset_obj.mark_element (i);
     subset_obj.delete_multiples (i);
  }
  // step (4):
  subset_obj.display_elements ();
};

// --------------------- Main Program ---------------------

main()
{ sieve_of_Eratosthenes  sieve_obj;
  sieve_obj.sieve_primes (1000);
}
```

Verglichen mit der prozeduralen Pascal-Lösung (siehe nächste Seite), werden die Vorzüge einer objektorientierten Entwurfsmethode deutlich: Der algorithmischen Abbildung des Siebverfahrens auf verschachtelte Ablaufstrukturen und ungeschützte Datenstrukturen fehlt die intuitive Anschaulichkeit — trotz der syntaktischen Kürze des Programms. Aus dem Programm gehen Aufgabenstellung und Lösungsfindung nicht mehr eindeutig hervor. So sind die Einzelschritte des Algorithmus bei der prozeduralen Lösung ineinander verschachtelt; die prozedurale begin-end-Kaskade blockiert das Gesamtverständnis. Überdies läßt sich der Code nicht modularisieren; er ist damit auch nicht wiederverwendbar: Eine Erweiterung auf andere Siebverfahren ist ausgeschlossen. Anders die objektorientierte Zerlegung: Zum einen finden sich bei dieser Lösung die Metaphern aus der Analyse- und Entwurfsphase auch in der Implementierung wieder: *Objekte* als *Klassen*-Exemplare, die *Nachrichten* untereinander austauschen. Die kognitive Durchgängigkeit der Entwurfsphasen wird somit gewährleistet. Zum anderen lassen sich die Klassen *subset_of_$\mathcal{N}$* und *sieve_of_Eratosthenes* als Bausteine, undifferenzierten Zellen in der Biologie vergleichbar, für weitere Siebverfahren verwenden. Die in der sprachlichen Konstruktion *class* gekapselten Daten und Operationen sind ohne Nebenwirkungen lokal wartbar und erweiterbar.

```
program sieve_of_Eratosthenes(output);

const n = 1000;
var primes  : array [1..n] of boolean;
    i, j, k : integer;

begin
  for i := 1 to n do primes [i] := true;
  primes [1] := false;
  k := trunc (sqrt(n));
  for i := 2 to k do
  begin
    if primes [i] then
    begin
      j := i+i;
      while j <= n do
      begin
        primes [j] := false;
        j := j+i
      end
    end
  end;
  for i := 1 to n do
    if primes [i] then writeln (i)
end.
```

C

Verzeichnisse

Die Arbeit versteht sich im Sinne von Umberto Eco als eine *kompilatorische* Literaturstudie [Eco, 1990]. Folglich legitimiert sie sich durch den Nachweis der zitierten Quellen. Das Literaturverzeichnis belegt nur die Literaturstellen, auf die sich die Zitate und Verweise im Text beziehen: benutzte Literatur. Es sei besonders auf die umfangreiche klassifizierte Bibliographie in [Booch, 1991] hingewiesen, in der zu allen Aspekten der Objektorientierung weiterführende Literaturstellen zu finden sind: Klassifikation, OOA, OOD, OOP, OODBMS, Werkzeuge und Entwicklungsumgebungen, objektorientierte Anwendungen und Architekturen.

Da die Studie einen Abriß über den Konsens der Experten anstrebt, fügen wir ein Personenverzeichnis bei. Ein Glossar, eine Liste der Abkürzungen und ein Stichwortverzeichnis sollen den Zugang zum Text erleichtern.

Literaturverzeichnis

[Abbott, 1983] ABBOTT, Russel J.:
Program Design by Informal English.
In: Communications of the ACM, Jg. 26, H. 11, 1983, S. 882–894

[Abbott, 1987] ABBOTT, Russel J.:
Knowledge Abstraction.
In: Communications of the ACM, Jg. 30, H. 8, 1987, S. 664–671

[ACM, 1987] ACM TURING AWARD LECTURES:
The First Twenty Years: 1966–1985.
Addison-Wesley Publishing Company, Reading, Mass., 1987

[Agha, 1987] AGHA, Gul A.:
ACTORS: A Model of Concurrent Computation in Distributed Systems.
MIT Press, Cambridge, Mass., 1987

[Alagić, 1989] ALAGIĆ, Suad:
Object-Oriented Database Programming.
Springer-Verlag, New York, 1989

[Alexander, 1964] ALEXANDER, Christopher:
Notes on the Synthesis of Form.
Harvard University Press, Cambridge, MA, 1964

[Amkreutz, 1976] AMKREUTZ, J. H.:
Cybernetic Model of the Design Process.
In: Computer Aided Design, Jg. 8, H. 3, 1976, S. 187–192

[Ando & Simon, 1961] ANDO, Albert; SIMON, Herbert A.:
Aggregation of Variables in Dynamic Systems.
In: Econometrica, Jg. 29, 1961, S. 111–138

[Arnold *et al.*, 1991] ARNOLD, Patrick; BODOFF, Stephanie; COLEMAN, Derek; GILCHRIST, Helena; HAYES, Fiona:
An Evaluation of Five Object-Oriented Development Methods.
In: JOOP: Focus on Analysis & Design, Jg. 4, 1991, S. 107–121

[Athey, 1982] ATHEY, T. H.:
Systematical Systems Approach: An Integrated Method for Solving Systems Problems.
Prentice Hall, Eaglewood Cliffs, 1982

[Atwood, 1991] ATWOOD, T.:
Why the OMG Object Request Broker Should Mean Good News for Object Databases.
In: JOOP, Jg. 4, H. Juli/August, 1991, S. 8–11

[Balzer, 1985] BALZER, R.:
A 15-Year Perspective on Automatic Programming.
In: IEEE Transactions on Software Engineering, Jg. 11, H. 11, 1985, S. 1257–1267

[Barnes *et al.*, 1992] BARNES, Timothy; HARRISON, David; NEWTON, Richard; SPICKELMIER, Rick:
Electronic CAD Frameworks.
Kluwer Academic Publishers, Norwell, Mass., 1992

[Berard, 1991] BERARD, Edward V.:
Object-Oriented Requirements Analysis.
In: JOOP: Focus on Analysis & Design, Jg. 4, 1991, S. 150–152

[Berard, 1993] BERARD, Edward V.:
Essays on Object-Oriented Software Engineering.
Prentice Hall, New Jersey, 1993

[Bertalanffy, 1973] VON BERTALANFFY, Ludwig:
General System Theory: Foundations Development Applications.
Penguin University Books, London, 1973

[Bertelsmann-Lexikon, 1975] *Lexikothek: Das Bertelsmann Lexikon.*
Bertelsmann-Lexikon-Verlag, Gütersloh, 1975

[Bhat & Taku, 1990] BHAT, Jayaram; TAKU, Fumio:
Frameworks: EDA-Technologie für die 90er Jahre.
In: Elektronik, Jg. 39, H. 21, 1990, S. 88–94

[Biggerstaff & Perlis (Hrsg.), 1989] BIGGERSTAFF, Ted J.; PERLIS, Alan J. (Hrsg.):
Software Reusability: Concepts and Models.
Addison-Wesley Publishing Company, Reading, Mass., 1989

[Biggerstaff & Richter, 1989] BIGGERSTAFF, Ted J.; RICHTER, Charles:
Reusability Framework, Assessment, and Directions.
In: [Biggerstaff & Perlis (Hrsg.), 1989], S. 1–17

[Blaauw, 1972] BLAAUW, Gerrit A.:
Computer Architecture.
In: Elektronische Rechenanlagen, Jg. 14, H. 4, 1972, S. 154–159

[Blaha *et al.*, 1991] BLAHA, Michael; EDDY, Frederick; LORENSEN, William; PREMERLANI, William; RUMBAUGH, James:
Object-Oriented Modeling and Design.
Prentice Hall, New Jersey, 1991

[Blair *et al.*, 1989] BLAIR, Gordon S.; GALLAGHER, John J.; MALIK, Javad:
Genericity vs. Inheritance vs. Delegation vs. Conformance vs. ....
In: JOOP, Jg. 2, H. September/Oktober, 1989, S. 11–17

[Boehm, 1982] BOEHM, Barry W.:
Software Engineering Economics.
Prentice Hall, New Jersey, 1982

[Boehm, 1988] BOEHM, Barry W.:
A Spiral Model of Software Development and Enhancement.
In: Computer, Jg. 21, H. 5, 1988, S. 61–72

[Boehm & Scherlis, 1987] BOEHM, Barry W.; SCHERLIS, William L.:
Megaprogramming.
In: Proc. DARPA Software Technology Conference, 1987

[Booch, 1983] BOOCH, Grady:
Software Engineering with Ada.
The Benjamin/Cummings Publishing Company, Menlo Park, CA, 1983

[Booch, 1991] BOOCH, Grady:
Object Oriented Design with Applications.
The Benjamin/Cummings Publishing Company, Redwood City, 1991

[Booth, 1989] BOOTH, Paul A.:
An Introduction to Human-Computer Interaction.
Lawrence Erlbaum Associates, Hove, 1989

[Borgida *et al.*, 1984] BORGIDA, Alexander; MYLOPOULOS, John; WONG, Harry K. T.:
Generalization/Specialization as a Basis for Software Specification.
In: [Brodie *et al.* (Hrsg.), 1984], S. 87–117

[Brachman & Levesque (Hrsg.), 1985] BRACHMAN, Ronald J.; LEVESQUE, Hector J. (Hrsg.):
Readings in Knowledge Representation.
Morgan Kaufmann Publishers, San Mateo, CA, 1985

[Bråten, 1973] BRÅTEN, S.:
Model Monopoly and Communication.
In: Acta Sociologica, Jg. 16, H. 2, 1973

[Brockhaus-Enzyklopädie, 1990] F. A. Brockhaus, Mannheim, 19. Aufl., 1990

[Brodie *et al.* (Hrsg.), 1984] BRODIE, Michael L.; MYLOPOULOS, John; SCHMIDT, Joachim W. (Hrsg.):
On Conceptual Modelling.
Springer-Verlag, New York, 1984

[Bronstein, 1981] BRONSTEIN, Il'ja N.:
Taschenbuch der Mathematik.
Verlag Harri Deutsch, Thun und Frankfurt/Main, 21. Aufl., 1981

[Brooks, 1975] BROOKS, Frederick P.:
The Mythical Man-Month.
Addison-Wesley Publishing Company, Reading, Mass., 1975

[Brooks, 1987] BROOKS, Frederick P.:
No Silver Bullet: Essence and Accidents of Software Engineering.
In: Computer, Jg. 20, H. 4, 1987, S. 10–19

[Brügge, 1993] BRÜGGE, Peter:
Mythos aus dem Computer: Über Ausbreitung und Mißbrauch der „Chaostheorie".
In: Spiegel, Jg. 47, H. 39, 1993, S. 156–164

[Bryant, 1991] BRYANT, Randal E.:
On the Complexity of VLSI Implementations and Graph Representations of Boolean Functions with Application to Integer Multiplication.
In: IEEE Transactions on Computers, Jg. 40, H. 2, 1991, S. 205–213

[Bunge, 1979] BUNGE, Mario:
Treatise on Basic Philosophy: Vol. 3: Ontology I: The Furniture of the World.
und *Vol. 4: Ontology II: A World of Systems.*
Reidel, Boston, 1979

[CACM, 1990] Themenheft:
Object-Oriented Design.
In: Communications of the ACM, Jg. 33, H. 9, 1990

[Capurro, 1990] CAPURRO, Rafael:
Ethik und Informatik: Die Herausforderung der Informatik für die praktische Philosophie.
In: Informatik-Spektrum, Jg. 13, 1990, S. 311–320

[Cardelli & Wegner, 1985] CARDELLI, Luca; WEGNER, Peter:
On Understanding Types, Data Abstraction, and Polymorphism.
In: ACM Computing Surveys, Jg. 17, H. 4, 1985, S. 471–522

[Champeaux & Faure, 1992] CHAMPEAUX, Dennis; FAURE, Penelope:
A Comparative Study of Object-Oriented Analysis methods.
In: JOOP, Jg. 5, H. März/April, 1992

[Chen, 1976] CHEN, Peter P.:
The Entity-Relationship Model: Toward a Unified View of Data.
In: ACM Transactions on Database Systems, Bd. 1, 1976, S. 9–36

[Claus, 1989] CLAUS, Volker:
Entwicklung von Informatik-Methoden.
In: Handbuch der Modernen Datenverarbeitung, Jg. 26, H. 150, 1989, S. 26–44

[Claus & Schwill, 1993] *Duden Informatik.*
Hrsg.: Lektorat des B.I.-Wissenschaftverlags unter Leitung von Hermann Engesser, bearbeitet von Volker Claus und Andreas Schwill, Mannheim, 2. Aufl., 1993

[Coad & Yourdon, 1991a] COAD, Peter; YOURDON, Edward:
Object-Oriented Analysis.
Prentice Hall, New Jersey, 1991

[Coad & Yourdon, 1991b] COAD, Peter; YOURDON, Edward:
Object-Oriented Design.
Prentice Hall, New Jersey, 1991

[Codd, 1979] CODD, Edgar F.:
Extending the Database Relational Model to Capture More Meaning.
In: ACM Transactions on Database Systems, Bd. 4, 1979, S. 397–434

[Computer, 1992] Themenheft:
Inheritance and Classification in Object-Oriented Computing.
In: Computer, Jg. 25, H. 10, 1992

[Conway, 1968] CONWAY, Melvin E.:
How Do Committees Invent?.
In: Datamation, Jg. ?, April 1968, S. 28–31

[Conway & Mead, 1980] CONWAY, Lynn; MEAD, Carver:
Introduction to VLSI Systems.
Addison-Wesley Publishing Company, Reading, Mass., 1980

[Cordes *et al.*, 1989] CORDES, R.; HOFMANN, M.; LANGENDÖRFER, H.:
Hypertext/Hypermedia.
In: Informatik-Spektrum, Jg. 12, H. 4, 1989, S. 218–220

[Courtois, 1977] COURTOIS, P.-J.:
Decomposability: Queueing and Computer System Applications.
Academic Press Inc., London, 1977

[Courtois, 1985] COURTOIS, P.-J.:
On Time and Space Decomposition of Complex Structures.
In: Communications of the ACM, Jg. 28, H. 6, 1985, S. 590–603

[Cox, 1984] COX, Brad J.:
Message/Object Programming: An Evolutionary Change in Programming Technology.
In: IEEE Software, Jg. 1, H. 1, 1984, S. 150–161

[Cox, 1987] COX, Brad J.:
Object-Oriented Programming: An Evolutionary Approach.
Addison-Wesley Publishing Company, Reading, Mass., 1987

[Dahl *et al.*, 1972] DAHL, Ole-Johan; DIJKSTRA, Edsger W.; HOARE, C. A. R.:
Structured Programming.
Academic Press Inc., New York, 1972

[Dahl & Nygaard, 1966] DAHL, Ole-Johan; NYGAARD, Kristen:
SIMULA: An Algol-based Simulation Language.
In: Communications of the ACM, Jg. 9, H. 9, 1966, S. 671–681

[Danforth & Tomlinson, 1988] DANFORTH, Scott; TOMLINSON, Chris:
Type Theories and Object-Oriented Programming.
In: ACM Computing Surveys, Jg. 20, H. 1, 1988, S. 29–72

[Daniell, 1989] DANIELL, James Donald:
An Object Oriented Approach to CAD Tool Control.
Dissertation, Carnegie Mellon University, Pittsburgh, 1989

[DeMarco, 1978] DEMARCO, Tom:
Structured Analysis and System Specification.
Yourdon Press, Prentice Hall, New Jersey, 1978

[DeRemer & Kron, 1976] DEREMER, Frank: KRON, Hans H.:
Programming-in-the-Large versus Programming-in-the Small.
In: IEEE Transactions on Software Engineering, Jg. 2, H. 2, 1976, S. 80–86

[Dietrich *et al.*, 1989] DIETRICH, W. C.; NACKMAN, L. R.; GRACER, F.:
Saving a Legacy with Objects.
In: Proc. of OOPSLA '89, Hrsg.: Meyrowitz, N., Addison-Wesley Publishing Company, Reading, Mass., 1989

[Dijkstra, 1965] DIJKSTRA, Edsger W.:
Programming Considered as a Human Activity.
In: Proc. of the IFIP Congress, Amsterdam, 1965, S. 213–217

[Dijkstra, 1968] DIJKSTRA, Edsger W.:
Go To Statement Considered Harmful.
In: Communications of the ACM, Jg. 11, H. 3, 1968, S. 147–148

[Dillon & Tan, 1993] DILLON, Tharam; TAN, Poh Lee:
Object-Oriented Conceptual Modeling.
Prentice Hall, Sidney, 1993

[Dittrich, 1989] DITTRICH, Klaus R.:
Objektorientierte Datenbanksysteme.
In: Informatik-Spektrum, Jg. 12, H. 4, 1989, S. 215–218

[Dörner, 1976] DÖRNER, Dietrich:
Problemlösen als Informationsverarbeitung.
Kohlhammer-Verlag, Stuttgart, 1976

[Dreyfus & Dreyfus, 1987] DREYFUS, Hubert L.; DREYFUS, Stuart E.:
Künstliche Intelligenz: Von den Grenzen der Denkmaschne und dem Wert der Intuition.
Rowohlt-Verlag, Reinbek, 1987

[D'Souza, 1993a] D'SOUZA, Desmond:
Starting at the Top.
In: JOOP, Jg. 5, H. 8, Januar 1993, S. 12–16

[D'Souza, 1993b] D'SOUZA, Desmond:
An Educated Look at Education.
In: JOOP, Jg. 6, H. 1, März/April 1993, S. 40–46

[Duden, 1970] *Duden: Stilwörterbuch der deutschen Sprache.*
Hrsg.: Wissenschaftlicher Rat der Dudenredaktion, Mannheim, 6. Aufl., 1970

[Eco, 1990] ECO, Umberto:
Wie man eine wissenschaftliche Abschlußarbeit schreibt: Doktor-, Diplom- und Magisterarbeit in den Geistes- und Sozialwissenschaften.
UTB für Wissenschaft, Uni-Taschenbücher 1512, Heidelberg, 3. Aufl., 1990

[Ege, 1991] EGE, R. K.:
Improving Object-oriented User Interfaces with Constraints.
In: Information and Software Technology, Bd. 33, H. 2, 1991, S. 143–150

[Encarnação & Lockemann, 1990] ENCARNAÇÃO, José L.; LOCKEMANN, Peter C.:
Engineering Databases: Connecting Islands of Automation Through Databases.
Springer-Verlag, Berlin Heidelberg, 1990

[Encyclopædia Britannica, 1986] 15. Aufl., 1986

[Endres, 1988] ENDRES, Albert:
Software-Wiederverwendung: Ziele, Wege und Erfahrungen.
In: Informatik-Spektrum, Jg. 11, 1988, S. 85–95

[Endres & Uhl, 1992] ENDRES, Albert; UHL, Jürgen:
Objektorientierte Software-Entwicklung: Eine Herausforderung für die Projektführung.
In: Informatik-Spektrum, Jg. 15, 1992, S. 255–263

[Festinger, 1966] FESTINGER, Leon:
A Theory of Cognitive Dissonance.
Stanford University Press, Stanford CA, 1966

[Fiadeiro & Sernadas, 1991] FIADEIRO, José; SERNADAS, Cristina:
Towards Object-Oriented Conceptual Modeling.
In: Data & Knowledge Engineering, Jg. 6, 1991, S. 479–508

[Fischer, 1983] FISCHER, G.:
Wie intelligent können und sollen Computersysteme sein?
In: Intelligenztechnologie. Hrsg.: Giloi; Schulze-Vorberg, Teubner-Verlag, Stuttgart, 1983

[Flood, 1987] FLOOD, Robert L.:
Complexity: a Definition by Construction of a Conceptual Framework.
In: Systems Research, Jg. 4, H. 3, 1987, S. 177–185

[Flores & Winograd, 1986] FLORES, Fernando; WINOGRAD, Terry:
Understanding Computers and Cognition: A New Foundation for Design.
Ablex Publishing Corporation, Norwood, 1986

[Floyd, 1988] FLOYD, Christiane:
Outline of a Paradigm Change in Software Engineering.
In: SIGSOFT Software Engineering Notes, Jg. 13, H. 2, 1988, S. 25–38

[Floyd, 1994] FLOYD, Christiane:
Software-Engineering — und dann?.
In: Informatik-Spektrum, Jg. 17, 1994, S. 29–37

[Frank, 1992] FRANK, Ulrich:
Integrierte Informationssysteme: Konventionelle Modelle und Perspektiven objektorientierter Kommunikation.
In: Praxis der Informationsverarbeitung und Kommunikation, Jg. 15, H. 1, 1992, S. 29–35

[Freeman & Newell, 1971] FREEMAN, Paul; NEWELL, Allen:
A Model for Functional Reasoning in Design.
In: Proc. Second International Joint Conference on Artificial Intelligence, British Computer Society (Hrsg.), London, 1971, S. 621–640

[Gajski, 1988] GAJSKI, Daniel D.:
Silicon Compilation.
Addison-Wesley Publishing Company, Reading, Mass., 1988

[Gajski & Kuhn, 1983] GAJSKI, Daniel D.; KUHN, Robert H.:
Guest Editors' Introduction: New VLSI Tools.
In: Computer, Jg. 16, H. 12, 1983, S. 11–14

[Gardner, 1985] GARDNER, Howard:
The Mind's New Science: A History of the Cognitive Revolution.
Basic Books Inc., New York, 1985

[Gibbs *et al.*, 1990] GIBBS, Simon; TSICHRITZIS, Dennis; CASAIS, Eduardo; NIERSTRASZ, Oscar; PINTADO, Xavier:
Class Management für Software Communities.
In: Communications of the ACM, Jg. 33, H. 9, 1990, S. 90–103

[Goldberg, 1984] GOLDBERG, Adele:
Smalltalk-80: The Interactive Programming Environment.
Addison-Wesley Publishing Company, Reading, Mass., 1984

[Gombrich, 1978] GOMBRICH, Ernst H.:
Kunst und Illusion: Zur Psychologie der bildlichen Darstellung.
Belser-Verlag, Stuttgart, 1978

[Gordon, 1961] GORDON, W. J. J.:
Synectics.
Harper & Row, New York, 1961

[Gryczan & Züllighoven, 1992] GRYCZAN, Guido; ZÜLLIGHOVEN, Heinz:
Objektorientierte Systementwicklung: Leitbild und Entwicklungsdokumente.
In: Informatik-Spektrum, Jg. 15, 1992, S. 264–272

[Hailpern, 1986] HAILPERN, B.:
Multiparadigm Laguages and Environments.
In: IEEE Software, Jg. 3, H. 1, 1986, S. 6–13

[Harel, 1992] HAREL, David:
Biting the Silver Bullet: Toward a Brighter Future for System Development.
In: Computer, Jg. 25, H. 1, 1992, S. 8–20

[Henderson-Sellers, 1992] HENDERSON-SELLERS, Brian:
A Book of Object-Oriented Knowledge: Object-Oriented Analysis, Design and Implementation, a New Approach to Software Engineering.
Prentice Hall, New Jersey, 1992

[Herrig, 1982] HERRIG, Dieter:
Design Theory for CAD-Systems and CAD-Objects.
In: Proc. of IFIP WG 5.2 Working Conference on File Structures and Databases for CAD, North-Holland, 1982, S. 245–257

[Hoare, 1965] HOARE, C. A. R.:
Record Handling.
In: IEEE Algol Bulletin, Jg. 21, Nov. 1965, S. 39–69

[Horebeek & Lewi, 1989] VAN HOREBEEK, Ivo; LEWI, Johan:
Algebraic Specifications in Software Engineering.
Springer-Verlag, Berlin Heidelberg, 1989

[Horrowitz & Munsen, 1989] HORROWITZ, Ellis; MUNSEN, John B.:
An Expansive View of Reusable Software.
In: [Biggerstaff & Perlis (Hrsg.), 1989], S. 19–41

[Hübner, 1978] HÜBNER, Kurt:
Kritik der wissenschaftlichen Vernunft.
Verlag Karl Alber, Freiburg/München, 1978

[Informatik-Spektrum, 1992] Themenheft:
Projektmanagement für objektorientierte Software-Entwicklung.
In: Informatik-Spektrum, Jg. 15, S. 253–292, 1992

[Informatik-Spektrum, 1993] Themenheft:
Objektorientierte Datenbanksysteme.
In: Informatik-Spektrum, Jg. 16, S. 67–97, 1993

[Johnson *et al.*, 1992] JOHNSON, Ralph; LUCKHAM, David; PURTILO, James; SCHERLIS, William; WEGNER, Peter:
Object-Oriented Megaprogramming.
In: Proc. of OOPSLA '92, 1992, S. 392–396

[Johnson & Wirfs-Brock, 1990] JOHNSON, Ralph E.; WIRFS-BROCK, Rebecca J.:
Surveying Current Research in Object-Oriented Design.
In: Communications of the ACM, Jg. 33, H. 9, 1990, S. 104–124

[Jones, 1984] JONES, T. Capers:
Reusability in Programming: A Survey of the State of the Art.
In: IEEE Transactions on Software Engineering, Jg. 10, H. 5, 1984, S. 488–494

[Kandibur, 1992] KANDIBUR, Mila:
Victory is the Main Object in War.
In: Object Magazine, Jg. 2, H. 4, 1992, S. 28–30

[Kay, 1977] KAY, Alan C.:
Microelectronics and the Personal Computer.
In: Scientific American, Sept. 1977, S. 231–244

[Kay, 1993] KAY, Alan C.:
The Early History of Smalltalk.
In: SIGPLAN Notices, Jg. 28, H. 3, 1993, S. 69–95

[Kim & Lochovsky (Hrsg.), 1989] KIM, Won; LOCHOVSKY, Frederick H. (Hrsg.):
Object-Oriented Concepts, Databases, and Applications.
Addison-Wesley Publishing Company, Reading, Mass., 1989

[King, 1989] KING, Roger:
My Cat is Object-Oriented.
In: [Kim & Lochovsky (Hrsg.), 1989], S. 23–30

[Klingsheim, 1990] KLINGSHEIM, Karl:
VLSI Design Theory: Concurrent Decision Cycles in VLSI Systems Design.
Dissertation, Universität Trondheim, Norwegen, 1990

[Klir, 1985] KLIR, George J.:
Complexity: Some General Observations.
In: Systems Research, Jg. 2, H. 2, 1985, S. 131–140

[Knuth, 1973] KNUTH, Donald E.:
The Art of Computer Programming: Sorting and Searching.
Addison-Wesley Publishing Company, Reading, Mass., Bd. 3, 1973

[Knuth, 1974] KNUTH, Donald E.:
Computer Programming as an Art.
In: [ACM, 1987], S. 33–46

[Koepke, 1985] KOEPKE, David J.:
The Evolution of Software Design Ideas.
Master-of-Science-Arbeit, California State University, Northridge, 1985

[Koomen, 1985] KOOMEN, Cees J.:
The Entropy of Design: A Study on the Meaning of Creativity.
In: IEEE Transactions on Systems, Man, and Cybernetics, Jg. 15, H. 1, 1985, S. 16–30

[Korson & McGregor, 1990] KORSON, Tim; MCGREGOR, John D.:
Understanding Object-Oriented: A Unifying Paradigm.
In: Communications of the ACM, Jg. 33, H. 9, 1990, S. 41–60

[Kotz, 1989] KOTZ, Angelika M.:
Triggermechanismen in Datenbanksystemen.
Springer-Verlag, Berlin Heidelberg, Informatik-Fachberichte 201, 1989

[Kuhn, 1989] KUHN, Thomas S.:
Die Struktur wissenschaftlicher Revolutionen.
Suhrkamp-Verlag, 10. Aufl., 1989

[Küpfmüller, 1990] KÜPFMÜLLER, Karl:
Einführung in die Theoretische Elektrotechnik.
Springer-Verlag, Berlin, 13. Aufl., 1990

[Lang & Quibeldey-Cirkel (Hrsg.), 1992] LANG, Walter; QUIBELDEY-CIRKEL, Klaus (Hrsg.):
Reader OOKA: Objektorientierte Konzepte und Anwendungen.
Universität Siegen, 1992

[Lewis *et al.*, 1992] LEWIS, John A.; HENRY, Sallie M.; KAFURA, Dennis G.; SCHULMAN, Robert S.:
On the Relationship between the Object-Oriented Paradigm and Software Reuse: an Empirical Investigation.
In: JOOP, Jg. 5, H. 4, 1992, S. 35–41

[Lieberman, 1986] LIEBERMAN, Henry:
Using Prototypical Objects to Implement Shared Behavior in Object-Oriented Systems.
In: SIGPLAN Notices, Jg. 21, H. 9, 1986, S. 214–223

[Lindsay & Norman, 1972] LINDSAY, P. H.; NORMAN, Donald A.:
Human Information Processing.
Academic Press, New York, 1972

[Liskov & Zilles, 1974] LISKOV, Barbara; ZILLES, Stephen N.:
Programming with Abstract Data Types.
In: SIGPLAN Notices, Jg. 9, H. 4, 1974, S. 50–59

[Lockemann, 1986] LOCKEMANN, Peter C.:
Konsistenz, Konkurrenz, Persistenz — Grundbegriffe der Informatik?.
In: Informatik-Spektrum, Jg. 9, 1986, S. 300–305

[Love, 1993] LOVE, Tom:
Object Lessons: Lessons Learned in Object-Oriented Development Projects.
SIGS Books Inc., New York, 1993

[Luft, 1988] LUFT, Alfred Lothar:
Informatik als Technik-Wissenschaft: Eine Orientierungshilfe für das Informatik-Studium.
BI-Wissenschaftsverlag, Mannheim, 1988

[March & Umphress, 1991] MARCH, Steven G.; UMPHRESS, David A.:
Object-Oriented Requirements Determination.
In: JOOP: Focus on Analysis & Design, Jg. 4, 1991, S. 35–40

[McIlroy, 1969] McILROY, M. Doug:
Mass-Produced Software Components.
In: [Naur & Randell (Hrsg.), 1969], S. 138–155

[McLaren, 1992] McLAREN, Harris:
PDES/STEP: The Critical Manufacturing Industry Standard of the Nineties.
Digital Equipment Corporation, Electronics/Aerospace IBU, 1992

[Meersman & Sernadas (Hrsg.), 1988] MEERSMAN, R. A.; SERNADAS A. C. (Hrsg.):
Data and Knowledge.
In: Proc. of the Second IFIP 2.6 Working Conference on Database Semantics, Elsevier Science Publishers B. V. (North-Holland), Amsterdam, 1988

[Mellor & Shlaer, 1992] MELLOR, Stephen J.; SHLAER, Sally:
Object Lifecycles: Modeling the World in States.
Prentice Hall, New Jersey, 1992

[Mellor & Shlaer, 1993] MELLOR, Stephen J.; SHLAER, Sally:
A Deeper Look at the Transition from Analysis to Design.
In: JOOP, Jg. 6, H. 2, 1993, S. 16–21

[Meyer, 1988] MEYER, Bertrand:
Object-Oriented Software Construction.
Prentice Hall, New Jersey, 1988

[Meyer, 1990] MEYER, Bertrand:
The New Culture of Software Development.
In: JOOP, Jg. 3, H. Nov./Dez., 1990, S. 76–81

[Miller, 1956] MILLER, George A.:
The MagicalNumber Seven, Plus or Minus Two: Some Limits on Our Capacity for Processing Information.
In: The Psychological Review, Jg. 63, H. 2, 1956, S. 81–97

[Minsky, 1986] MINSKY, Marvin Lee:
The Society of Mind.
Simon and Schuster, New York, 1986

[Molzberger, 1984] MOLZBERGER, Peter:
Transcending the Basic Paradigm of Software Engineering.
Hochschule der Bundeswehr München, Bericht-Nr. 8405, 1984

[Monarchi & Puhr, 1992] MONARCHI, David E.; PUHR, Gretchen I.:
A Research Typology for Object-Oriented Analysis and Design.
In: Communications of the ACM, Jg. 35, H. 9, 1992, S. 35–47

[Moon, 1989] MOON, David A.:
The Common Lisp Object-Oriented Programming Language Standard.
In: [Kim & Lochovsky (Hrsg.), 1989], S. 49–78

[Moore, 1975] MOORE, Gordon E.:
Progress in Digital Integrated Electronics.
In: Proc. of the IEEE Int. Electron Devices Meeting, Talk 1.3, Washington DC, 1975

[Moran, 1981] MORAN, Thomas P.:
The Command Language Grammar: A Representation for the User Interface of Interactive Computer Systems.
In: International Journal of Man-Maschine Systems, Jg. 15, H. 1, 1981, S. 3–50

[Motro, 1989] MOTRO, Amihai:
Integrity = Validity + Completeness.
In: ACM Transactions on Database Systems, Jg. 14, H. 4, 1989, S. 480–502

[Müller, 1983] MÜLLER, Roland:
Zur Geschichte des Modelldenkens und des Modellbegriffs.
In: Modelle — Konstruktion der Wirklichkeit, Hrsg.: Stachowiak, Herbert, Wilhelm-Fink-Verlag, München, 1983, S. 17–86

[Naur & Randell (Hrsg.), 1969] NAUR, Peter; RANDELL, Brian (Hrsg.):
Software Engineering: Report on a Conference Sponsored by the NATO Science Committee.
NATO Scientific Affairs Division, Brüssel, 1969

[Newell & Simon, 1972] NEWELL, Allen; SIMON, Herbert A:
Human Problem Solving.
Prentice Hall, New York, 1972

[Newell & Simon, 1975] NEWELL, Allen; SIMON, Herbert A:
Computer Science as Empirical Inquiry: Symbols and Search.
In: [ACM, 1987], S. 287–313

[Norman, 1986] NORMAN, Donald A.:
Cognitive Engineering.
In: User-Centred System Design: New Perspectives on Human-Computer Interaction, Hrsg.: DRAPER, S.; NORMAN, D. A., Hillsdale, New Jersey, 1986

[Novak & Gowin, 1984] NOVAK, Joseph D.; GOWIN, D. Bob:
Learning How to Learn.
Cambridge University Press, Cambridge, MA, 1984

[Odell, 1991] ODELL, James:
Object-Oriented Analysis and Design.
In: JOOP: Focus on Analysis and Design, 1991, S. 74–84

[Odell, 1992] ODELL, James:
More Than a Programming Language: Object Concepts Provide a General Philosophy for System Development and Design.
In: Object Magazine, Jg. 2, H. 4, 1992, S. 47–49

[Pape, 1976] PAPE, Uwe:
Datenstrukturen für Mengen in Algorithmen auf Graphen.
In: Graphen, Algorithmen, Datenstrukturen, Hrsg.: Noltemeier, Hartmut, Hanser-Verlag, München Wien, 1976, S. 99–121

[Parker & Williams, 1979] PARKER, K. P.; WILLIAMS, T. W.:
Testing Logic Networks and Design for Testability.
In: Computer, Jg. 12, H. 10, 1979, S. 9–21

[Parkinson, 1966] Parkinson, C. Northcote:
Parkinsons Gesetz: und andere Untersuchungen über die Verwaltung.
Rowohlt-Verlag, Reinbek, 1966

[Parnas, 1972a] Parnas, David L.:
On the Criteria to be Used in Decomposing Systems into Modules.
In: Communications of the ACM, Jg. 15, H. 12, 1972, S. 1053–1058

[Parnas, 1972b] Parnas, David L.:
Information Distribution Aspects of Design Methodology.
In: Information Processing 71, North-Holland Publishing Company, 1972, S. 339–344

[Piaget, 1964] Piaget, Jean:
The Child's Conception of the World.
Routledge and Kegan Paul, London, 1964

[Popper, 1963] Popper, Karl R.:
Conjectures and Refutations.
London, 1963

[Quibeldey-Cirkel & Wojtkowiak, 1991] Quibeldey-Cirkel, Klaus; Wojtkowiak, Hans:
Modellierung des VLSI-Entwurfsprozesses: Rückschau und Ausblick.
In: Entwurf Integrierter Schaltungen, 5. E.I.S.-Workshop an der TU Dresden, Hrsg.: Kaesser, Augustin W., Gesellschaft für Mathematik und Datenverarbeitung, GMD-Studie Nr. 188, 1991, S. 23–34

[Quibeldey-Cirkel, 1993a] Quibeldey-Cirkel, Klaus:
Verbundprojekt DASSY: Datentransfer und Schnittstellen für offene integrierte VLSI-Entwurfssysteme.
BMFT-Forschungsbericht, Technische Informationsbibliothek, Hannover, 1993

[Quibeldey-Cirkel, 1993b] Quibeldey-Cirkel, Klaus:
CAD-Frameworks: Die Probleme jenseits der Entwurfswerkzeuge.
In: mikroelektronik, Jg. 7, H. 2, 1993, S. 72–76

[Quibeldey-Cirkel, 1993c] Quibeldey-Cirkel, Klaus:
CAD-Frameworks: Ergebnisse des DASSY-Projekts.
In: CAD-CAM Report, Jg. 12, H. 8, 1993, S. 16–23

[Quibeldey-Cirkel, 1994a] Quibeldey-Cirkel, Klaus:
Paradigmenwechsel im Software-Engineering: Auf dem Weg zu objektorientierten Weltmodellen.
In: Softwaretechnik-Trends, Jg. 14, H. 1, 1994

[Ramakrishnan, 1992] Ramakrishnan, Niranjan:
The Personalized Paradigm.
In: Object Magazine, Jg. 2, H. 4, 1992, S. 56–57

[Rammig, 1989] Rammig, Franz J.:
Systematischer Entwurf digitaler Systeme.
Teubner-Verlag, Stuttgart, 1989

[Rammig & Steinmüller, 1992] Rammig, Franz J.; Steinmüller, Bernd:
Frameworks und Entwurfsumgebungen.
In: Informatik-Spektrum, Jg. 15, 1992, S. 33–43

[Rechenberg, 1991] RECHENBERG, P.:
Übersetzungen von Informatik-Literatur bekümmert betrachtet.
In: Informatik-Spektrum, Jg. 14, 1991, S. 28–33

[Rentsch, 1982] RENTSCH, Tim:
Object-Oriented Programming.
In: SIGPLAN Notices, Jg. 17, H. 12, 1982

[Rösch, 1992] RÖSCH, Martin:
Durch Objektorientierung wird Client-Server bezahlbar.
In: Computerwoche, H. 29, 1992

[Rösch, 1993] RÖSCH, Martin:
Object Request Broker: Funktionsweise und erste Erfahrungen.
In: unix/mail, Jg. 11, H. 1, 1993, S. 18–21

[Ropohl, 1980] ROPOHL, Günter:
Modelle im Technikunterricht.
In: Modelle und Modelldenken im Unterricht: Anwendung der Allgemeinen Modelltheorie auf die Unterrichtspraxis, Hrsg.: Stachowiak, Herbert, Verlag Julius Klinkhardt, Bad Heilbrunn/Obb., 1980, S. 123–143

[Rosen, 1977] ROSEN, Robert:
Complexity as a System Property.
In: International Journal of General Systems, Jg. 3, 1977, S. 227–232

[Rumbaugh, 1993] RUMBAUGH, James:
Disinherited! Examples of Misuse of Inheritance.
In: JOOP, Jg. 5, H. 9, 1993, S. 22–24

[Scharenberg & Dunsmore, 1991] SCHARENBERG, M. E.; DUNSMORE, H. E.:
Evolution of Classes and Objects during Object-Oriented Design and Programming.
In: JOOP: Focus on Analysis & Design, Jg. 4, 1991, S. 14–17

[Schauber & Tauber (Hrsg.), 1982] SCHAUER, Helmut; TAUBER, Michael J. (Hrsg.):
Informatik und Psychologie.
Oldenbourg-Verlag, Wien München, 1982

[Schenk, 1990] SCHENK, Douglas:
EXPRESS Language Reference Manual.
McDonnell Aircraft Company, St. Louis, MO., 1990

[Schlageter & Stucky, 1983] SCHLAGETER, Gunter; STUCKY, Wolffried:
Datenbanksysteme: Konzepte und Modelle.
Teubner-Verlag, Stuttgart, 1983

[Schneider, 1988] SCHNEIDER, Wolf:
Deutsch für Kenner: Die neue Stilkunde.
Verlag Gruner + Jahr, Hamburg, 3. Aufl., 1988

[Schnupp, 1983] SCHNUPP, Peter:
Softwaretechnologie für den kommerziellen Anwender: Bringen die 80er Jahre einen Paradigmenwechsel?.
In: Psychologische Aspekte der Software-Entwicklung, Hrsg.: Schelle, H.; Molzberger, Peter, Oldenburg, München-Wien, 1983, S. 156–171

[Schönthaler & Németh, 1990] SCHÖNTHALER, Frank; NÉMETH, Tibor:
Software-Entwicklungswerkzeuge: Methodische Grundlagen.
Teubner-Verlag, Stuttgart, 1990

[Schulze, 1989] SCHULZE, Hans Herbert:
Computer Enzyklopädie: Lexikon und Fachwörterbuch für Datenverarbeitung und Telekommunikation.
Rowohlt-Verlag, Reinbek, 1989

[Seifart, 1988] SEIFART, Manfred:
Digitale Schaltungen.
Hüthig-Verlag, Heidelberg, 3. Aufl., 1988

[Séquin, 1983] SÉQUIN, Carlo H.:
Managing VLSI Complexity: An Outlook.
In: Proc. of the IEEE, Jg. 71, H. 1, 1983, S. 149–166

[Shannon & Weaver, 1949] SHANNON, Claude E.; WEAVER, Warren:
A Mathematical Theory of Communication.
University of Illinois Press, Urbana, 1949;
Deutsche Übersetzung von Dreßler, Helmut:
Mathematische Grundlagen der Informationstheorie.
Oldenbourg-Verlag, München, Wien, 1976

[Shapiro (Hrsg.), 1987] SHAPIRO, S. C. (Hrsg.):
Encyclopedia of Artificial Intelligence.
John Wiley & Sons, Chichester, England, 1987

[Shaw, 1984] SHAW, Mary:
Abstraction Techniques in Modern Programming Languages.
In: IEEE Software, Jg. 1, H. 4, 1984, S. 10–26

[Shneiderman, 1980] SHNEIDERMAN, B.:
Software Psychology.
Winthrop Publishers, Cambridge, Mass., 1980

[Siepmann, 1991] SIEPMANN, Ernst:
Entwurfstheorie und Entwurfsdatenmodellierung für CAD-Frameworks.
Dissertation, Universität Kaiserslautern, 1991

[Simon, 1962] SIMON, Herbert A.:
The Architecture of Complexity.
In: Proc. of The American Philosophical Society, Jg. 106, H. 6, 1962, S. 467–482;
Nachdruck in: General Systems, Jg. 10, 1965, S. 63–76

[Simon, 1976] SIMON, Herbert A.:
Administrative Behavior.
Macmillan, New York, 1976

[Simon, 1982] SIMON, Herbert A.:
The Sciences of the Artificial.
MIT Press, Cambridge, Mass., 2. Aufl., 1982

[Smith & Smith, 1977] SMITH, J. M.; SMITH, D. C. P.:
Database Abstractions: Aggregation and Generalization.
In: ACM Transactions on Database Systems, Jg. 2, H. 2, 1977, S. 105–113

[Snyder, 1986] SNYDER, Alan:
Encapsulation and Inheritance in Object-Oriented Programming Languages.
In: SIGPLAN Notices, Jg. 21, H. 9, 1986, S. 38–45

[Snyder, 1993] SNYDER, Alan:
The Essence of Objects: Concepts and Terms.
In: IEEE Software, Jg. 10, H. 1, 1993, S. 31–42

[Software, 1993] Themenheft:
Making O-O Work.
In: Software, Jg. 10, H. 1, 1993

[Soley (Hrsg.), 1992] OBJECT MANAGEMENT GROUP:
Common Object Request Broker Architecture and Specification.
Hrsg.: SOLEY, R., Framingham, Mass., 1992

[Sommerville, 1990] SOMMERVILLE, Ian:
Software Engineering.
Addison-Wesley Publishing Company, Reading, Mass., 1990

[Spinner, 1987] SPINNER, Helmut F.:
Problemlösungsprozesse.
Studienskript der FernUniversität Hagen, 1987

[Stein, 1987] STEIN, Lynn Andrea:
Delegation Is Inheritance.
In: SIGPLAN Notices, Jg. 22, H. 10, 1987, S. 138–146

[Stein *et al.*, 1989] STEIN, Lynn Andrea; LIEBERMAN, Henry; UNGAR, David:
A Shared View of Sharing: The Treaty of Orlando.
In: [Kim & Lochovsky (Hrsg.), 1989], S. 31–48

[Stein, 1993] STEIN, Wolfgang:
Objektorientierte Analysemethoden: ein Vergleich.
In: Informatik-Spektrum, Jg. 16, 1993, S. 317–332

[Stroustrup, 1986] STROUSTRUP, Bjarne:
The C++ Programming Language.
Addison-Wesley Publishing Company, Reading, Mass., 1986

[Switzer, 1994] SWITZER, Robert:
Eine schöne Aussicht.
In: Objekt-Spektrum, Jg. 1, H. 1, 1994, S. 57–60

[Taylor, 1992] TAYLOR, David A.:
Integrating the Enterprise through Object Modeling.
In: Object Magazine, Jg. 2, H. 4, 1992, S. 20–22

[Thiele, 1991] THIELE, Albert:
Überzeugend Präsentieren: Präsentationstechnik für Fach- und Führungskräfte.
VDI-Verlag, Düsseldorf, 1991

[Thompson, 1979] THOMPSON, C. D.:
Area-Time Complexity for VLSI.
In: Proc. of the 11th Annual ACM Symposium on the Theory of Computing, Atlanta, Ga, 1979, S. 81–88

[Touretzky, 1986] TOURETZKY, David S.:
The Mathematics of Inheritance Systems.
Morgan Kaufmann Publishers, Inc., Los Altos, CA, 1986

[Ullman, 1984] ULLMAN, Jeffrey D.:
Computational Aspects of VLSI.
Computer Science Press, Rockville, Maryland, 1984

[Ungar & Smith, 1987] UNGAR, David.; SMITH, R. B.:
Self: The Power of Simplicity.
In: SIGPLAN Notices, Jg. 22, H. 10, 1987, S. 227–242

[Walker, 1992] WALKER, Ian:
Requirements of an Object-Oriented Design Method.
In: Software Engineering Journal, März 1992, S. 102–113

[Wand, 1989a] WAND, Yair:
A Proposal for a Formal Model of Objects.
In: [Kim & Lochovsky (Hrsg.), 1989], S. 537–559

[Wand, 1989b] WAND, Yair:
An Ontological Foundation for Information Systems Design Theory.
In: Office Information Systems: The Design Process, Hrsg.: Pernici, B.; Verrijn-Stuart, A. A., Elsevier Science Publishers B. V. (North-Holland), IFIP, 1989, S. 201–221

[Wand & Weber, 1989] WAND, Yair; WEBER, Ron:
An Ontological Evaluation of Systems Analysis and Design Methods.
In: Information System Concepts: An In-Depth Analysis, Hrsg.: Falkenberg, E. D.; Lindgreen, P., Elsevier Science Publishers B. V. (North-Holland), Amsterdam, 1989, S. 79–107

[Weaver, 1948] WEAVER, Warren:
Science and Complexity.
In: American Scientist, Jg. 36, 1948, S. 536–544

[Wedekind, 1992] WEDEKIND, Hartmut:
Objektorientierte Schemaentwicklung: Ein kategorialer Ansatz für Datenbanken und Programmierung.
BI-Wissenschaftsverlag, Mannheim, 1992

[Wegner, 1986] WEGNER, Peter:
Classification in Object-Oriented Systems.
In: SIGPLAN Notices, Jg. 21, H. 10, 1986, S. 173–182

[Wegner, 1987] WEGNER, Peter:
Dimensions of Object-Based Language Design.
In: SIGPLAN Notices, Jg. 22, H. 10, 1987, S. 168–182

[Wegner, 1989] WEGNER, Peter:
Capital-intensive Software Technology.
In: [Biggerstaff & Perlis (Hrsg.), 1989], S. 43–97

[Weinberg, 1971] WEINBERG, Gerald M.:
The Psychology of Computer Programming.
Van Nostrand Reinhold Company, New York, 1971

[Weiser Friedman, 1992] WEISER FRIEDMAN, Linda:
From Babbage to Babel and Beyond: A Brief History of Programming Languages.
In: Computer Languages, Jg. 17, H. 1, 1992, S. 1–17

[Whitesitt, 1973] WHITESITT, J. Eldon:
Boolesche Algebra und ihre Anwendungen: Logik und Grundlagen der Mathematik.
Vieweg-Verlag, Braunschweig, 2. Aufl., 1973

[Whorf, 1974] WHORF, Benjamin Lee:
Language, Thought and Reality.
deutsche Übersetzung von KRAUSSER, Peter (Hrsg.):
Sprache, Denken, Wirklichkeit: Beiträge zur Metalinguistik und Sprachphilosophie/Benjamin Lee Whorf.
Rowohlt-Verlag, Reinbek, 1974

[Wiener, 1948] WIENER, Norbert:
Cybernetics: Or Control and Communication in the Animal and the Machine.
MIT Press, Cambridge, Mass., 1948

[Wiener *et al.*, 1990] WIENER, L.; WILKERSON, B.; WIRFS-BROCK, Rebecca J.:
Designing Object-Oriented Software.
Prentice Hall, New Jersey, 1990

[Wilkerson & Wirfs-Brock, 1989] WILKERSON, B.; WIRFS-BROCK, Rebecca J.:
A Responsibility-Driven Approach.
In: SIGPLAN Notices, Jg. 24, H. 10, 1989, S. 71–76

[Winblad *et al.*, 1990] WINBLAD, Ann L.; EDWARDS, Samuel D.; KING, David R.:
Object-Oriented Software.
Addison-Wesley Publishing Company, Reading, Mass., 1990

[Winograd, 1975] WINOGRAD, Terry:
Breaking the Complexity Barriere, Again.
In: SIGPLAN Notices, Jg. 10, H. 1, S. 13–30

[Wirth, 1971] WIRTH, Niklaus:
Program Development by Stepwise Refinement.
In: Communications of the ACM, Jg. 14, H. 4, 1971

[Wirth, 1983] WIRTH, Niklaus:
Algorithmen und Datenstrukturen.
Teubner-Verlag, Stuttgart, 1983

[Wirth, 1985] WIRTH, Niklaus:
Programming in Modula-2.
Springer-Verlag, Berlin Heidelberg, 1985

[Wittgenstein, 1973] WITTGENSTEIN, Ludwig:
Tractatus logico-philosophicus: Logisch-philosophische Abhandlungen.
Suhrkamp-Verlag, Frankfurt a. M., 9. Aufl., 1973

[Wojtkowiak, 1988] WOJTKOWIAK, Hans:
Test und Testbarkeit digitaler Schaltungen.
Teubner-Verlag, Stuttgart, 1988

[Wojtkowiak, 1990] WOJTKOWIAK, Hans:
Von 0 und 1 zur Künstlichen Intelligenz.
In: Diagonal, Jg. 1, H. 1, 1990, S. 107–114

[Young, 1988] YOUNG, Jeffrey S:
Steve Jobs: The Journey is the Reward.
Scott, Foresman and Company, 1988

[Yourdon, 1988] YOURDON, Edward:
Managing the Structured Techniques.
Prentice Hall, New Jersey, 4. Aufl., 1988

[Zadeh, 1965] ZADEH, Lotfi A.:
Fuzzy Sets.
In: Information and Control, Jg. 8, 1965, S. 338–353

[Zemanek, 1991] ZEMANEK, Heinz:
Weltmacht Computer, Weltreich der Information.
Bechtle-Verlag, Esslingen München, 1991

[Zemanek, 1992] ZEMANEK, Heinz:
Das geistige Umfeld der Informationstechnik.
Springer-Verlag, Berlin Heidelberg, 1992

[Zuse, 1993] ZUSE, Konrad:
Der Computer: Mein Lebenswerk.
Springer-Verlag, Berlin, 3. Aufl., 1993

Personenverzeichnis

A

B

C

D

E

F

G

H

I

J

K

L

M

Glossar

Abstrakter Datentyp

„We are faced with a dilemma. We would like to have complete, precise, unambiguous descriptions of (classes of) data structures; yet we do not want a description based on the physical representation, although it satisfies these criteria: using the representation is too binding and does not allow for later evolution. In other words, it leads to *overspecification*.

How do we retain completeness, precision and non-ambiguity without paying the price of overspecification? The answer is in the theory of abstract data types. Roughly speaking, an abstract data type specification describes a class of data structures not by an implementation, but by the list of *services* available on the data structures, and the formal *properties* of these services" [Meyer, 1988, S. 53].

Akzidens

[lat.] *das*, das Zufällige, Unwesentliche; das Veränderliche an einem Gegenstand. Mz. *Akzidenzen, Akzidenzien*. Gegensatz: →Substanz [Brockhaus-Enzyklopädie, 1990].

Accident and Substance. — Perhaps the oldest use of the term „accident" was by way of contrast with the term „substance" or „thing". „Substance" means the basic reality which has various qualities, stands in various relations, etc. These qualities, relations, etc., on the other hand, need a basis or support to qualify — they are „accidents", accessions to something that is there to bear them (substance). Among the schoolmen, accordingly, almost any quality was commonly called an accident; and this usage was fairly common even in the 17th century — „accident" and „substance" corresponding roughly to „quality" and „thing" respectively, as these terms are commonly used [Encyclopædia Britannica, 1986].

Apperzeption

[lat.], die klare und bewußte Aufnahme eines Erlebnis-, Wahrnehmungs- oder Denkinhaltes (nach LEIBNIZ im Unterschied zur nicht bewußten *Perzeption*).

So werden bei gleichzeitigem Wahrnehmen mehrerer Gegenstände einzelne Inhalte hinsichtlich der Deutlichkeit und Klarheit bevorzugt aufgenommen. Der psychische Zustand, der diese klare Auffassung begleitet, wird als →Aufmerksamkeit bezeichnet, der Vorgang des Auffassens und der Einordnung des Aufgenommenen in einen geordneten Erfahrungszusammenhang als Apperzeption. In diesem Sinne stehen die apperzitierten Inhalte im >Blickpunkt< des Bewußtseins, während die sie umgebenden Inhalte, die das >Blickfeld< des Bewußtseins bilden, der *Perzeption* unterliegen [Brockhaus-Enzyklopädie, 1990].

Artefakt

das durch menschliches Können Geschaffene (Kunstwerk).

Herbert SIMON: „... certain phenomena are *artificial* in a very specific sense: they are as they are only because of a system's being molded, by goals or purposes, to the environment in which it lives" [Simon, 1982, S. ix].

CAD-Framework

Standardisierte Infrastrukturen für CAx-Entwurfswerkzeuge, die auf einer gemeinsamen Datenbasis arbeiten, versprechen „Datenintegrität durch Integration". Das Softwarekonzept „CAD-Framework" linearisiert den Aufwand für die Datenkonvertierung in heterogenen Entwurfsumgebungen von $O(n^2)$ auf $O(n)$ (in Dateisystemen mit n Orten, die sowohl Datenquellen als auch Datensenken sind). Die Hauptforderungen lauten: 1. redundanzfreie Speicherung und Verwaltung der Entwurfsdaten und 2. schematisierter und konfliktfreier Datenzugriff der Werkzeuge.

(siehe auch [Rammig & Steinmüller, 1992])

Constraint-Propagierung

A Boolean constraint satisfaction problem (CSP) is characterized as follows: given is a set V of n variables $\{v_1, v_2 \ldots, v_n\}$, associated with each variable v_i is a Domain D_i of possible values. On some specified subsets of those variables there are constraint relations given that are subsets of the Cartesian product of the domains of the variables involved. The set of solutions is the largest subset of the Cartesian product of all the given variable domains such that each n-tuple in that set satisfies all the given constraint relations. One may be required to find the entire set of solutions or one member of the set or simply to report if the set of solutions has any members — the decision problem. If the set is empty, the CSP is unsatisfiable [Shapiro (Hrsg.), 1987].

Datenmodell

In der Datenbanktechnik bezeichnet ein Datenmodell die Menge aller Modellierungskonzepte, die ein Datenbanksystem für die Organisation und Verwaltung der Daten zur Verfügung stellt. Mit Hilfe des anwendungsneutralen Datenmodells werden anwendungsspezifische Datenbank*schemata* formuliert. Peter LOCKEMANN sagt es anschaulich: „So wie ein Werkzeugkasten bestimmt, welche physikalischen Modelle gebaut werden können, so legt auch ein Datenmodell prinzipiell fest, wie immaterielle Modelle aussehen müssen" [Lockemann, 1986].

Konventionelle Datenmodelle erlauben die Modellierung *statischer* Weltausschnitte. Je nach Modelltyp lassen sich hierarchische (Bäume), netzartige (Graphen) oder relationale (Tabellen) Objektstrukturen darstellen (siehe [Schlageter & Stucky, 1983]). Jüngste Modellansätze zielen auf mehr Wiedergabetreue zwischen Modell und Realität. Sie werden unter dem Begriff der semantischen Datenmodelle zusammengefaßt. Im Gegensatz zu den hier diskutierten objektorientierten Weltmodellen* ignorieren auch die semantischen Datenmodelle die *Dynamik* eines Weltausschnitts: Objekt-Interaktionen werden nicht erfaßt (siehe zum Beispiel [King, 1989]).

Dynabook

Was Anfang der 70er Jahre noch eine Vision war, ist heute Realität: der notizbuchgroße Rechner mit grafischer Benutzungsoberfläche und Stifteingabe. Alan KAY, der Schöpfer von Smalltalk*, war auch hier der Vordenker. Objektorientiertes Denken in der Learning-Research-Group am legendären Palo-Alto-Research-Center von Xerox nährte seine Vision [Kay, 1977].

Eiffel

Entworfen 1986 von Bertrand MEYER, ist Eiffel heute zur Lehrsprache der „reinen" objektorientierten Programmierung geworden, so wie Pascal dies für die strukturierte Programmierung ist. Die streng typisierte Sprache zeichnet sich vor allen anderen objektorientierten Sprachen durch das Konzept der Zusicherung* aus. Eiffel berücksichtigt konsequent die Belange der modernen Softwaretechnik. Die originäre Monografie zu Eiffel [Meyer, 1988] hat sich als ein Standardwerk der Softwaretechnik etabliert.

Entity-Relationship-Modell

Will man unabhängig von einer gegebenen Datenbanktechnik einen Weltausschnitt modellieren, das heißt unabhängig vom Datenmodell* des Datenbank-Managementsystems (DBMS), so wählt man üblicherweise Entity-Relationship-Modelle [Chen, 1976]. Sie erlauben die konzeptionelle Modellierung von exakt abgrenzbaren Objekten (Dingen, Personen oder Begriffen), deren Attributen und Beziehungen zu anderen Objekten. Ihre Abbildung auf konventionelle Datenmodelle ist in der Regel unkritisch. Das relationale Datenmodell ist diesem Modellansatz besonders nahe. Dennoch bleibt als Kritik: (a) die Mittelbarkeit der Abbildung (*1-zu-n*-Abbildung: ein Weltobjekt wird auf n Datenbankobjekte abgebildet) und (b) die Beschränkung auf statische Weltausschnitte (die Datenbankobjekte sind passiv, sie interagieren nicht).

ETHOS-Aspekte

Die Lösung eines Problems hat im allgemeinen ökonomische, technische, menschliche, organisatorische und soziale Facetten. Das Merkkürzel ETHOS hilft bei der Spektrumsanalyse und hält die Präsentation übersichtlich [Thiele, 1991].

Event-Trigger-Mechanismus

Damit Datenbankobjekte interagieren können, bedarf es einer Anstoßtechnik. Wie in der Hardwaretechnik das Interrupt-Handling und in der Softwaretechnik das Error-Handling, so liegt auch hier ein *actio-reactio*-Paar vor: ein Ereignis (*actio*) und eine Antwort auf das Ereignis (*reactio*). Ein Ereignis ist entweder eine verletzte Integritätsbedingung* oder eine Benutzeranfrage an die Datenbank. Das Ereignis triggert dann die programmierten Maßnahmen zur Wiederherstellung der Datenbankintegrität oder zur Beantwortung der Benutzeranfrage (siehe [Kotz, 1989]). In einer objektorientierten Datenbank wird der Event-Trigger-Mechanismus durch *Message passing* realisiert.

Express

Das wichtigste Nebenprodukt der STEP-Initiative (*Standard for the Exchange of Product Model Data*) hat in den Normungsgremien von ISO und IEEE Einzug gehalten: Express ist eine normative objektorientierte Beschreibungssprache, sowohl textuell als auch grafisch, zur Informationsmodellierung*. Mit Hilfe dieses universellen Hilfsmittels läßt sich der statische Informationsgehalt beliebiger datenintensiver Anwendungen schematisch und sprachunabhängig darstellen. Die Integrität* der Daten kann teilweise automatisch geprüft werden [Schenk, 1990].

Funktionale Dekomposition

Struktur- und Objekt-Paradigma unterscheiden sich primär in der Art und Weise, wie sie methodisch einen Weltausschnitt zergliedern. Grady BOOCH stellt die objektorientierte Dekomposition der funktionalen (in seiner Lesart: algorithmischen) gegenüber:

„algorithmic decomposition: The process of breaking a system into parts, each of which represents some small step in a larger process. The application of structured design methods leads to an algorithmic decomposition, whose focus is upon the flow of control within a system“ [Booch, 1991, S. 512].

„object-oriented decomposition: The process of breaking a system into parts, each of which represents some class or object from the problem domain. The application of object-oriented design methods leads to an object-oriented decomposition, in which we view the world as a collection of objects that cooperate with one another to achieve some desired functionality“ [Booch, 1991, S. 516].

Paul FREEMAN und Allen NEWELL modellieren die funktionale Dekomposition eines Artefakts als Struktur-Paar: $< F, P >$. F steht für die funktionale Struktur des Artefakts. Sie repräsentiert die geforderte Funktionalität (nicht die vage formulierten Kundenwünsche, sondern die aus der Analyse hervorgegangene Spezifikation). P steht für die physikalische Struktur des Artefakts. Sie repräsentiert die Komponenten (*bill of materials*) und deren Organisation. Nach dem Struktur-Paradigma verläuft der Entwurfsprozeß entlang einer Linie unabhängiger Prozeduren: 1. funktionale Dekomposition (F), 2. materielle Abbildung ($F \rightarrow P$), 3. physikalische Organisation (P) und 4. Verifikation der Funktionen in P, auf die sich F bezieht.

(siehe [Freeman & Newell, 1971])

General Problem Solver (GPS)

Developed by NEWELL, SHAW, and SIMON, GPS is an inference (qv) system for general problem solving (qv). It solves a problem by finding, through means-ends analysis (qv), a sequence of operators that eliminate the difference between the given initial and goal states [Shapiro (Hrsg.), 1987].

Hierarchie, Hypotaxe, Parataxe

Objekte werden gemäß ausgewählter gemeinsamer Eigenschaften in Klassen eingeteilt. Die Klassen können wiederum gemäß über-, neben- und untergeordneter Eigenschaften gegliedert werden. Der Ordnungsbegriff Hierarchie meint ganz allgemein (pyramidenförmige) Über- und Unterordnungen, Hypotaxe nur die Unterordnung (Subordination), Parataxe nur die Nebenordnung (Koordination). Was nicht den Ordnungsformen von Para- und Hypotaxe unterworfen ist, stellt eine unstrukturierte zufällige Anhäufung dar, ein bloßes Gemenge.

Homo-, Iso-, Mono-, Polymorphie

Die *Morphe* ist griechisch und meint Gestalt, Form oder Aussehen. Mono- und Polymorphie sind schnell übersetzt: von gleicher (mono) oder von vielfacher (poly) Gestalt. Homo- und Isomorphie sind nur mit mathematischer Strenge zu unterscheiden. Isomorphie ist strenger: sie meint die vollständige strukturelle Übereinstimmung (die umkehrbar eindeutige Abbildung einer algebraischen Struktur auf eine andere). Homomorphie beschränkt sich auf die teilweise strukturelle Übereinstimmung. Im nichtmathematischen Kontext steht Homomorphie allgemein für Struktur*ähnlichkeit*.

Polymorphie in der Objektorientierung bedeutet: „A concept in type theory, according to which a name (such as a variable declaration) may denote objects of many different classes that are related by some common superclass; thus any object denoted by this name is able to respond to some common set of operations in different ways“ [Booch, 1991, S. 517].

Hypertext

„Ein Hypertext ist ein Text, dessen logische Einheiten in *nichtsequentieller* Weise miteinander verbunden sind. Ein aus dem Alltag bekanntes Beispiel für nichtsequentiell zusammenhängende Abschnitte (auch nichtlinearer Text genannt) stellt ein Lexikon dar, in dem einzelne Schlagwörter unabhängig von ihrer Reihenfolge aufeinander verweisen. Seine [des Textes] Erzeugung, Manipulation und Verbreitung wird mit Mitteln *modernster Technik* geleistet. Ein *Hypertextsystem* besteht aus Hypertext zusammen mit den ihn bearbeitenden Werkzeugen [...]

Die Strukturierung einer wachsenden Sammlung von Ideen, Notizen, Informationen und Argumenten sehen manche Entwickler als Hauptanwendung von Hypertext. HALASZ nennt diesen Vorgang ‚Idea Processing‘ “ [Cordes *et al.*, 1989].

Hypotaxe →Hierarchie

Informationsmodellierung

Ein Informationsmodell erfaßt die statischen Aspekte eines Weltausschnitts: Objekte, deren Attribute, Beschränkungen und Beziehungen zu anderen Objekten. Es dient mehreren Zwecken: (a) der Konsensfindung unter Experten verschiedener Entwurfsbereiche über den Bedeutungsinhalt der Entwurfsdaten: normative Entwurfssemantik; (b) der Kommunikation, um ein Problem gemeinschaftlich zu analysieren und eine Lösung formal zu spezifizieren; (c) als syntaxneutrale Grundlage für die Implementierung eines Datenaustauschformats oder Datenbankschemas: Referenzmodell; und (d) als konzeptioneller Unterbau eines CAD-Frameworks* und dessen Schnittstellen [Quibeldey-Cirkel, 1993b].

„Instanziierung“

Anglizismen sind für die Informatikliteratur typisch: Englische Fachwörter mit lateinischer Wurzel bleiben häufig unübersetzt. Sie werden lediglich der deutschen Aussprache und Grammatik unterworfen. Aus *network* wird „Netzwerk“, obwohl es im Deutschen schlicht „Netz“ heißt (da dies im Angelsächsischen nur dem schlichten *net* entspricht, muß *network* wohl mehr bedeuten). Aus *entity* wird „Entität", obwohl „Objekt" gemeint ist (im Plural posaunt es noch schlimmer: „Entitäten"). An den „Seiteneffekt" haben wir uns längst gewöhnt: Warum nach der „Nebenwirkung" suchen, wenn die *Silbe-zu-Silbe*-Übertragung auch akzeptiert wird?

Aus *instantiation* wird folgerichtig „Instanziierung", auch wenn hier drei Vokale aufeinander prallen. Das Original meint soviel wie „Ausprägung" oder „Exemplarbildung", also den schablonenhaften Übergang von der Klassen- auf die Objektebene. Zuweilen liest man auch „Inkarnation", was im lateinischen Verständnis „Fleischwerdung" heißt und der Religionswissenschaft vorbehalten bleiben sollte.

(zur Sprachkritik siehe auch [Rechenberg, 1991; Schneider, 1988])

Integrität

= Realitätstreue + Vollständigkeit: Der Begriff der (Datenbank-)Integrität weist eine qualitative und eine quantitative Komponente auf, die sich gegenseitig ergänzen: (a) Realitätstreue, die den Ausschluß unzulässiger Daten garantiert, und (b) Vollständigkeit, die den Einschluß aller relevanten Daten gewährleistet. Der umgangssprachliche Gebrauch des Adjektivs *integer* impliziert gleichfalls zwei duale Elemente: eine Wertung, *unbescholten* oder *unversehrt*, und eine Quantität, *ganzheitlich* oder *umfassend*. Amihai MOTRO hat die komplementären Sichten des Integritätsbegriffs für das relationale Datenmodell* formalisiert und in konkrete Datenbankanwendungen eingeführt [Motro, 1989].

Isomorphie →Homomorphie

Kognitionswissenschaft

Cognitive Science is an emerging field of study whose boundaries are far from being well defined. A report prepared for the Alfred P. Sloan Foundation [...] defines it as „the study of the principles by which intelligent entities interact with their environments" and notes that „by its very nature this study transcends disciplinary boundaries". In particular, the distinctions among cognitive psychology, AI, and cognitive science are extremely blurred in practice. This blurring is additionally exacerbated by the fact that research that clearly qualifies as cognitive science is being done in academic departments (as well as government and industrial research laboratories) whose titles identify them with disciplines as diverse as psychology, computer science, linguistics, anthropology, philosophy, education, mathematics, engineering, physiology, and neuroscience, among others [Shapiro (Hrsg.), 1987].

(siehe auch [Gardner, 1985])

Kognitive Dissonanz

von Leon FESTINGER (*1919, †1989) im Rahmen einer sozialpsychologischen Theorie zum menschlichen Entscheidungsverhalten entwickelter Begriff zur Bezeichnung eines emotionalen Zustands, der darauf zurückzuführen ist, daß Wahrnehmungen, Gefühle, Einstellungen u. a. logisch unvereinbar sind und/oder mit früher gemachten Erfahrungen nicht übereinstimmen. Da kognitive Dissonanz als unangenehm empfunden wird, werden unter Umständen Tatsachen und Informationen negiert. Kognitive Dissonanz kann aber auch zu einer Anpassung oder Modifikation der Gefühle und des Verhaltens führen [Brockhaus-Enzyklopädie, 1990].

Kontingenz

[lat. contingentia >die Zufälligkeit im Gegensatz zur Notwendigkeit<], 1) *Philosophie*: die Möglichkeit eines Geschehens oder Nichtgeschehens. Aus dem Umstand, daß die Welt, der Zusammenhang der Dinge und des Geschehens selbst nicht denknotwendig, sondern kontingent sei und ein absolut notwendiges Wesen als Urgrund fordere, schließt der kosmologische →Gottesbeweis auf das Dasein Gottes. In der *Logik* gelten Begriffe als *kontingent*, die in einer Reihe nebeneinander stehen und deren Endglieder konträre Gegensätze bilden (z. B. schwarz weiß) ... [Brockhaus-Enzyklopädie, 1990]

Künstliche Intelligenz

[...] Heute wird die KI-Forschung im wesentlichen unter zwei Zielsetzungen betrieben: 1) KI als Instrument von Psychologie und Linguistik, das eingesetzt wird, um ganz spezielle Teilaspekte aus dem Bereich der Wahrnehmung, des Gedächtnisses, des Denkens und der Sprache formal ergründen zu helfen. 2) KI als anwendungsbezogene Theorie zur Wissensverarbeitung und Informationsbereitstellung. Darin stellt sie heute einen Teil der →Informatik dar ... [Schulze, 1989].

Megaprogramming

Peter WEGNER: „Though the term ‚megaprogramming' is somewhat macho in its connotations, it captures the idea of scaling up from object-oriented systems to very large systems of heterogeneous, distributed software components."

William SCHERLIS: „Megaprogramming refers to the practice of building and evolving software component by component, following a product-line approach. Component orientation naturally yields an increased emphasis on architecture, component interfaces, and reuse, with a decreased emphasis on the exact details of components implementations."

Ralph JOHNSON: „Megaprogramming = Objects + Glue: Although the name is new, megaprogramming has long been a concern in the OOPSLA community. This concern is just starting to bear commercial fruit in the OMG* effort and in systems like Apple's AppleEvent and Microsoft's DDE. Megaprogramming has two key ideas: future applications will probably be built from large, pre-existing components, each with their own vocabulary and programming paradigm, and these components will probably run on different machines. Thus, it is not easy to compose these modules; a megaprogram needs ‚glue' to convert data from one format to another and to coordinate the execution of its megamodules."

(siehe [Boehm & Scherlis, 1987; Johnson *et al.*, 1992])

Monomorphie →Homomorphie

Objekt

[das; lat.], 1. *allg.*: Sache, Angelegenheit, Gegenstand.

2. *Grammatik*: Ergänzung des *Prädikats* im Sinn der Angabe des Zielpunkts und (oder) der Zuwendgröße eines Geschehens [...]

3. *Philosophie*: das dem *Subjekt* Gegenüberstehende, dasjenige, worauf sich das Subjekt erkennend oder handelnd (Willens-Objekt) richtet. Das Wort *Objekt* wurde früher (in der Scholastik) im umgekehrten Sinn verwendet: Der Gegenstand (*res, reale*) wurde Subjekt genannt (nämlich wie in der Logik als Subjekt von Prädikaten), Objekt dagegen das Objizierte, d. h. zur Vorstellung oder Erkenntnis Gebrachte. Im heutigen Sinn ist der Begriff *Objekt* so allgemein, daß über die Art seines Seins nichts damit ausgesagt ist; es kann wirklich, unwirklich, fingiert, bloß „gemeint", abhängig oder unabhängig vom Subjekt sein [Bertelsmann-Lexikon, 1975].

OMG

Die Arbeiten in der *Object Management Group* fokussieren die internationale Forschung und Entwicklung im Umfeld des softwaretechnischen Objektbegriffs. Ziel ist es, ein gemeinsames Verständnis der Konzepte und Begriffe in den zahlreichen objektorientierten Anwendungsfeldern zu schaffen, um so die Kommunikation und Zusammenarbeit in der industriellen Praxis zu beschleunigen [Atwood, 1991; Soley (Hrsg.), 1992].

Ontologie

[grch. →...logie], die philosophische Grunddisziplin der Seinswissenschaft oder Lehre vom Seienden. Ihre Aufgabe ist es, nach den Prinzipien des im allgemeinen unreflektierten Wirklichkeitsverständnis fraglos hingenommenen Bestandes des Gegebenen zu fragen. Der Unterscheidung zwischen formalen Prinzipien (oberste Strukturen und Gesetzlichkeiten) und materialen (inhaltliche Gliederung des Seienden) entsprechend kann man die Ontologie auch in eine formale und eine materiale Ontologie einteilen [Brockhaus-Enzyklopädie, 1990].

(zur formalen Ontologie siehe [Bunge, 1979])

OOx

OOx steht als Sammelkürzel für objektorientierte Methoden und Techniken in den Entwurfsphasen des Software-Lebenszyklus*: Analyse (OOA), Design (OOD), Programmierung (OOP) und Datenbanksysteme (OODBMS). Vergleiche mit dem Kürzel CAx, das für CAD, CAE, CAM, CASE und weitere steht.

Overloading/Überladen

In der Mathematik ist die Mehrfachverwendung gleicher Bezeichner durchaus üblich (zum Beispiel der +-Operator für alle numerischen Operanden). Anders in der Programmiermethodik: hier führt die Mehrfachvereinbarung eines Bezeichners innerhalb eines Gültigkeitsbereichs zum Namenskonflikt. Dieser muß zur Übersetzungszeit erkannt und anhand der Datentypen der Argumente aufgelöst werden. Das Überladen einer Funktion oder Prozedur erleichtert dem Programmierer die Problemformulierung. Überladen und Polymorphie* (welches Objekt eine Nachricht anspricht, wird zur Programmlaufzeit entschieden) sind so eng verwandt, daß Überladen auch als *Ad-hoc*-Polymorphie bezeichnet wird [Cardelli & Wegner, 1985].

Paradigma

In seinem Postskriptum gibt Thomas KUHN zwei Definitionsansätze [Kuhn, 1989]: 1. Paradigma als *Musterbeispiel*: die einheitliche Überzeugung über den Forschungsgegenstand und über die Methodik seiner Erforschung und 2. Paradigma als *disziplinäre Matrix*: die Gesamtheit dessen, was eine Gemeinschaft von Wissenschaftlern an kognitiven und sozialen Elementen verbindet.

Die Erläuterung von Volker CLAUS greift auf (1.) zurück: „In der Informatik hat das Wort oft die Bedeutung eines übergeordneten Prinzips, das für eine ganze Teildisziplin typisch ist, das aber nicht klar ausformulierbar ist, sondern sich in Beispielen manifestiert. Das Wort Paradigma wird auch gleichbedeutend mit ‚Denkmuster' verwendet" [Claus, 1989, S. 28].

Parataxe →Hierarchie

Perzeption →Apperzeption

Polymorphie →Homomorphie

Silicon-Compiler

Als Utopie bezeichnet der Begriff die automatische Gewinnung aller Fertigungsdaten für eine integrierte Schaltung (Layoutgeometrien, Testmuster etc.). Als Eingabe soll eine anwendungsneutrale Hardware-Beschreibungssprache (VHDL) genügen, um eine „in Silizium zu gießende" Problemlösung zu spezifizieren. Als Technikbegriff ist er wesentlich enger gefaßt: Nur wenige anwendungsspezifische Silicon-Compiler existieren derzeit (zum Beispiel für Digitalfilter). Der entscheidende Vorteil eines Silicon-Compilers ist sein Prinzip: *correctness by construction*. Der Compiler-Algorithmus garantiert stets eine korrekte Implementierung. Das Problem des physikalischen Chiptests bleibt natürlich bestehen.

(siehe [Gajski, 1988])

„Silver Bullet"

Die Metapher der „Silver Bullet" gegen monströse Softwareprojekte ist zum geflügelten Wort in der Informatik geworden. Die moderne Informatikliteratur (besonders die angelsächsische) bezieht sich oft auf den epochemachenden Artikel von Frederick P. BROOKS: *No Silver Bullet: Essence and Accidents of Software Engineering* [Brooks, 1987]. Neue Ideen und Strategien zur Bewältigung der Software-Komplexität werden vielerorts als „Silver Bullet" angekündigt (zum Beispiel in [Harel, 1992]).

Simula

Sie gilt als die Ursprache der objektorientierten Programmierung. Simula wurde bereits Anfang der 60er Jahre von Kristen NYGAARD und Ole-Johan DAHL aus der imperativen Sprache Algol-60 entwickelt [Dahl & Nygaard, 1966]. Außer dem innovativen Klassen- und Vererbungskonzept führte Simula auch nebenläufige Prozesse ein (*Koroutinen*). Mit deren Hilfe können selbständig agierende und miteinander kommunizierende Objekte simuliert werden. Alle objektorientierten Sprachen gehen auf die Konzepte in Simula zurück.

Smalltalk

Der Name hat die objektorientierte Programmierung populär gemacht. Smalltalk ist sowohl eine Programmiersprache als auch eine vollständige Programmierumgebung, die sich durch eine innovative Benutzungsoberfläche auszeichnet [Goldberg, 1984]. Grafikrechner mit Fenstertechnik, Piktogrammen, Menü- und Mausbedienung sind ergonomische Komponenten, die erstmals in geschlossener Form durch das Smalltalk-System geboten wurden und die seitdem das Erscheinungsbild moderner Betriebssysteme geprägt haben. Alan KAY hat die grundlegenden Ideen beigetragen [Kay, 1977] (er entwarf die ursprüngliche Version, ein tausendzeiliges Basic-Programm, als Softwarekomponente für sein *Dynabook**). Adele GOLDBERG und Dan INGALLS haben KAYs Ideen in ein kommerzielles Produkt umgesetzt [Goldberg, 1984].

„INGALLS states that ‚the purpose of the Smalltalk project is to support children of all ages in the world of information. The challenge is to identify and harness metaphors of sufficient simplicity and power to allow a single person to have access to, and creative control over, information which ranges from number and text through sounds and images‘. To this end, Smalltalk is built around two simple concepts: everything is treated as an object, and objects communicate by passing messages“ [Booch, 1991, S. 475].

Software-Lebenszyklus

Die Software-Entwicklung orientiert sich am (sequentiellen) Phasenmodell. Dieses grenzt die verschiedenen Stadien eines Softwareprodukts voneinander ab. Es schafft so vom Projektmanagement kontrollierbare Schnittstellen mit dokumentierten Zwischenergebnissen (Lasten-, Pflichtenhefte, Modulspezifikationen etc.). Konventionelle Phasen sind: Problemanalyse, Spezifikation der Anforderungen, Design, Implementierung (als Programm oder Datenbankschema), Test, Systemintegration und Wartung. Dem iterativen Charakter des Entwurfsprozesses (siehe Bild 7.3 auf Seite 192) wird heute durch *spiralförmige* Vorgehensmodelle Rechnung getragen [Boehm, 1988].

Taylorismus

Der amerikanische Ingenieur Frederick W. TAYLOR (1856–1915) entwickelte die Lehre von der wissenschaftlichen Betriebsführung (*scientific management*): Auf der Grundlage genauer Zeit- und Arbeitsstudien sollte die optimale Bewegungsfolge für jede industrielle menschliche Tätigkeit ermittelt werden. Der Taylorismus befruchtete einerseits die gesamte industrielle Rationalisierung, führte aber auch andererseits zusammen mit der Montagestrategie von Henry FORD zur „Entfremdung der Arbeit“.

Von-Neumann-Prinzipien

„The von NEUMANN-type of computer architecture, while serving as catalyst for a generation of programming languages may also, it appears, be guilty in large part for the degree of stagnation we have seen in the conceptual development of programming language technology. The stored program concept binds computer control directly and intimately with program variables representing memory locations and involves the use of a single counter that controls program flow by a sequence of instructions. Programming language paradigms relying on this underlying computer architecture tend to be statement-oriented, assuming the sequential execution of a limited number of operations. Programs written in these languages are composed of vast numbers of lines of code [...]

One might say that while imperative languages were developed because of the von NEUMANN architecture, functional languages were developed in spite of it. Both, however, rely on the programmer's ability to completely specify *in detail* precisely how the computing is to be done" [Shaw, 1984, S. 13].

Weltmodell

Der Begriff versteht sich als Abgrenzung zum Modellbegriff der Datenbanktechnik: Im Gegensatz zu den konventionellen und semantischen Datenmodellen* und den Modellen der Informationsmodellierung* umfassen Weltmodelle auch die *Dynamik* eines Weltausschnitts, also nicht nur das statische Objekt-Inventar sondern auch Objekt-Interaktionen (Struktur- *und* Verhaltensschemata). Weltmodelle sind also *per se* objektorientiert.

„Wissenschaft des Entwerfens"

Zwei Faktoren bestimmen den erfolgreichen Entwurf eines komplexen Artefakts*: Kreativität und Können. Können stützt sich auf Eigen- und Fremderfahrung. Die Fremderfahrung ist lehrbar mit Hilfe des Fundus wissenschaftlicher Methoden. Kreativität war bisher kaum ein Thema der Ingenieurausbildung, obwohl Kreativitätstechniken durchaus lehrbar sind (zum Beispiel [Gordon, 1961]). Sie werden aber um so mehr an Bedeutung gewinnen, je mehr die implementierungsnahen Entwurfsaufgaben delegierbar werden (Programmieren zum Beispiel). Die Analyse eines Problems und seine konzeptionelle Modellierung stellen dann die eigentliche Ingenieurleistung dar. Zu ihrer systematischen Unterstützung bedarf es einer wissenschaftlichen Entwurfslehre. Die beiden Informatik-Persönlichkeiten, Herbert SIMON und Heinz ZEMANEK, haben hier die ersten Impulse gegeben [Simon, 1982; Zemanek, 1992]. Wie wir in dieser Studie zeigen, bietet gerade das Objekt-Paradigma einen erfolgversprechenden fachübergreifenden Ansatzpunkt.

Wissensrahmen

(*knowledge frame*) Ein Begriff, der schon frühzeitig im Bereich der Forschung zur →künstlichen Intelligenz gebildet wurde. Darunter versteht man die Beziehungen, die im Zusammenhang mit einem bestimmten Vorgang oder einem ganzen Komplex von Handlungen innerhalb eines bestimmten Handlungsbereichs auftreten. Diese können durch →Wenn-Dann-Aussagen formuliert werden. Beispiel: Im Zusammenhang mit einer Kreditvergabe kann beschrieben werden, welche Handlungen dabei erforderlich sind und welche Bedingungen herrschen müssen, um einen Kredit zu vergeben. Dies kann man als Wissensrahmen darstellen. Wird jetzt tatsächlich ein Kredit beantragt, so werden alle konkreten Tatbestände über die Kredithöhe und die Eigenschaften des Kreditantragstellers eingegeben. Das System leitet aus den Regeln des Wissensrahmens ab, ob der Kredit vergeben oder nicht vergeben werden soll. Voraussetzung für den Wissensrahmen sind ursächliche Zusammenhänge, die in Form von Regeln formulierbar sind [Schulze, 1989].

Wissensrepräsentation

(*knowledge representation*) Eine formale Darstellung von menschlichem →Wissen, die auf Grund ihrer →Formalisierung eindeutig ist und damit geeignet, durch einen Rechner im Rahmen eines →Expertensystems verarbeitet zu werden ... [Schulze, 1989].

Zusicherung (assertion)

„Wunsch und Wirklichkeit" heißen in der Informatik „Spezifikation und Implementierung". So gilt ein Programm als fehlerfrei (korrekt), wenn es implementiert, wofür es spezifiziert wurde. Ein pragmatischer Weg, die Diskrepanz zwischen Spezifikation und Implementierung gering zu halten, ist das Konzept der „Zusicherung". Hier werden Elemente der Spezifikation — Vorgaben und Randbedingungen — in die Implementierung eingebracht: Die Operationen einer Klasse werden *Vor-* und *Nachbedingungen* unterworfen. Logische Schranken der Klasseneigenschaften werden als *Invarianten* spezifiziert (BOOLEsche Gleichungen, mathematische (Un-)Gleichungen). Die Möglichkeit, die Zweckbestimmung und Aussagen über die Korrektheit eines Programmelements in die Implementierung einzubringen, ist von zentraler Bedeutung für das objektorientierte Vertragskonzept: *Programming by Contract* [Meyer, 1988].

Abkürzungen

ACM	Association for Computing Machinery
ADT	Abstrakter Datentyp
ANSI	American National Standards Institute
ASCII	American Standard Code for Information Interchange
ASIC	Application Specific Integrated Circuit
Blob	Binary large object
BMFT	Bundesministerium für Forschung und Technologie
CAD	Computer Aided Design
CAE	Computer Aided Engineering
CASE	Computer Aided Software Engineering
CAx	Computer Aided x
CIF	Caltech Intermediate Format
CLOS	Common Lisp Object-Oriented Programming Language
CORBA	Common Object Request Broker Architecture
CRC	Class Responsibility Collaboration
DBMS	Database Management System
DRAM	Dynamic Random Access Memory
DTP	Desktop Publishing
ESPRIT	European Strategic Programme for Information Technology
GI	Gesellschaft für Informatik
GPS	General Problem Solver
HDL	Hardware Description Language
IEEE	Institute of Electrical and Electronics Engineers
ISO	International Standardization Organization
JOOP	Journal of Object-Oriented Programming
KI	Künstliche Intelligenz
LOC	Lines of Code
LSI	Large Scale Integration
MSI	Medium Scale Integration
NP	nichtdeterministisch polynomisch
OMG	Object Management Group
OOA	Object-Oriented Analysis
OOAD	Object-Oriented Analysis and Design
OOD	Object-Oriented Design
OODBMS	Object-Oriented DBMS
OOKA	Objektorientierte Konzepte und Anwendungen
OOP	Object-Oriented Programming
OOPSLA	Object-Oriented Programming, Systems, Languages and Applications
OOx	Object-Oriented x
ORB	Object Request Broker
RPC	Remote Procedure Call
SA/SD	Structured Analysis/Structured Design
SIGPLAN	Special Interest Group on Programming Languages
SIGSOFT	Special Interest Group on Software Engineering
SSI	Small Scale Integration
STEP	Standard for the Exchange of Product Model Data
VHSIC	Very High Speed IC
VLSI	Very Large Scale Integration

Stichwortverzeichnis

D

E

F

G

H

I

J

K

L

P

Q

R

S

T

U

V

W

Z